先进卫星通信与网络技术

蔡亚星　张　伟　周业军　等　编著

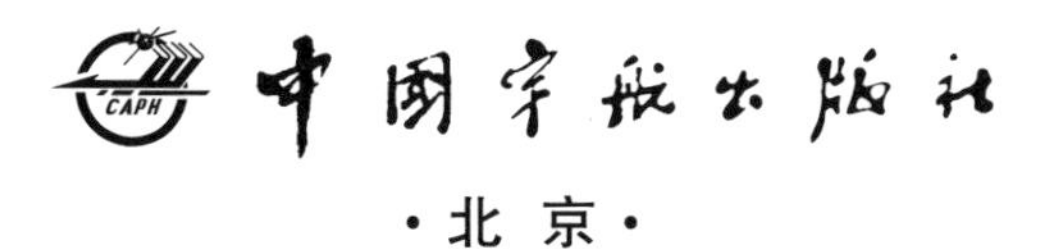

·北京·

版权所有　侵权必究

图书在版编目（CIP）数据

先进卫星通信与网络技术／蔡亚星，张伟，周业军等编著．-- 北京：中国宇航出版社，2024.1
ISBN 978-7-5159-2268-3

Ⅰ.①先…　Ⅱ.①蔡…②张…③周…　Ⅲ.①卫星通信—通信网　Ⅳ.①TN927

中国国家版本馆 CIP 数据核字(2023)第 138815 号

责任编辑　赵宏颖　　封面设计　王晓武

出版发行　中国宇航出版社
社　址　北京市阜成路 8 号　邮　编　100830
(010)68768548
网　址　www.caphbook.com
经　销　新华书店
发行部　(010)68767386　(010)68371900
(010)68767382　(010)88100613（传真）
零售店　读者服务部　(010)68371105
承　印　北京中科印刷有限公司

版　次　2024 年 1 月第 1 版
2024 年 1 月第 1 次印刷
规　格　787×1092
开　本　1/16
印　张　16.5　彩　插　2 面
字　数　405 千字
书　号　ISBN 978-7-5159-2268-3
定　价　98.00 元

本书如有印装质量问题，可与发行部联系调换

《先进卫星通信与网络技术》
编写组

主　编 蔡亚星　张　伟　周业军

副主编 禹　航　冯　瑄

成　员（按姓氏笔画排序）

王亚琼　毛立涛　邢　雷　衣龙腾　李　明
肖永轩　张　千　张　磊　陈　特　郑　重
秦兆涛　秦鹏飞　高梓贺　戚凯强　董赞扬
蒋文婷　温　颖　鲍莉娜

序

未来已来，唯变不变。自东方红一号卫星发射以来，我国卫星通信领域走过了从填补空白、升级换代到能力跃升的发展之路。特别是，从20世纪90年代开始，伴随着地面无线网络的发展和技术进步，卫星通信系统不断提升容量、提高速率、降低成本，先后实现了由单星到多星、由通信到网络、由传输到处理的演进，不断在全球范围内普及应用，并广泛、深入和潜移默化地改变着人类的生产生活方式，对人类社会、政治、经济产生了深远的影响。

随着全球卫星通信进入高速发展的阶段，卫星通信与网络相关的新技术和新应用不断涌现，作为地面互联网的重要技术和产业延伸，卫星互联网是人类迈向星辰大海的重要技术成果之一，是全球信息通信网络未来发展的重点方向之一，将对社会生产生活和国家战略带来深远影响。

随着卫星通信与地面网络的深度融合，通信卫星应作为整个网络的重要节点，技术形态和应用形态都将产生革命性变化，逐步形成天地一体、融合发展的立体异构通信网络，为陆、海、空、天各类用户提供全球覆盖、异构互联、随遇接入、综合应用等信息服务。

随着人类社会从工业化向信息化迈进，卫星通信作为国家战略性高科技代表和自主创新的标杆，必将在新的历史征程中为科技强国建设做出新的更大的贡献。卫星通信与网络技术作为经济社会发展不可或缺的组成部分，必将在经济社会发展和国防能力建设中发挥先导和支撑作用。

星空浩瀚无比，探索永无止境。《先进卫星通信与网络技术》编写团队长期从事卫星通信系统研究工作，既有丰富的工程实践经验，又有深厚的理论功底，是支撑我国卫星通信技术持续发展的核心力量。这本书既有许多新观点和新结论，还有较好的工程实践参考价值，对于航天领域管理决策者、工程技术人员乃至高等院校相关专业师生都是一本既有广度又有深度的参考资料，对卫星通信技术从业人员一定会有所启发和帮助。

人类的征途是星辰大海。衷心祝愿这本内容丰富、资料翔实的图书得以出版，也期待编写团队推出更多优秀作品。

安建平

2023年10月8日

前　言

“信息一通，万事俱兴。”卫星通信具有覆盖范围广、覆盖波束多、组网灵活等优点，打破了时空限制，破解了信息传输难题，构建了天地通信的桥梁，一直是航天应用的主要方向。随着卫星互联网的建设和应用，卫星通信正逐步从通信传输向信息网络演进、从行业应用向普遍服务转变；随着卫星通信各类新技术的不断突破，全球卫星通信技术水平不断提高，社会影响力不断提升，对国家战略安全影响越来越大；随着SpaceX等企业提出打造由数百乃至数万颗小卫星构建的低轨星座，世界主要发达国家正加快构建高低轨结合的卫星互联网，争夺空间信息领域战略入口，卫星通信已逐渐成为新时期大国博弈和竞争的制高点。

近年来，高通量卫星作为卫星通信系统的重要分支不断实现技术和应用突破，它不仅在颠覆我们的卫星制造，同时也颠覆了卫星的运营和卫星的应用。相比于传统通信卫星，高通量卫星在容量及单位带宽成本方面具有显著优势。高通量卫星与互联网应用密切结合，是当前卫星通信产业最活跃的领域，也是通信卫星商业市场的最大增长点。可以预见，未来10年以宽带卫星通信网络为代表的太空基础设施将成为航天大国竞相角逐的新战场。

地面移动通信历经第一代（1G）到第五代（5G）的快速发展，已形成了完备的通信体制协议，可以为地面用户提供强大的接入能力。但在人迹罕至的山地、荒漠及海上等地区，由于基站架设困难、地面网络铺设难度大、维护成本高，难以提供高效覆盖。因此，在网络欠发达地区及无网络覆盖区域，用户通过卫星与地面核心网连接已成为必然发展趋势。几十年来，卫星通信技术一直伴随着地面移动通信进步而发展并不断借鉴与吸收地面移动通信技术的发展思路。当前，随着5G的全面应用和6G的技术攻关，卫星通信与地面移动通信正在加速走向融合。

面对未来卫星通信与地面网络更加深度融合、5G/6G对卫星通信影响更加深远的必然趋势，“体系化、网络化、融合化”已成为必然发展要求。天地一体融合网络要求各种环境、地点、用户透明享受来自于地面/天基网络同等级服务，天地之间无缝互动。卫星作为整个网络的重要节点，与地面网络统一编址，按需提供实时的多样化服务。同时，随着大数据、人工智能、物联网等核心前沿技术的不断发展和应用，天地深度融合必将对卫星通信生态环境产生革命性影响，卫星通信领域发展将迎来巨大变革，卫星通信将迎来新一轮发展机遇。

本书系统地阐述了未来卫星通信系统与地面移动通信系统深度融合发展的体系架构、主要技术方案和发展趋势，密切结合我国卫星通信工程实际，具有系统性、理论性、知识性等特点。全书共分为10章，按照循序渐进的思路进行编排。第1章概述，第2章卫星通信系统，第3章典型卫星通信系统设计，第4章地面通信网络及技术，第5章天地融合的网络体系架构，第6章卫星通信与5G融合设计，第7章天地融合的网络安全防护技术，第8章天地融合的网络管理与控制技术，第9章先进卫星通信系统技术，第10章未来发展趋势与展望。

本书由禹航、冯瑄负责全书的统稿和审校工作。在具体章节内容方面，第1章由周业军、禹航撰写；第2章由张伟、王亚琼撰写；第3章由肖永轩、张千、秦兆涛撰写；第4章由李明、毛立涛撰写；第5章由高梓贺、鲍莉娜撰写；第6章由郑重、蒋文婷撰写；第7章由衣龙腾、戚凯强、温颖撰写；第8章由陈特、董赞扬撰写；第9章由蔡亚星、秦鹏飞撰写；第10章由张磊、邢雷撰写。

本书旨在总结天地融合的网络体系的设计理念和关键技术，对领域发展态势进行分析和展望，以期读者了解和掌握先进卫星通信与网络的发展方向。本书适用于卫星通信系统总体设计和研发人员，可作为其理论学习、拓展视野的重要参考资料。

由于书中内容涉及的知识新而广，限于作者水平，本书难免会有疏漏和不足之处，恳请广大读者和专家批评指正。

作者

2023年10月

目　录

第1章　概　述

卫星通信，是指利用人造地球卫星作为中继站转发或反射无线电波，在两个或多个地球站之间进行的通信。网络，是指由多层的信息发出点、信息传递线和信息接收点组成的信息交流系统。卫星通信与网络技术的结合，意味着网络中所描述的信息发出点和接收点具化为卫星通信中的卫星、地面站、终端等，信息传递线则具化为卫星的星地、星间等通信链路。

与地面无线通信和光纤、电缆等有线通信手段相比，卫星通信具有以下特点。

（1）覆盖面积大、通信距离远，通信成本与通信距离无关

地球静止轨道通信卫星距离地表约36000 km，单星可覆盖地球表面42%以上的面积，且通过在地球静止轨道均匀布置3颗通信卫星即可实现除两极附近地区以外的全球连续通信。对于人烟稀少的地区和海洋区域，地面网络要么无法实施，要么耗资巨大，经济上难以承受。而卫星通信中，采用单颗卫星即可覆盖整个国家的所有用户，且比微波中继、电缆、光纤及短波无线通信具有更明显的优势，即通信双方的成本同他们之间的距离是无关的。另外，卫星通信网络的覆盖范围非常广，凡是在这个覆盖范围内的用户都是其潜在的市场。这种通信方式搭建了一个以合理价格提供服务的平台，并创造了同其他通信手段进行市场竞争的重要机遇。

（2）组网方式灵活，具有多址连接能力，支持复杂的网络构成

使用卫星通信，可以比地面网络更迅速地为广阔地域内各种用户提供多媒体业务。卫星通信方式灵活多样，可以实现点对点、一点对多点、多点对一点和多点对多点等通信方式，不需要地面网络复杂的多播协议。借助通信卫星的多波束能力、星上交换和处理技术，多个地球站可以灵活组网，支持干线传输、电视广播、新闻采集、企业网通信等多种服务。

（3）安全可靠，对地面基础设施依赖程度低

使用卫星通信，整个系统通信链路的环节少，无线电波主要在自由空间中传播，链路的稳定性和可靠性较高。同时，通信卫星位置较高，受地面条件限制少。在发生自然灾害和战争情况下，卫星通信是安全可靠的通信手段，有时甚至是唯一有效的应急通信手段。

（4）具有大范围机动性

卫星通信系统的建立不受地理条件限制，地面站可建在偏远地区、海岛、大山、沙漠、丛林等地形地貌复杂区域，也可以装载于汽车、飞机和舰艇上，既可以在静止时通信，也可以在移动中通信。只要在卫星的覆盖区域内，用户可以很容易地和其他固定或移动用户进行通信。这对真正实现在任何时间、任何地点都能便捷地获取和交流信息至关重要。

近年来，世界主要发达国家正加快构建类型多样、规模庞大的卫星互联网，以ViaSat、SES等为代表的国际卫星运营商正积极构建以高轨为骨干、高低轨协同的卫星网络系统，以快速占领全球市场、提升服务能力。卫星互联网呈现以下发展趋势：

一是逐步向天地融合、天地一体化系统发展。面向未来卫星数字化、网络化、高低轨结合等发展需求，卫星互联网内容传送和宽带接入服务等数据传递业务成为推动市场繁荣的新动力，使卫星通信应用向综合化方向发展。卫星与地面系统融合，特别是与5G/6G融合成为必然发展趋势，利用相关技术与卫星结合起来进行系统优化，使卫星容量得以提升并可降低用户终端成本。

二是持续向更大容量、更灵活的方向发展。从现有高通量卫星（HTS）逐步演进至甚高通量卫星（VHTS），并向星座组网、高低轨结合、多种业务融合等方向发展，“卫星物联网”“卫星大数据”“卫星虚拟现实服务”等新兴应用涌现。卫星链路逐步由透明转发向星上处理转变，对星载高速处理器件提出了强烈的需求，促进了卫星通信与微电子的融合发展。

三是频率资源向高频段甚至激光领域拓展。面向未来卫星更大容量的发展需求，卫星的用频逐步向更高频段发展（从Ka到Q/V，太赫兹乃至激光），卫星所实现的波束将越来越窄，波束数量越来越多，卫星天线指向精度越来越高。

1.1 卫星通信与5G/6G融合

卫星与5G/6G之间的联系，近年来随着各方参与者和利益相关方的持续推动，其关注点也在潜移默化地发生改变。

一是卫星“借鉴”5G技术。“借鉴”，即卫星通信系统吸收采纳5G所提出的新概念、新技术、新设计。

因地面蜂窝网的技术发展、工程建设和应用推广非常迅速，卫星通信系统长期以来已经从地面2G、3G、4G中借鉴学习了诸多先进技术。国际范围内在轨的多个GEO卫星移动通信系统所采用的GMR-1协议，即充分参照2G（GSM）标准；美军MUOS系统所采用的WCDMA协议，即充分参照3G标准。

5G标准论证过程中所涌现出的关键技术，如大规模阵列（Massive MIMO）、非正交多址（NOMA）、新型极化码、改进OFDM波形、网络功能虚拟化、网络切片、边缘计算等，也可移植应用于卫星通信系统中。若卫星通信系统能够借鉴、移植、进而全面吸收采纳5G标准，则5G所形成的完备产业供应链（如芯片体系）也可促进卫星通信系统的建设。

二是卫星“辅助”5G建设。“辅助”，即卫星通信系统发挥自身价值，受邀参与到5G的建设应用之中，帮助5G改善成本和性能。

5G提出了“信息随心至，万物触手及”的口号，但仍未能有效解决航空、航海等领域的迫切通信需求。近十年来，卫星通信技术水平和产业应用飞速提升，尤其是高通量卫星投入应用后大幅降低了单位流量成本，实现了飞机、高铁的天基宽带接入。

通信卫星参与到5G建设之中，除了解决航空、航海通信问题，还可以在下列应用场景发挥作用：利用卫星广域覆盖特性，为偏远地区提供保障通信服务；发挥卫星跨越长距离的稳定传输能力，为5G孤立基站（如热点地区临时基站、地震后的应急基站等）提供回传连接通道；甚至部分替代地面光纤网络，作为5G承载网的一部分，改善承载网分发效率。此时，卫星通信系统的“高通量”找到了“用武之地”，5G蜂窝网也借助卫星有效地解决了问题、优化了成本、改善了效能，形成了“双赢”的和谐局面。

三是卫星“融入”6G系统。“融入”，即卫星通信系统主动与地面6G深度融合、合为一体，统一标准、统一设计、统一建设、统一服务、统一管理。

6G标准论证尚处于起步阶段，在先期需求分析和关键技术已把“天地融合”作为其中一个发展方向。按此计划，6G本身就是卫星通信和地面蜂窝通信的有机结合，“卫星”将被6G收入囊中。

“卫星辅助5G”时，卫星通信系统是独立发展建设的，利用自身能力为5G提供帮助；6G时代的卫星需与地面网络联合设计、联合建设、联合运营，形成一套融合完整的标准体系。国际标准化组织3GPP自2017年启动的NTN（Non-Terrestrial Networks）课题，即以“星地融合”作为研究目标，预计在Release 18版本的标准中体现其论证成果。

从技术上，因卫星通信系统与常规地面蜂窝通信系统在传播时延、多普勒频偏、信道特性、网络拓扑、网络移动性等诸多方面存在差异，必须针对这些差别，深入开展融合标准协议的设计开发工作。以下列举国际国内目前的研究重点。

（1）卫星网络下的随机接入问题

在现有的5G标准中，随机接入（RACH）窗口的大小基于地面网络的传播时延进行设计，不能适用于卫星网络。对于闭环RACH系统，仍需采用现有LTE和NR的随机接入流程，但需要对RACH窗口进行调整；对于开环的RACH系统，地面用户终端可以根据自身的地理位置信息（可以由GNSS系统获取，或通过卫星系统本身获取），对随机接入的过程进行简化。

（2）卫星网络的时间同步问题

现有的5G标准中，采用TA（Time Advance）来保证全网的时间同步。但现有的TA设计结果只针对地面网络的传播时延，并不适用于卫星网络高达数十数百ms的传播时延。在卫星网络中，需要根据实际场景适当增加TA值的大小，并考虑LEO系统中如何频繁更新TA值；同时，可以考虑利用终端地理位置信息进行TA值的预估，并结合用户的调度（UE. Scheduling）方法解决卫星网络的TA问题。

（3）卫星网络的控制流程

因为传播时延大，如何对卫星链路的快速变化进行控制具有较大难度，如上行的功率动态控制、调制编码方式（MCS）的动态选择等。针对上行功率控制，在LEO系统中，建议终端的上行功率控制仅仅依据自身的地理位置信息和卫星星历进行调整，但会造成一定的性能损失；针对MCS选择，卫星网络中仍需设置参考信号（Reference Signal）进行信道测量和反馈，但 RS 的设计以及测量反馈的整体流程需要重新设计。

（4）卫星网络的 HARQ 问题

卫星传播传输的大时延导致现有 HARQ 方法无法适用。针对卫星 5G 标准化的 HARQ 问题有两种考虑：第一，可以在卫星网络中去除 HARQ 机制，但需要评估对系统性能的整体影响；第二，尤其针对 LEO 系统，仍保留 HARQ，但需要扩展用户的缓存以适应多个并行的 HARQ 进程。

（5）卫星网络的多普勒问题

主要考虑是否需要对 5G NR 中的多普勒频偏跟踪流程进行调整，并考虑使用地面终端位置信息和卫星星历进行多普勒频偏的预估计和预补偿。

（6）卫星网络的移动性管理问题

因 LEO 卫星对地运动，造成卫星覆盖区的实时运动，同时星间链路形成的网络拓扑实时变化。研究卫星波束、覆盖区、位置跟踪区（Tracking Area）之间的对应关系，优化设计用户位置管理方法和寻呼流程。

1.2　高通量宽带卫星通信

（1）高通量卫星的容量拓展

对于高通量卫星来说，容量是评价系统能力最重要的指标之一。容量越高，单位比特的容量使用成本越低，用户越能接受。这是因为高吞吐量卫星的发射和保险成本并没有额外增加，而对比传统固定业务通信卫星（FSS），高通量卫星增加的制造成本与容量的提高不成比例。欧洲咨询公司的最新报告显示，传统带宽租赁业务基本上保持了一个很平稳、缓慢的增长状态，但数据业务方面，进入到了一个快速发展期。我们正处于一个大数据的时代，数据业务可能是未来通信卫星的主要业务，面对大规模的数据传输，要求通信卫星的容量进一步增大。

（2）高通量卫星的灵活性提升

随着高通量卫星技术的发展，越来越多的运营商希望卫星能够采用灵活的载荷设计以更好地适应市场变化，为用户提供定制化且高度灵活的服务。欧洲的高通量卫星主要服务于航班、邮轮等动中通业务，此类业务除了用户分布不均的特点，还会随着季节（夏季航线和冬季航线的不同）而变化，导致卫星系统在其长达 15 年的寿命期内容量需求不断变化，这对卫星系统的灵活性提出了很高的要求。欧洲空间局（ESA）启动了通信系统预先研究（ARTES）的卫星通信专项计划，全面推进欧洲卫星通信产业的发展。在 ARTES 计划的推动下，欧洲卫星通信领域逐步形成了政府企业良性互动、全产业链协同共进的产业格局，其卫星通信技术能力正逐步逼近美国。尽管 EutelSat、SES、InmarSat 等传统运营商目前在轨的高通量卫星容量均未超过 100 Gbps，但都针对业务特点有灵活载荷设计。在 2021 年发射的 KONNECT－VHTS 卫星兼具大容量和高灵活。

（3）高通量卫星的高效率应用

高通量卫星通信系统的传输速率、网络容量和终端密度均大幅增加。要想高效灵活地利用卫星容量资源，这就要求地面系统支持更高的吞吐量、更高的终端密度，具备更好的灵活性和可扩展性。如果系统按照传统互联网数据中心集中化设计，所有信关站业务集中到数据中心处理，必然会增加地面光纤宽带使用成本。与此同时，高通量卫星通信系统用户地理分布不均、用户全天网络访问时间分布具有潮汐效应、不同信关站管理波束的资源使用需求不均等诸多问题，需要配置实时的资源动态调配技术来满足容量的动态调配。采用以往单纯堆砌设备的方式进行关口站容量的扩展将存在灵活性低、资源浪费问题。

1.3　更高频段卫星通信

提高单星容量必须要增加可用带宽资源，可以通过采用更高频段的通信载荷实现。Q/V 等更高频段卫星通信已经成为了卫星通信领域的研究热点。美国 AEHF 卫星星间链路采用 V 频段进行通信。AlphaSat 搭载 Q/V 载荷开展相关技术验证。EutelSat 65WA 卫星将 Q/V 频段应用于馈电链路。Q/V 载荷的优势主要是具有更宽的带宽、更高的信息传输速率、更高的天线增益、更小的天线和设备尺寸、更小的功率要求及更低的干扰可能。Q/V 频段应用于馈电链路的主要不足是由于其高频率带来的，星地链路在 60 GHz 附近存在“衰减峰”，在频率选择时需要规避这段频率；Q/V 频段的空间损耗较大，并且受大气中水分子的吸收和雨衰的影响更大。

国际电信联盟（ITU）将 W 波段分配给固定卫星业务的频段为上行 81～86 GHz，下行为 71～76 GHz，可用带宽为 10 GHz，有利于提升单通道的信息传输速率，还可通过频率复用等手段来进一步提升卫星传输速率。

高频段大气损耗方面，在 22 GHz 和 183 GHz 频点处，信号衰减达到极大，这两个吸收尖峰是由水蒸气的谐振吸收导致的。同样，在 60 GHz 和 119 GHz 频点处，信号衰减也达到极大，这两个吸收尖峰是由氧气的谐振吸收引起的。另外，在 35 GHz（Ka 波段）、94 GHz（W 波段）、130 GHz 和 220 GHz 频点处，大气衰减达到极小值，这些极小点称为大气传输的窗口。

激光通信的频段一般有三种，分别是 1550 nm、1064 nm 和 800 nm。卫星光通信技术具有频带宽、潜在传输速率高、安全性好等明显优势和广阔的应用前景。美国、欧洲、日本以及俄罗斯等均在卫星激光通信领域开展相关技术研究和在轨试验，逐步突破了卫星激光通信系统所涉及的各项关键技术，不断推动卫星激光通信迈向工程实用化。我国也成功进行了星地光通信试验。

太赫兹波是指频率范围为 0.1～10 THz（波长为 3 mm～30 μm）的电磁波，介于微波与红外之间，是电子学和光子学的交叉区域。太赫兹通信的频段由于跨越频率范围较广，考虑到大气衰减，1 THz 以下的低频段（0.14 THz、0.24 THz、0.34 THz）是目前太赫兹高速通信的主要频段。目前，国际电联已指定 0.12 THz 和 0.22 THz 的频段分别用于下一代地面无线通信和卫星间通信。

太赫兹波集成了微波通信与光通信的优点，同时相比于两种现有通信手段，太赫兹波表现出了一些特有的优良性质。另外，太赫兹作为电子学向光子学的过渡频段，集成了微波与激光的优点，具有很好的穿透沙尘烟雾的能力，自动跟瞄简单。

第2章　卫星通信系统

2.1　卫星通信系统组成

卫星通信系统通常由空间段、用户段、控制段和地面段组成（图2-1），通信卫星和各种卫星通信地球站是卫星通信系统中的重要组成部分，是实现卫星通信网络中各节点之间信息传输的两个重要环节。

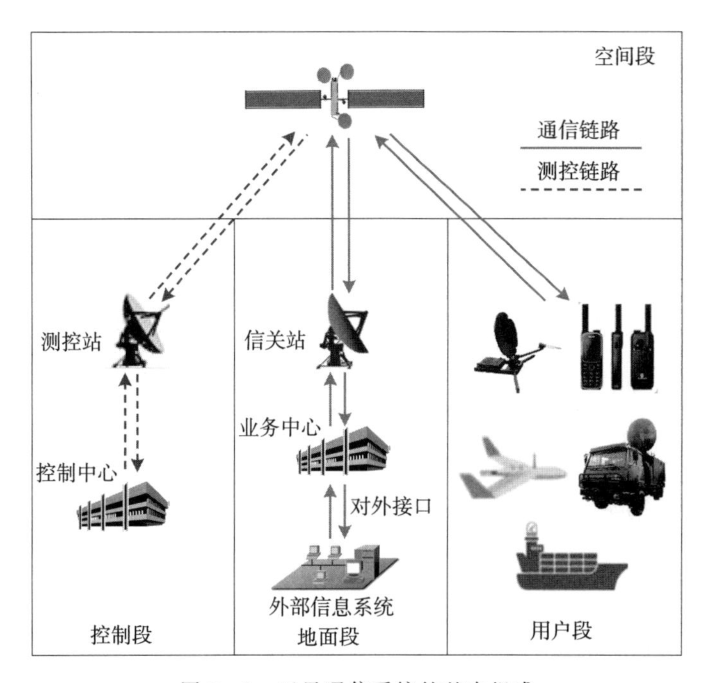

图2-1　卫星通信系统的基本组成

空间段通常由一颗或多颗通信卫星组成，卫星间可通过星间链路互联互通，用于业务数据和测控数据的交互，是卫星通信系统的空间核心。

用户段通常由各类用户终端设备组成，卫星通信系统用户终端的大小可以不同，从几厘米到几米不等，包括便携、手持、机载、车载、船载等不同类型终端，用户终端通常独立于卫星网络，同一个终端既可以接入卫星网络，也可以接入地面网络。

控制段通常包括卫星测控管理的所有地面控制设施，用于监测和控制卫星的工作情况，也称为跟踪、遥测和指挥（TT&C）站，并用于管理卫星上的交通和相关资源。

地面段通常由所有通信地面站组成，包括网关地球站、用户地球站等。地面段是最终为用户提供服务和应用的部分。网关地球站为地面网络提供了到卫星通信系统的接口，可实现地面网络与卫星通信系统网络间互联互通。用户地球站可以为用户终端提供到卫星网络的接入。

卫星通信系统的功能关系如图 2－2 所示。用户之间的通信是通过用户终端建立的，两个用户之间的交互需要各自终端之间的双工连接，每个用户终端应该能够发送和接收信息。

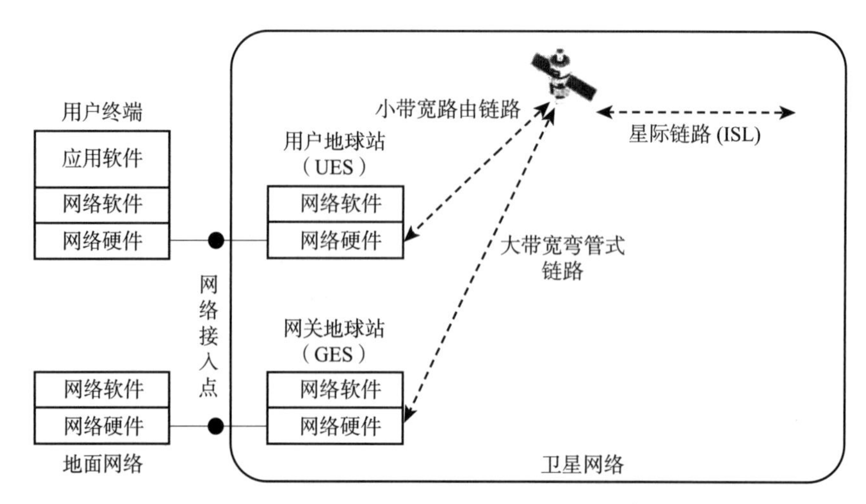

图 2－2　用户终端、地面网络和卫星网络的功能关系

目前卫星通信系统传输数字节目的方式有两种：一种称之为单路单载波（SCPC），一种称之为多路单载波（MCPC）。SCPC 可在一个转发器中每个载波中传送一套节目，多个节目多路载波，适合于不同地点的节目上星，如各省台节目上星。MCPC 在一个载波中传送多套节目，这种方式适合上星节目在同一地点，如中央电视台多套节目上星。MCPC 方式转发器利用效率最高，如果采用动态码率，可以取得很好的效果，是最值得推荐的一种。

我国的上星节目中，一个 36MHz 的 C 频段转发器一般传送 5 套数字节目，可以达到演播室级水平，如果减小码率，还可以传更多节目。同样一个 36 MHz 的 C 频段转发器，如果采用 MCPC 的方式，至少可以传送 6～8 套数字节目，画面质量还相当不错。

MCPC 方式较 SCPC 方式更有优越性，SCPC 方式最大的好处就是可在不同地点上星，共用一个转发器，几个节目分占转发器带宽，如上星的省台，每个节目占用 7 MHz 的带宽，这样就占用了 7 MHz×5=35 MHz 的带宽，还有 1MHz 的余量。如亚洲 3S 卫星上的 5 V 转发器，它传送的是我国上星的 5 个台，3806 MHz、3813 MHz、3820 MHz、3827 MHz、3834 MHz 分别对应广西、陕西、安徽、江苏、黑龙江 5 个台，每个相邻台的下行频率相差 7 MHz，每个台的信号带宽 6 MHz，保护带宽为 1 MHz。

2.1.1　空间段

空间段的通信卫星通常由有效载荷和卫星平台两大部分组成。卫星平台为有效载荷正常工作提供能源、温度、控制和数据管理保障服务，卫星平台主要由姿态与轨道控制、推进、热控、供配电、结构、测控、综合电子等分系统组成。有效载荷一般由天线分系统和转发器分系统组成，包括接收和发射天线以及所有支持载波传输的电子设备。

转发器主要分为透明转发器和再生转发器两大类。

在透明转发器（有时称为“弯管”型）中卫星天线接收到的载波功率被放大、下变频，通过通道增益放大（约为 100～130 dB），将接收载波的功率电平从几十皮瓦提高到几十瓦或上百瓦，并通过发射天线发送出去（见图 2－3）。转发器带宽通常被分成几个频带，每个频带中的载波由专用功率放大器放大。与每个子频带相关的放大链路称为转发器的通道。带宽分割是通过一组称为输入多路复用器（IMUX）的滤波器来实现的。放大的载波在输出多路复用器（OMUX）中重新组合。

在再生转发器中卫星天线接收到的上行载波被变频后进行解调，恢复为基带信号（图 2－4）。基带信号还可通过基带上的星载交换，对从上波束到下波束的信息进行星载处理和路由。星载处理和路由输出下行信号后，在下行链路进行载波调制、频率转换，调制载波随后被功率放大，并通过发射天线发送出去。

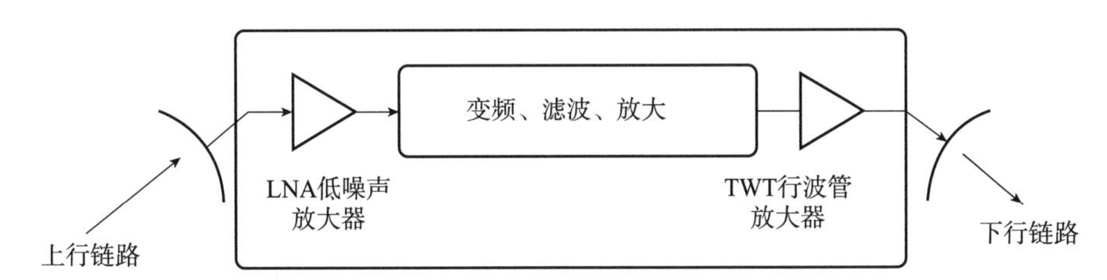

图 2－3　透明有效载荷传输路径

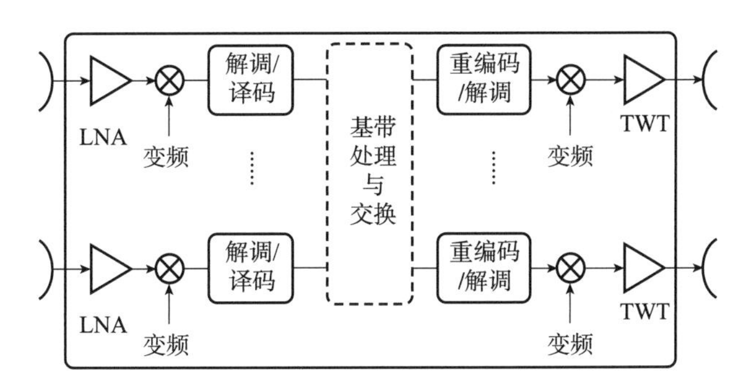

图 2－4　再生有效载荷传输路径

天线可以将转发器输出功率集中在一定的区域内，该区域称为天线覆盖区，也是通信卫星能够提供服务的区域，覆盖区域应全部包含用户提出的服务区，该服务区与用户终端、用户地球站及网关地球站分布的地理区域相对应，覆盖区域设计应在满足服务区覆盖的同时，考虑卫星指向及链路余量进行设计。

地球同步轨道卫星覆盖区域在天线不进行调整的情况下，一般是相对固定或随轨道小倾角进行小幅变化的。按照覆盖波束特性可分为全球覆盖、固定区域覆盖、点波束覆盖、多波束覆盖以及捷变波束覆盖等（图 2－5）。

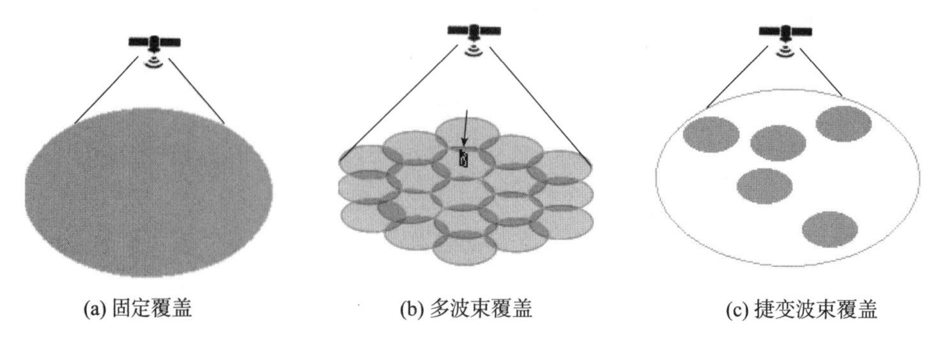

图 2-5 卫星天线及相关覆盖区域（同步轨道）

对于非同步轨道卫星，如低轨道（LEO）、中轨道（MEO）、倾斜同步轨道（IGSO）及大椭圆轨道（HEO）等通信卫星，随着卫星在轨道上运动，天线覆盖是非固定的。为描述非同步轨道通信卫星的波束覆盖，引入瞬时覆盖和长期覆盖的概念。通常非同步轨道通信卫星采用星座组网方式为地面用户提供服务，瞬时覆盖是指在给定时间聚集各个卫星的覆盖区域，长期覆盖是由星座中卫星的天线随时间扫描的地球上的区域。图 2-6 为瞬时覆盖和长期覆盖的概念示意图。

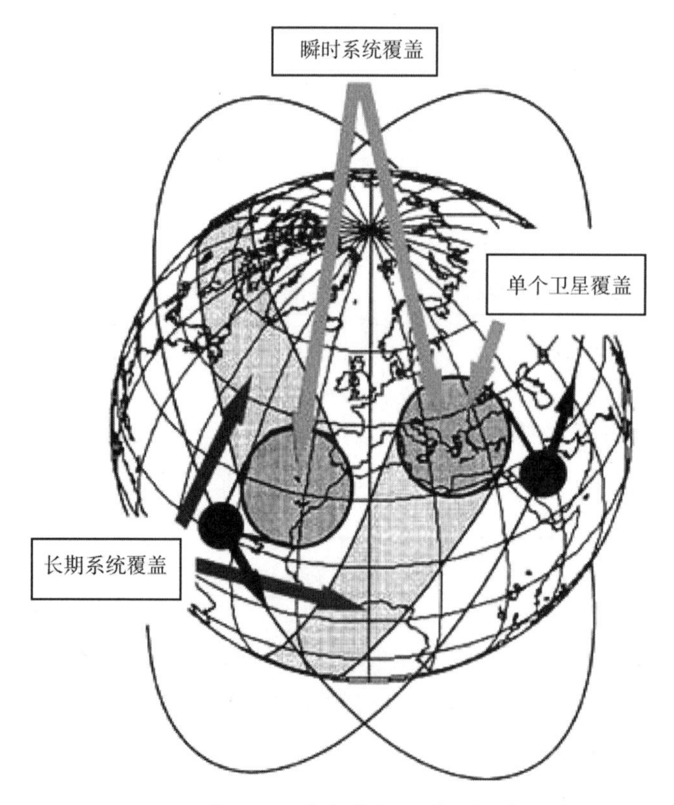

图 2-6 瞬时覆盖及长期覆盖区域

为了确保通信服务具有持续可用性，在一个卫星通信系统中，一般会使用多个卫星分别作为运行卫星、在轨备用卫星和地面备用卫星，以确保服务的冗余性。

目前 C、Ku 频段转发器主要用来传输广播电视，一路标清电视速率一般为 2～6 Mbps，一路高清电视速率约为 12～18 Mbps，调制方式主要为 BPSK、QPSK、8PSK、16QAM 等。此外，C、Ku 频段转发器也用来传输语音信息和数据，通常用户会按运营商分配好的带宽打包数据后发给卫星传输。

转发器带宽的设置，通常是用户根据传输节目的带宽和路数计算得到的，转发器带宽不能设置太宽，否则转发器功率谱密度太低会影响传输信号的质量。常用的几种转发器带宽为 27 MHz、36 MHz、54 MHz 等。

2.1.2　用户段

根据卫星通信系统的类型不同，用户段通常由不同类型的终端组成，如移动通信卫星的用户段主要是手持、便携终端，数据中继卫星的用户段主要包括星载、箭载终端，固定通信卫星的用户段主要包括机载、车载、船载、固定等不同用户终端。

用户终端的组成有多种形式。按照模块化划分，用户终端一般由天线模块、射频收发模块、基带处理模块和综合接口模块等组成，根据工作频段、天线类型、调制器位置、数据速率、单工/双工模式的不同以及芯片化程度，模块会有不同的组合形式（图 2-7）。

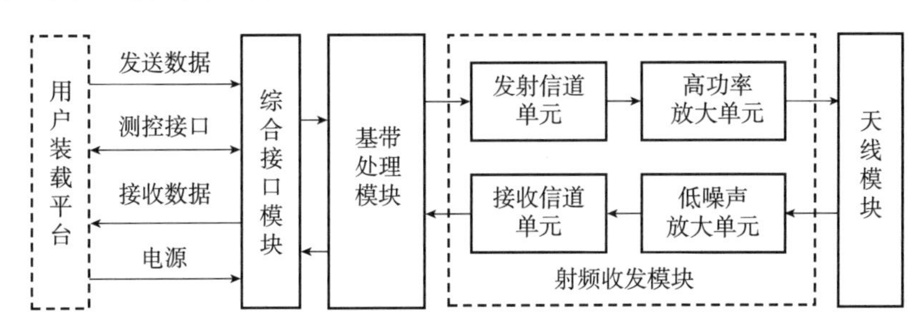

图 2-7　用户终端组成

天线模块用于无线电信号的接收和发送，典型的用户终端天线形式包括反射面天线、相控阵天线、螺旋天线等。反射面天线一般由反射面、馈源网络及跟踪伺服设备组成，结构形式简单，易实现收发共用，常被高频段用户终端选用。相控阵天线是从阵列天线发展而来的，其阵列中各单元激励电流的相对相位是可以控制的，当激励电流的相位随时间呈线性递增或线性递减时，波束方向也随之变化，阵列天线就会产生波束扫描。螺旋天线由螺旋线绕制而成，是宽波束天线，通常用于低频段用户终端，如移动通信卫星的用户终端。

射频收发模块包含低噪声放大、接收信道、发射信道、高功率放大等单元。低噪声放大器和接收信道单元组成接收链路，低噪声放大器将来自天线模块的射频信号放大，送至接收信道单元。接收信道单元将射频信号下变频至中频信号，并进行滤波和进一步放大，然后送至基带处理模块；发射信道单元和高功率放大器组成发射链路，发射信道单元将基带输出的中频信号进行滤波和放大，并上变频至射频频率，最后经高功率放大器输出至天线模块。

基带处理模块包括前向基带处理单元和返向基带处理单元。主要由数-模转换

(DAC)、模-数转换（ADC）和 CPU 等芯片组成的硬件以及处理软件组成。前向基带处理单元完成信号的采集，利用基带软件实现自动增益控制（AGC）计算、数字下变频、伪码同步与解扩、载波同步与解调、译码等处理；返向基带处理单元完成返向信号的编码、调制和成形滤波，由双通道 DAC 送出两路正交基带信号。

综合接口模块主要完成用户终端与用户平台之间的接口，例如，与信源（信宿）之间的数据/时钟接口、遥测遥控接口、平台的姿态/航向信息接口以及监控和电源接口等。对于采用相控阵天线的用户终端，其波束指向角计算，一般也在综合接口模块中实现。

目前常规的通信卫星配置 C、Ku、Ka 频段有效载荷，C 频段载荷支持电视广播和固定点对点通信传输，可支持广电系统的大站、电信港用户终端，通常用于电视台间传输；Ku 频段载荷可支持 0.2 m 口径 DTH 用户终端和 2.4m VSAT 用户终端，通常用于电视台间传输或者向终端用户直播；Ka 频段载荷可支持机载用户终端，主要为用户提供宽带高速的数据通信、语音及交互式通信业务。

2.1.3　控制段

为了保证卫星系统的正常运行，卫星通信系统还必须配置测控系统，也称卫星控制段。

测控系统的任务是提供从发射段至运行段的测控支持，对卫星进行准确和可靠的跟踪测量，控制卫星准确进入定点位置；卫星正常运行后，还要对它进行轨道修正、位置保持和姿态保持等控制，并为试验指挥机构提供监视、显示信息。

测控系统包括卫星测控中心及测控网络，测控站实现对卫星的遥测遥控功能，实现对卫星遥测信息的解调接收和对卫星遥控信息的调制发送，完成对卫星工作状态监测、卫星运行控制等功能，以及负责保持、监视和管理卫星的轨道位置、姿态及星历信息。

2.1.4　地面段

为了保证卫星通信系统的业务正常运行，卫星通信系统还必须配置运控系统，也称卫星地面段。

运控系统的任务是在业务开通前对通信卫星和用户地球站进行各项通信参数的测定，业务开通后，对卫星和地球站的各项通信参数、通信性能和通信链路进行监视和管理。

运控系统通常包括地面站、运控中心、网络控制中心及运控网络。地面站主要实现信号处理、调制解调及无线信号的发射与接收等功能，站型通常为固定站，地面站大小根据卫星链路上的业务量和业务类型（电话、电视或数据）而有所不同，最大的卫星地面站配备了直径 30 m 的天线（国际通信卫星组织网络的标准 A）。运控中心负责地面及卫星通信设备的管理、参数配置、状态监视及任务调配等。网络控制中心负责系统内用户身份确认、等级控制、计费管理及资源配置管理等系统网络管理功能，完成用户业务接口控制功能，并与地面网络完成协议管理及分层次管控功能，网络控制中心通过网络接口连接到其他地面网络或者其他卫星网络，实现卫星业务用户与其他网络用户间通信。

图 2－8 显示了用于传输和接收的用户地球站的典型结构。

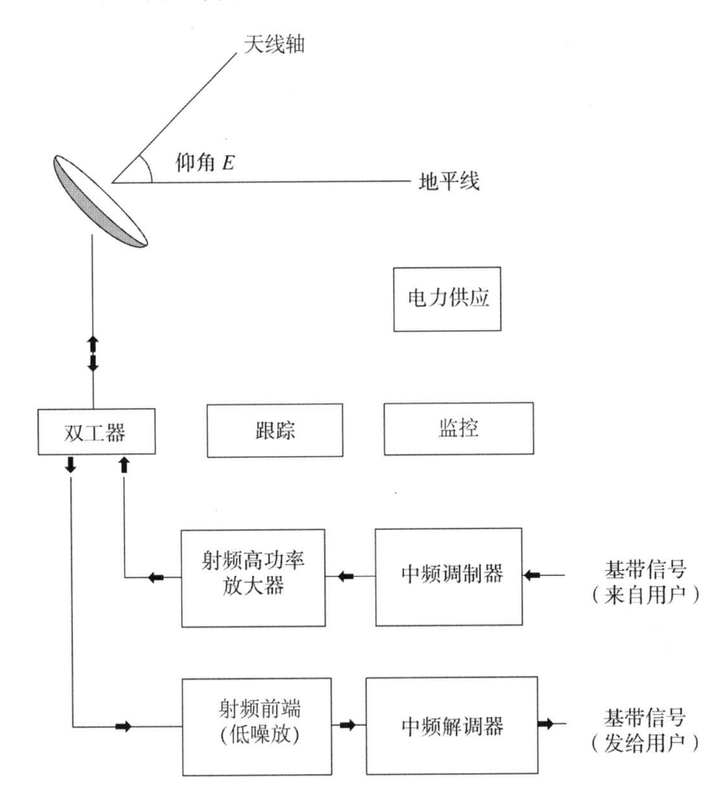

图 2－8　用户地球站主要组成

用户地球站主要由天线设备、发射设备、接收设备和信道终端设备等组成。

(1) 天线设备

天线是一种定向辐射和接收电磁波的装置，它将发射机输出的信号辐射给卫星，同时将卫星发来的电磁波收集起来送到接收设备，收发支路主要是靠双工器进行隔离。根据用户地球站的功能，天线口径可大到几十米，也可小到 1 m 甚至更小。大口径天线一般要有跟踪伺服系统，以确保天线始终对准卫星，小天线一般采用手动方式进行对星。

(2) 发射设备

发射设备的任务是将信道终端设备输出的中频信号变换成射频信号，并将射频信号的功率放大到一定值，以满足传输链路功率要求。

(3) 接收设备

接收设备的任务是将接收到的极其微弱的卫星下行信号进行低噪声放大，然后变频到中频信号，供信道终端设备进行解调及其他处理。

(4) 信道终端设备

对于发送支路，信道终端的基本任务是对来自用户设备（电话、电话交换机、计算机、传真机等）的信号加以处理，使之变成适合卫星信道传输的信号形式；对于接收支路，则进行与发送支路相反的处理，将接收设备送来的信号恢复成用户的信号。对用户信号的处理，可包括模拟信号数字化、信源编码解码、信道编码译码、中频信号的调制解调等。

2.1.5 通信链路

卫星通信链路是指从信源开始，通过编码调制及微波上变频、发射机和天线，经由空间传播到卫星接收天线，通过卫星转发器、发射天线，再经由空间传播到地面接收天线，通过低噪声接收及微波下变频、解调译码，最后至信宿结束的链路。卫星通信链路具体由上行链路、星上转发器链路（或星间链路）及下行链路三部分组成。

通信链路中发射设备和接收设备之间的信息传输一般由微波调制载波组成，也可以为光调制载波。上行链路和下行链路由射频调制载波组成，而卫星间链路可以是射频或光链路。载波由基带信号调制，基带信号传送用于通信目的的信息。

发射设备的性能通过其有效各向同性辐射功率（$EIRP$）来衡量，$EIRP$ 是馈送到天线的功率乘以天线在所考虑方向上的增益。接收设备的性能通过 G/T（接收品质因数）、所考虑方向上的天线接收增益 G 与系统噪声温度 T 之比来测量。

通信链路性能可以通过接收载波功率 C 与噪声功率谱密度 N_0 的比率（C/N_0）来测量，以赫兹（Hz）表示。对于参与终端之间连接的链路，C/N_0 的值决定了服务质量，用数字通信的误比特率（BER）来表示。

通信链路设计的另一个重要参数是载波占用的带宽 B。该带宽取决于信息数据速率、信道编码速率（前向纠错）和用于调制载波的调制类型。对于卫星链路，所需载波功率和占用带宽之间的权衡对于链路的成本效益设计至关重要。这是卫星通信的一个重要方面，因为功率会影响卫星质量和地球站的大小，而且带宽受到法规的限制。此外，向卫星运营商租用卫星转发器容量的服务提供商根据卫星转发器可用功率或带宽资源的最高份额收费。服务提供商的收入基于已建立连接的数量，因此目标是最大限度地提高所考虑链路的吞吐量，同时保持功率和带宽使用的平衡份额。

2.2 卫星通信系统分类

当今世界已经建立了许多卫星通信系统，可从不同角度对它们进行分类。本节主要从频率轨道、覆盖区域、用户性质、产品维度等方面进行分类。

（1）按频率轨道分类

在卫星通信中，工作频率的选择十分重要。它直接影响到卫星通信系统的通信容量、质量、可靠性、卫星和地面终端设备的复杂性以及成本，并且还会影响到与其他通信系统的协调。卫星通信工作频段的选择应根据业务需求与可行性相结合的原则，重点应考虑下列因素：一是应具有较宽的可用频带，以尽可能扩大通信容量；二是电波传播损耗、降雨衰减和其他外加噪声应尽可能被压到最低限度；三是合理、有效地使用无线电频谱，防止各种空间通信业务之间以及与其他地面通信业务之间产生交互干扰；四是卫星、地面终端设备技术、水平、进展以及现有通信设备的利用与相互配合。卫星通信常用频率可以分为L，S，C，Ku，Ka等频段。

按卫星所处轨道，可分为对地静止卫星通信系统、中轨卫星通信系统、低轨卫星通信系统。其中静止轨道通信卫星定位于高达35786 km的同步轨道，它的特点是覆盖照射面大，三颗卫星就可以几乎覆盖地球的全部面积，可以进行24小时的全天候通信。非静止轨道指低轨道或中高轨道。在这种轨道上运行的卫星相对于地面是运动的。它能够用于通信的时间短，卫星天线覆盖的区域也小，并且地面天线还必须随时跟踪卫星。

（2）按覆盖区域范围分类

按通信覆盖区域的范围，可以将卫星通信系统分为全球、区域和国（境）内三种组网服务方式。

1）全球组网服务是指服务区域遍布全球的卫星通信网络，这常常需要很多卫星全球组网形成，一般由全球运营商提供。

2）区域组网服务是指仅仅为某一个区域的多个国家或地区提供通信服务的卫星通信网络，一般由区域运营商提供。

3）国内组网服务仅限于国内使用，服务范围更窄，一般由国家运营商提供。

（3）按用户性质分类

从用户视角来看，卫星通信系统可分为服务于电信运营商的业务、服务于广播电视的业务、服务于行业用户的业务，以及服务于大众用户的业务。

1）服务于电信运营商的业务。主要包括网络中继、基站回传等，其发展的方向是能提供互联网IP业务的传输，形成卫星和地面网络的融合发展。

2）服务于广播电视的业务。卫星的广播特性最适合服务于广播电视领域，具体的业务主要包括电视广播、直播到户等，目前国际上直播到户是推动卫星通信产业的主要推动力。

3）服务于行业用户的业务。卫星通信的广域覆盖以及其独立组网的优势，使得其在某些特殊行业有重要的应用需求，如石油系统的VSAT网络业务、金融行业的结算备份系统等。行业用户始终是卫星通信行业关注的焦点。

4）服务于大众用户的业务。如卫星电话、卫星上网、直播到户、数字发行等，将卫星通信技术带进了千家万户，卫星通信业务只有被大众用户所接受，才有可能真正实现规模化发展。

（4）按产品维度分类

从卫星通信业务的产品服务角度来看，可以分为卫星移动通信、卫星固定通信、卫星电视广播和卫星音频广播、卫星直播到户DTH、卫星宽带接入等。

1）卫星移动通信。它是指地球表面上的移动地球站或移动用户使用手持终端、便携终端、车（船舶、飞机）载终端，通过由通信卫星、关口地球站、系统控制中心组成的卫星移动通信系统实现用户或移动体在陆地、海上、空中的通信业务。提供卫星移动通信业务的网络，可以是同一个运营商的网络，也可以由不同运营商的网络共同完成。

2）卫星固定通信。它是指通过由卫星、关口地球站、系统控制中心组成的卫星固定通信系统实现固定体（包括可搬运体）在陆地、海上、空中的通信业务。提供卫星固定通信业务的网络，可以是同一个运营者的网络，也可以由不同运营者的网络共同完成。

3）卫星电视广播和卫星音频广播。广播特性是卫星通信的天然优势，卫星广播通过从点到面实现网络全覆盖，用户越多，广播优势越明显，因此卫星电视广播和卫星音频广播一直是卫星通信的重要业务，在其业务收入中占据相当的份量。

4）卫星直播到户。随着 Ku 等波段卫星接收天线口径的减小以及成本的降低，卫星电视广播可一步到位直接广播到家庭个体用户，使得卫星通信技术可以走进千家万户，服务于大众用户。由于大众参与使得卫星通信业务规模迅速扩大，目前卫星直播到户是驱动卫星通信发展的最重要的业务。

5）卫星宽带接入。它是指用户直接通过卫星来访问 Internet，即卫星上网。目前卫星宽带接入速率一般为 400 kbps，下载多媒体时速率可高达 3 Mbps。优点是接入速率高、不受地域限制，真正实现了 Internet 的无缝接入。缺点是受气候影响，特别是雨雪天气时，收信会受影响；同时初期投入费用高。

2.3 卫星通信系统频率划分

卫星通信工作频段的选择是一个十分重要的问题，因为它将影响到系统的传输容量、地球站与转发器的发射功率、天线尺寸与设备的复杂程度以及成本的高低等。

2.3.1 工作频率的选择

为了满足卫星通信的要求，工作频率的选择原则，归纳起来有以下几个方面：

1）工作频段的电波应能穿透电离层；

2）电波传输损耗及其他损耗要小；

3）天线系统接收的外界噪声要小；

4）设备重量要轻，耗电要省；

5）可用频带要宽，以满足通信容量的需要；

6）与其他地面无线系统（如微波中继通信系统、雷达系统等）之间的相互干扰要尽量小；

7）能充分利用现有技术设备，并便于与现有通信设备配合使用。

综合上述各项原则，卫星通信的工作频段应选在微波频段（300 MHz～300 GHz）。这是因为：首先，微波频段有很宽的频谱，频率高，可以获得较大的通信容量；其次，天线的增益高，天线尺寸小，现有的微波通信设备可以改造利用；另外就是微波不会被电离层所反射，能直接穿透电离层到达卫星。

2.3.2 可供选用的频段

卫星通信通常采用微波频段（300 MHz～300 GHz）。为了避免无线电干扰，国际电信联盟（ITU）《无线电规则》将全球划分为三个区域，如图 2－9。第一区主要包括欧洲和非洲区域，第二区主要包括美洲区域，第三区主要包括亚洲、大洋洲等区域。

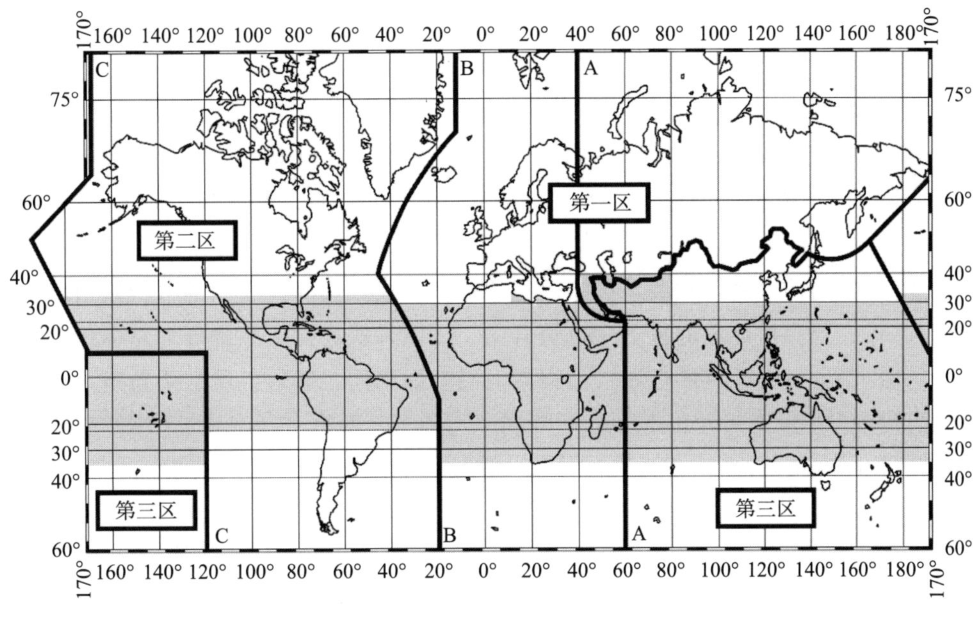

图 2－9　国际电信联盟区域划分图

为方便描述，在工程中通常会用字母代码指代相应的频率范围，大多数指代为沿用工程上的习惯性用法（本书不细究其演变历史），常见的字母代码与频率的大致对应关系如表 2－1 所示。

表 2－1　卫星通信常用业务频段

字母代码	频率大致范围/GHz
VHF	<0.3
UHF	0.3～1
L	1～2
S	2～4
C	4～7
X	7～10
Ku	10～18
Ka	18～31
Q	31～50
V	50～80

VHF 频段：用于包括低轨道卫星在内的非同步卫星通信业务。

L 和 S 频段：主要用于移动卫星通信和广播电视节目传输业务。

C 频段：主要用于国际卫星通信和国内卫星通信，还用于广播电视节目传输业务。

Ku 频段：主要用于通信和广播电视传输业务。

Ka 频段：该频段虽然点播传输损耗大，特别易受降雨及大气中的水汽凝结物的影响，但由于可用频带宽，是目前宽带通信卫星考虑采用的频段。

2.4 通信卫星轨道与分类

卫星围绕地球运行，其运动轨迹叫做卫星轨道。通信卫星视使用目的和发射条件不同，有不同高度和不同形状的轨道，但它们有一个共同点，就是它们的轨道位置都在通过地球中心的一个平面内。卫星运动所在的平面叫作轨道面，卫星轨道可以是圆形或椭圆形。

轨道与卫星的使命密切相关，按照卫星的任务要求，选择最有利的运行轨道是轨道设计的首要工作。卫星对地球的覆盖、轨道寿命、太阳入射规律、星蚀等与总体设计密切相关的因素都影响着运行轨道的选取。根据轨道高度的不同，通信卫星常用轨道主要划分为三类：地球同步轨道（Geosynchronous Orbit，GEO）、低轨道（Low Earth Orbit，LEO）和中轨道（Medium Earth Orbit，MEO），如图 2－10 所示。

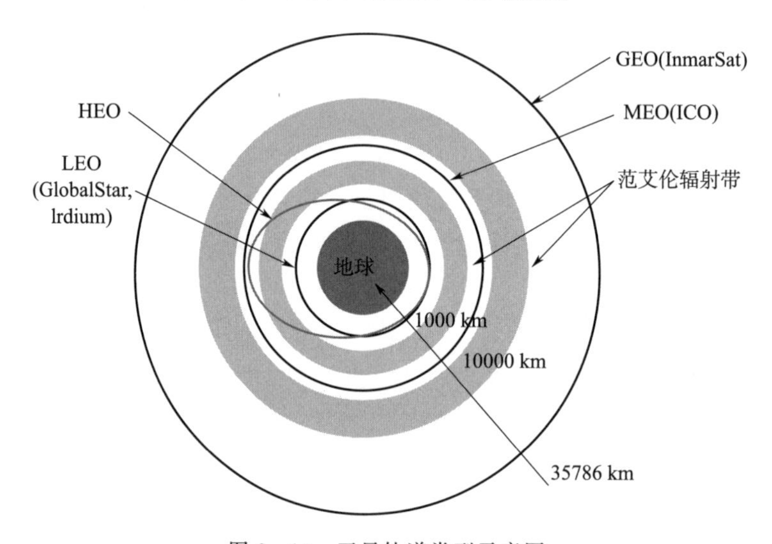

图 2－10　卫星轨道类型示意图

地球同步轨道是运行周期与地球自转周期相等、轨道高度为 35786 km 的顺行、圆形卫星轨道。卫星的运行周期和地球的自转周期相同，都是 24 h，这种轨道叫做地球同步轨道。如果地球同步轨道在赤道平面上，则卫星正好在地球赤道上空，以与地球自转相同的角速度绕地球飞行，从地面上看，卫星好像是固定在天上的某一点，这种卫星轨道叫做地球静止轨道（Geostationary Earth Orbit，GEO），简称静止轨道。静止轨道只有一条，其轨道资源十分宝贵，目前通信卫星、广播卫星多采用这种轨道。

低轨道卫星高度一般分布在 500～1500 km 高度上，由于轨道低，所以星地链路性能优越，传输时延较小，但其对地面的覆盖区域是变化的，要达到对地面区域的持续覆盖，需要多颗卫星组成星座来完成。

中轨道卫星高度一般在 10000～20000 km，星地链路的性能及时延介于低轨道和高轨道之间，虽然对地面的覆盖区域也是变化的，但单颗中轨卫星对地面某个区域的可见时间可达 1～2 h。

2.5　通信卫星星座

一个卫星通信系统可以由若干颗通信卫星组成，构成通信卫星星座。星座可包含 GEO、MEO 和 LEO 通信卫星，通过星座配置优化，达到通信系统的广覆盖率、高可用度和增强区域覆盖、降低系统成本等工程目标。

地球静止轨道卫星就像在天空静止不动一样，非常适用于区域通信任务。GEO 卫星的轨道覆盖面积大，一颗 GEO 通信卫星大约能覆盖地球表面 42%以上的面积，赤道上等间隔的 3 颗 GEO 通信卫星可以实现除两极以外的全球通信。一颗 GEO 卫星覆盖的范围大约相当于 10 颗 LEO 卫星。世界各国的主要军用、民用或者商用通信系统都选用 GEO 作为运行轨道，如美国的军用宽带通信系统（DSCS、WGS）、窄带通信系统（UFO、MUOS）、防护系统（Milstar、AEHF）、直播卫星（Direct TV）、数据中继卫星系统（TDRSS）、海事卫星系统（InmarSat）、亚太卫星移动通信系统（APMT）等。此外，还有我国的中星系列通信卫星等。图 2-11 为 GEO 卫星对地覆盖示意图。

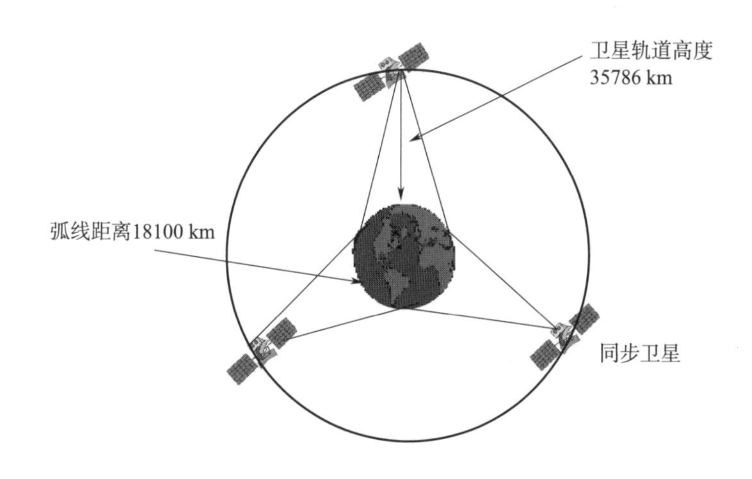

利用静止卫星建立全球通信

图 2-11　GEO 卫星对地覆盖示意图

低轨卫星的轨道高度在 500～1500 km，位于范艾伦带的下方。卫星的运行周期在 100 min 左右，卫星可视时间约为 15 min。轨道形式可以是极地轨道或倾斜轨道。通信卫星选用 LEO 作为运行轨道，可以减少通信链路的功率衰减，减小通信时延，简化卫星和用户终端的设计。但由于轨道高度较低，单颗卫星可覆盖的区域有限，为完成其通信使命，往往需要通过卫星组网来实现，组网卫星多达数十颗。如铱星系统选取的是高度约 780 km 的近圆轨道，轨道倾角为 86.4°，共采用 66 颗卫星进行组网。典型 LEO 通信卫星系统还有：GlobalStar 系统，包含 48 颗卫星，轨道高度 1410 km，倾角 52°；ORBCOMM

系统，包含 32 颗卫星，轨道高度 810 km，轨道倾角分为 45°和 0°两种。图 2-12显示了 LEO 通信卫星对地球表面的覆盖情况。

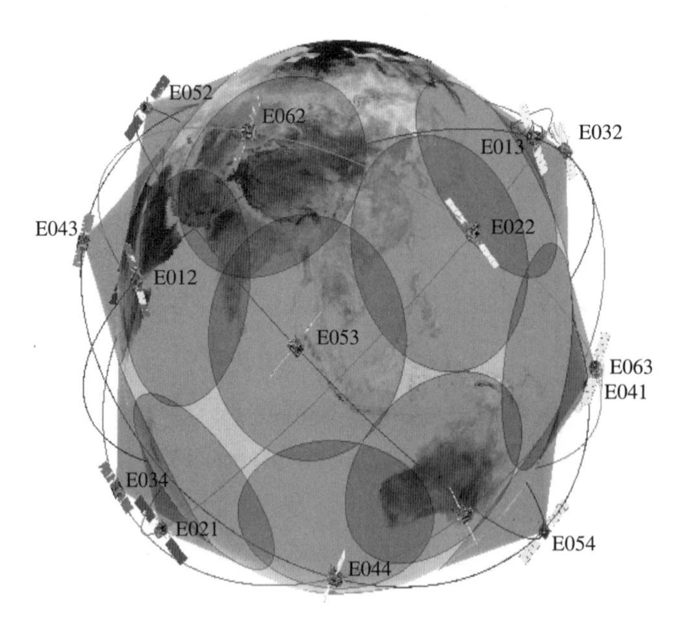

图 2-12　LEO 卫星对地覆盖示意图（见彩插）

中轨卫星的轨道在两个范艾伦带之间，高度在 10000～20000 km。卫星可视时间在 1～2 h。由于过高的轨道高度会给星上功率放大器造成很大压力。因此，中轨可以兼顾低轨和对地静止轨道卫星的优势。图 2-13 显示了 MEO 卫星对地覆盖示意情况。

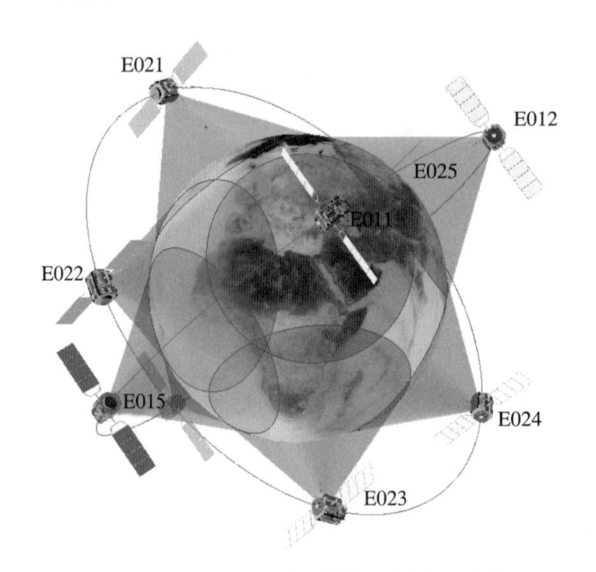

图 2-13　MEO 卫星对地覆盖示意图（见彩插）

目前使用 MEO 作为运行轨道的主要导航卫星，如美国的全球定位系统（GPS），我国的北斗卫星导航系统等。MEO 卫星和 LEO 卫星对地球上的用户来讲是非静止的，因此，需要多颗卫星交替为地球上某一指定区域提供覆盖。一个全球 MEO 系统需要 10～12 颗卫星组成星座来确保最小仰角不小于 30°的覆盖要求。而 LEO 系统通常需要 40 颗以上的卫星来确保最小仰角 10°～40°的覆盖要求。对于 MEO 和 LEO 系统，建议的最小仰角为 40°，这样可以获得较高的链路可用度和可接受的时延变化。相比 GEO 卫星系统，LEO 和 MEO 卫星系统可以获得较小的端到端数据传输延时。与 GEO 卫星相比，MEO 和 LEO 卫星一般发射重量较小、外型尺寸相对较小，可实现一箭多星发射，从而降低星座构建成本、缩短星座组网周期。

2.6　通信卫星的发展历程

2.6.1　国外通信卫星发展历程

1963 年 2 月 14 日，美国国家航空航天局（National Aeronautics and Space Administration，NASA）使用 Delta - B 运载火箭发射了第一颗地球同步轨道（Geostationary Earth Orbit，GEO）通信技术验证星 Syncom - 1，卫星在变轨阶段出现故障随即与地面失去联系。同年 7 月 26 日，NASA 发射了第二颗 GEO 通信技术验证星 Syncom - 2，卫星成功入轨后定点于大西洋和巴西上空，并在非洲大西洋海域的船只与新泽西州莱克赫斯特地面站和美国海军金斯波特号驱逐舰之间进行了语音、电传、传真和数据传输测试，证明了 GEO 卫星通信的可行性。1964 年 8 月 19 日，NASA 发射了首颗真正意义的 GEO 通信卫星 Syncom - 3，为 1964 年日本东京奥运会进行了电视直播，并在轨进行了各种通信测试。1965 年 1 月 1 日，Syncom - 3 移交给了美国国防部，用于美国在越战期间的军用通信。卫星通信已经经历了半个多世纪的发展，目前已有几百颗通信卫星在轨工作，卫星通信使世界通信发生了巨大的变革。在此期间，卫星通信从试验性阶段迅速转入成熟实用和商业化阶段，其业务从民用到军用，从广播电视、电话到数据传送和综合业务、数字网业务，从固定通信到移动通信再到宽带通信，从模拟通信到数字通信迅速发展。随着全球信息化、智能化和自动化浪潮持续升级，人类生产生活方式正在发生巨大变革，以卫星通信系统为依托，构建高速、灵活、融合、安全的信息基础设施，成为各国竞逐更大的军事、经济和社会利益的重要切入点。目前已有几百颗通信卫星在轨工作，卫星通信使世界通信发生了巨大的变革。在此期间，卫星通信从试验性阶段迅速转入成熟实用和商业化阶段，其业务从民用到军用，从广播电视、电话到数据传送和综合业务、数字网业务，从固定通信到移动通信再到宽带通信，从模拟通信到数字通信迅速发展。随着全球信息化、智能化和自动化浪潮持续升级，人类生产生活方式正在发生巨大变革，以卫星通信系统为依托，构建高速、灵活、融合、安全的信息基础设施，成为各国竞逐更大的军事、经济和社会利益的重要切入点。

2.6.1.1　宽带卫星通信系统

宽带卫星通信系统能力加速提升，不断向高吞吐量方向发展。ViaSat - 3 HTS 卫星星座，单星容量超过 1 Tbps；近期，EutelSat 和 SSL（Space System Loral）已完成卫星与地面 Q/V 频段传输测试，Q/V 载荷将逐步走向实用。宽带卫星通信系统的发展大致可分为三代。

第一代：主要特点是用户可用速率在 56～256 kbps；用户单元分布零散；主要用于对实时性和连续性要求不高的脉冲式数据传送；没有基于 IP 标准，主要因为早期的卫星服务要早于地面互联网服务；只是租用一颗卫星上的部分转发器，和多个用户共用卫星；需要通过卫星调制器和地面终端技术进行加强。

第二代：例如 Spaceway－3、WGS、iPSTAR 等，主要特点是用户的可用速率为 256 kbps～5 Mbps；"Internet 时代"的到来，要求将互联网的服务范围延伸；大多数用户是个人消费者和小型企业；使用较大的系统，多数都使用专用卫星；卫星的通信采用 Ku 和 Ka 频段，广泛应用点波束和频率复用技术；通过地面的 IP 路由技术加强，提高服务质量（QoS）。

第三代：例如 ViaSat－1、KaSat 等，主要特点是用户的可用速率比现在的 ADSL 速率（8 Mbps）还要高，最高可达到 20 Mbps；能够提供真正的视频多媒体互联网服务；每颗专用卫星的容量能达到 100 Gbps；每颗卫星可满足200～500 万用户的需求；使用高功率的 Ka 频段点波束和频率复用技术；利用下一代终端调制技术增加终端物理层的容量。

（1）ViaSat 系列卫星

由美国卫讯公司运营的商业宽带通信卫星，利用 Ka 频段多点波束技术提供高速率的宽带卫星通信业务。卫星主要有三大业务领域：一是商业航空业务、二是个人消费者业务、三是政府航空业务。截止 2023 年 6 月，卫讯卫星一共发射了 3 颗卫星。

卫讯卫星 1 号（ViaSat－1）采用劳拉公司 LS－1300 平台，设计寿命 15 年，整星质量 6740 kg，干重 3650 kg。卫星采用透明转发有效载荷，配备 56 路 Ka 频段转发器，能够形成 72 个点波束，其中 63 个点波束覆盖美国，9 个点波束覆盖加拿大，整星容量约 140 Gbps，为北美地区提供最高速度的宽带卫星通信服务。卫讯卫星 1 号于 2011 年 10 月发射，图 2－14 是该卫星示意图。卫讯卫星 1 号主要提供互联网接入，服务名称为艾克赛德（Exede）。2013 年经美国联邦通信委员会的测试报告显示，Exede 服务从传输速率来看，已经超过其它互联网服务提供商，峰值用户下行速率为 12 Mbps，上行速率 3 Mbps。从实际使用情况来看，90％的用户使用速率都超过最高值的 140％。

卫讯卫星 2 号（ViaSat－2）由波音公司基于波音 702 高功率（BSS－702HP）卫星平台研制，发射重量 6418 千克，设计寿命 14 年，于 2017 年 6 月 1 日成功发射，图 2－15 是该卫星示意图。与卫讯卫星 1 号相比，容量约 300 Gbps，覆盖北美、中美和加勒比海地区，覆盖区域是卫讯卫星 1 号的 7 倍，覆盖从美国东海岸到北美洲之间的航空和海事区域。卫讯卫星 2 号卫星除了提供互联网接入服务，还提供海事和航空移动服务，能够为 250 万用户提供当前的 Exede 的服务水平，或为 100 万用户提供 2.5 倍的 Exede 服务速率。

卫讯卫星 3 号（ViaSat－3）已于 2023 年 5 月 1 日成功发射，2－16 是该卫星示意图。

图 2 - 14　ViaSat - 1 卫星照片

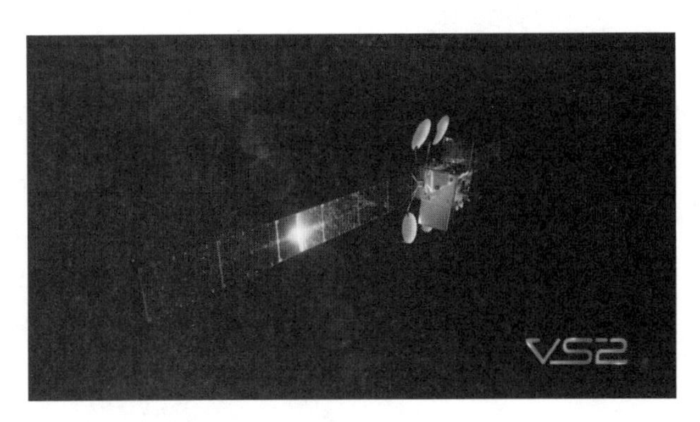

图 2 - 15　ViaSat - 2 在轨示意图

卫星由波音公司研制，整星质量约 6000 千克，星上安装了一对巨大的光翼（共 16 块太阳能板），巨型伞状天线使其通信速率高达 100+Mbps，通信容量更是高达 1 Tbps。卫讯公司宣布打造由 3 颗 ViaSat - 3 组成的 HTS 卫星星座，实现全球覆盖，后续的两颗卫星则将分别覆盖 EMEA（欧洲、中东和非洲）地区和亚太地区，计划由宇宙神 5 和阿丽亚娜 6 火箭发射。

（2）Jupiter 系列卫星

2009 年 10 月 28 日，Hughes 网络公司宣布，选定劳拉公司为其研制一颗新的宽带通信卫星——木星号 Jupiter - 1（EchoStar 17），该卫星采用透明转发，利用 Ka 频段多波束技术，整颗卫星的通信容量将超过 100 Gbps，并使用世界上领先的宽带卫星服务标准——IPoS，该标准由电信工业协会（TIA）、欧洲电信标准协会（ETSI）和国际电信联盟（ITU）提供。卫星采用劳拉公司的 LS - 1300 平台，发射质量超过 6100 kg，设计寿命为 15 年，于 2012 年 7 月由欧洲的阿里安- 5 运载火箭发射升空，定点于西经 105°。该卫星有 60 个 Ka 波段点波束，波束宽度在 0.5°左右，即直径 300 km。可以为北美地区的消费者和小型企业订户提供高速卫星互联网接入，卫星效果图如图 2 - 17 所示。

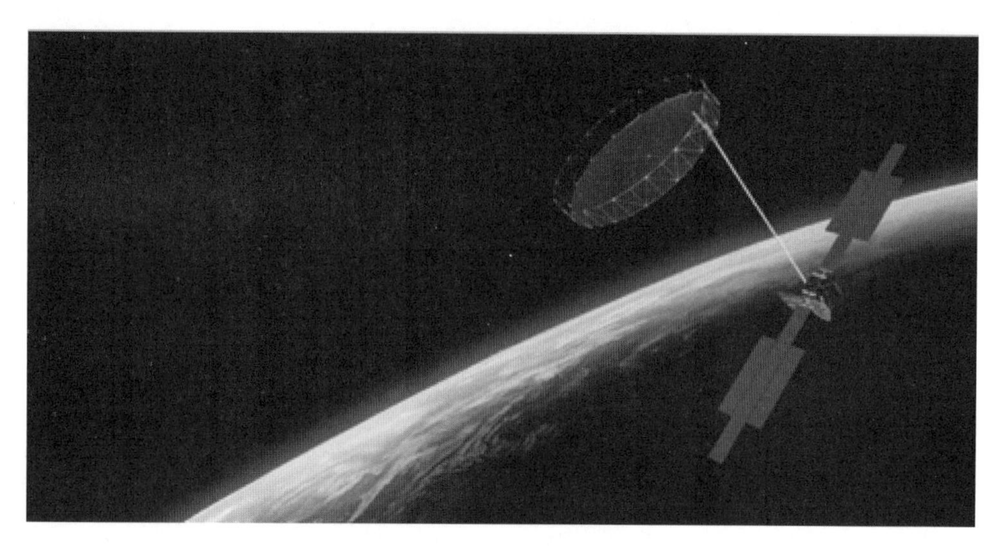

图 2-16　ViaSat-3 在轨示意图

图 2-17　Jupiter-1 卫星效果图

Jupiter-2（EchoStar 19）于 2016 年 12 月 18 日在美国佛罗里达卡纳维尔角发射，定点于西经 97.1°。卫星基于劳拉公司的 LS1300 平台，卫星载荷为 Ka 频段，采用多波束技术，有 138 个用户波束和 22 个信关波束，卫星容量超过 180 Gbps，覆盖美国本土、阿拉斯加、墨西哥、部分加拿大及中美洲。Hughes 公司在 2017 年 1 月正式将其投入使用，Jupiter-2 卫星实物收拢图如图 2-18 所示。

Jupiter-3（EchoStar 24）于 2023 年 7 月 29 日在美国卡纳维拉角空军基地，由太空探索技术公司（SpaceX）的猎鹰 9 号重型火箭成功发射。Jupiter-3 卫星的总重量高达 9.2 t，成为人类历史上最重的地球静止轨道商业通信卫星。Jupiter-3 卫星定位于西经 95°，采用 Q/V/Ka 频段，总容量超 500 Gbps，配备 300 个点波束，每波束容量至少 500 MHz；共 20 个配套地面关口站（其中 2 个为备份站）。Jupiter-3 是备受瞩目的下一

图2-18　Jupiter-2卫星实物收拢图

代高通量Ka波卫星，这颗强大的通信卫星将支持飞机上的Wi-Fi、海上通信、企业网络、移动网络运营商的远程传输，以及北美和南美地区的卫星互联网连接。Jupiter-3卫星使用Ka波段，同时支持Q波段和V波段用于网关，它可以在多个频段实现数据传输和通信，为用户提供更加稳定、高效的服务体验。卫星的覆盖范围主要集中在北美和南美洲，这将为这些地区带来高速、可靠的互联网连接，推动信息化进程。Jupiter-3卫星的传输速度可高达100 Mbps，为用户提供更加流畅、高效的在线体验。无论是个人用户还是企业机构，都将受益于Jupiter-3卫星的高速通信服务。为了实现高效的能源收集和供应，Jupiter-3卫星配备了14块高效太阳能电池板。Jupiter-3卫星的太阳能电池板展开后高度相当于10层楼高，如此高度不仅提供了更大的能源收集面积，也使得卫星能够充分利用太阳能为自身供电。先进的太阳能技术使得卫星拥有更长的寿命，可持续地在太空中运行，为地面用户提供持续稳定的网络服务。

(3) KONNECT-VHTS卫星

KONNECT VHTS卫星是为国际运营商EutelSat建造的一颗超高通量卫星，将为欧洲、北非和中东提供高速宽带和移动连接。KONNECT VHTS卫星是欧洲迄今为止体积和容量最大的地球同步通信卫星。该卫星搭载了有史以来最强大的在轨数字处理器，可实现灵活的容量分配和最优的频谱使用。

2022年9月8日，由泰雷兹（67%）和莱昂纳多（33%）的合资企业泰雷兹阿莱尼亚宇航公司建造的欧洲通信卫星公司（EutelSat）KONNECT VHTS通信卫星搭乘阿丽亚娜5号火箭，从位于法属圭亚那库鲁的欧洲航天中心成功发射，向欧洲各地提供宽带互联网信号服务。Konnect VHTS 卫星是泰雷兹阿莱尼亚航天公司迄今为止建造的最大的航天器，采用全电推 Spacebus NEO 系统，重约 6.4 t，高约 8.9 m，设计寿命 15 年，通信容量为 500 Gbps，携带了 Ka 波段有效载荷，配备了世界上最强大的第五代数字处理器。该卫星通过提供 230 个波束，可向欧洲用户提供天基互联网服务，包括卫星覆盖率低的偏远地区。此次发射是阿里安-5 火箭在 2022 年完成的第二次任务，图 2-19 为 KONNECT VHTS 卫星在轨示意图。

图 2-19　KONNECT VHTS 卫星在轨示意图

（4）OneWeb 星座

OneWeb 公司最早启动卫星互联网计划，计划发射 648 颗卫星建立一个覆盖全球的低轨道卫星高速通信网络，后续还将发射 2000 颗卫星，以提供宽带互联网接入服务；覆盖包括南北极在内的地球表面，其星座示意图如图 2-20 所示。工作频段为 12～18 GHz 的 Ku 频段，每一颗卫星的容量为 8 Gbps，理想状态下可以支持双色频率复用方案，单个波束下行传输速率可达 750 Mbps，上行速率可达 375 Mbps，性能远远超出传统百公斤量级小卫星的能力水平。

OneWeb 星座采用开放式架构，可在原有系统基础上通过增加新卫星提升星座整体容量。OneWeb 将分三个阶段开展低轨星座的建设，第一阶段 648 颗 Ku/Ka 频段卫星分布在 18 个轨道面，轨道高度 1200 km，倾角 87.9°，每个轨道面部署 36 颗卫星，相邻轨道面间隔 9°，工作周期约 110 min，相邻轨道升交点赤经差别 10.15°，对应通信仰角优于 55°，具备 7Terabit 的数据传输能力。第二阶段增加 720 颗 V 频段卫星，轨道高度与第一阶段卫星相同，星座达到 120Terabit 的通信能力。第三阶段增加 1280 颗 V 频段卫星，运行在更高的中地球轨道，达到 1000Terabit 的通信能力。星座利用渐进倾斜的干扰规避技术减少星座对 Ku 频段 GEO 卫星的干扰。

OneWeb 卫星由空客与其联合成立的卫星工厂研制，采用工业级大规模生产技术，大大缩短了卫星制造时间，生产成本可降至传统卫星的 1/50。卫星发射质量约 147.5 kg，

图 2-20　OneWeb 星座示意图

可搭载 60 kg 有效载荷，在高度 1200 km 轨道上的设计寿命超过 5 年，单星在造价不超过 100 万美元。载荷方面，每颗卫星均不带有星间链路功能，而是通过地面关口站组网通信。卫星与用户间链路采用 Ku 频段，单星形成 16 个波束，共覆盖星下 1080 km×1080 km 的范围。每颗卫星配备 2 副 Ku 频段的用户链路天线、2 副 Ka 频段的关口站天线（双圆极化）以及 2 副全向测控天线。此外，卫星将配备电推进系统，火箭将卫星送至 475 km 高度的圆轨道，卫星利用自身的电推进系统通过 20～30 天时间缓慢爬升至 1200 km 高度的轨道。2022 年分别与美国 SpaceX 公司、印度新太空公司达成了新的发射协议。此后，美国猎鹰 9 号火箭和印度火箭分别执行了 3 次和 2 次发射任务，最终完成了 OneWeb 星座一期的部署工作。星座一期建设完成后，OneWeb 致力于更大的星座二期项目，最终计划在 1200 km 高度近地轨道上部署 6372 颗卫星，在 8500 km 高度的中轨道部署 1280 颗卫星，欧洲通信卫星公司的资源将为其提供资金支持。2023 年 5 月 20 日，SpaceX 公司成功发射英国 OneWeb（一网）公司 16 颗卫星，其中 15 颗为 OneWeb 星座一期备用卫星，另有一颗为第二代星座网络技术验证卫星。

（5）Starlink 系统

星链（Starlink）是 SpaceX 公司正在研发的卫星星座工程，最早提出于 2015 年，致力于形成一个全球覆盖、高速度、大容量、高适应性和低延时的天基全球通信系统，旨在利用大规模低轨卫星提供全球高速宽带接入服务。

Starlink 星座目前规划了三期系统，分别包含 4408 颗、7518 颗和 30000 颗卫星，工作在 Ku/Ka 和 Q/V 等不同频段。Starlink 第一期星座实现全运行能力需要部署 4408 颗卫星，分布在 190 个轨道面上，轨道高度分布为 540～570 km，在用户端最低 40°仰角条件下，可满足全球无缝覆盖。SpaceX 公司计划分 2 个阶段建设该系统，第一阶段发射 1584 颗卫星，分布于 72 个 550 km 的轨道面上，每个轨道面 22 颗卫星；第二阶段发射 2824 颗卫星，分布于 540 km、560 km 和 570 km 等 3 个不同轨道高度，分别对应 72、10、36 个轨道面，各轨道面由 20～58 颗不等的卫星组成。第二期星座由 7518 颗 V 频段低轨卫星组成，分布在 330～350 km 范围内的三个轨道面上。资料显示，第三期星座共分为 11 层，不同轨道层之间高度差最小为 5 km，对其卫星机动和自动避碰系统能力提出了更高的要求。

Starlink 卫星采用一箭 60 星的堆叠式设计，卫星均为批量化生产，单星质量 227 kg（系统第一期第一阶段）。卫星构型采用扁平化设计，配有单块太阳能电池板及多副高通量 Ku 频段平板相控阵天线。卫星推进系统采用氪离子霍尔效应电推进系统，而非传统的氙离子，从而大幅降低推进剂成本。姿态控制方面，卫星载有高精度的星敏导航系统，实现精准的姿态指向调整。在通信性能上，60 颗卫星总容量达 1 Tbps，单星容量可达 17 Gbps 左右。另外，卫星 95%以上的部件可在再入大气层时快速烧毁，便于离轨操作。

2019 年 5 月进入快车道，2020 年完成了近千颗卫星研制生产和 14 次发射，实现了卫星批量化制造与高频次发射，颠覆了对传统卫星制造、发射、应用的认知；2022 年 5 月，24 小时连续进行 2 次发射，将 106 颗卫星送入太空；2022 年 7 月 22 日，又从加州发射 46 颗，在俄乌冲突中不俗的应用表现，更是成为卫星互联网关注和研究热点。截止 2022 年 10 月 8 日，SpaceX 先已总计发射 3451 颗星链卫星，正式运营 2622 颗，星链带宽现已覆盖 42 个国家，为全球超过 50 万用户提供卫星互联网服务。2023 年 7 月 10 日，SpaceX 打破纪录发射第 91 批星链，部署了 22 颗二代星链卫星。本次发射后，星链卫星的总发射数目达到了 4768 颗。这是星链二代卫星的第五次发射。和一代星链卫星相比，今天发射的 22 颗星链二代卫星更大、更重、更强！星链二代的通信能力是星链一代的 4 倍。

2.6.1.2 卫星移动通信系统

迄今为止，在轨提供话音服务的卫星移动通信系统包括地球同步轨道（GEO）和低轨道（LEO）的卫星移动通信系统两种类型。具有代表性的包括 InmarSat（ACeS 在 2007 年被 InmarSat 收购）、Thuraya、TerreStar、Skyterra、Iridium、GlobalStar。其中，前四个卫星系统为 GEO 卫星移动通信系统，后两个卫星系统是中低轨道卫星移动通信系统。

现代高轨卫星移动通信系统根据有效载荷技术水平大致可以分为三代：

第一代是以 MSAT 和 InmarSat－3 为代表的采用星上模拟载荷的移动通信卫星，对移动通信支持能力较弱，用户终端多为便携式终端；

第二代是以 Thuraya 和 InmarSat－4 为代表的采用星上数字化载荷的移动通信卫星，星上具备处理交换能力，能够较好地支持手持终端和宽带移动接入；

第三代是以 TerreStar－1 和 Skyterra－1 卫星为代表的移动通信卫星，能够广泛地支持宽带移动接入。

（1）Thuraya 卫星移动通信系统

阿拉伯联合酋长国的 Thuraya 卫星移动通信系统是由 Thuraya 卫星通信公司建立的区域性静止卫星移动通信系统。Thuraya 系列卫星由 3 颗静止轨道卫星组成，分别为 Thuraya－1、Thuraya－2 和 Thuraya－3，目前 Thuraya－2 和 Thuraya－3 两颗卫星在轨提供服务。Thuraya 卫星系统覆盖欧洲、北非、中非、南非大部、中东、中亚、南亚等 110 个国家和地区，涵盖全球 1/3 区域，可为 23 亿人口提供卫星移动通信服务。Thuraya

卫星由美国波音公司制造，星上装有直径为 12.25 m 的 L 频段大型可展开收发天线，采用了先进的数字波束形成技术，产生 250～300 个在轨可重定向的点波束。星上采用数字信号处理、交换技术、数字波束形成技术，以最优的方式满足重点区域的通信需求。Thuraya 卫星单星可提供 12500 个双工话音信道或 25000 路并发的话音/数据信道，具备带宽、频率和功率调配能力。整个 Thuraya 系统主要由 GMR－1 和 GMPRS－1 两个移动通信网构成，前者为移动通信网，完成移动用户的话音、短信、传真、数据的双向通信；后者为移动分组网，完成移动用户的 IP 数据的双向通信。

（2）SkyTerra 卫星移动通信系统

Skyterra 卫星原名 MSV，由移动卫星联营公司（Mobile Satellite Ventures，MSV）建造，后公司更名为 SkyTerra 公司，对应卫星更名为 Skyterra 卫星。两颗 SkyTerra 卫星覆盖加拿大和美国。SkyTerra－1/2 卫星采用和 MSAT 卫星类似的方式，上行链路的信号通过两颗卫星接收，在关口站实现最佳合并。SkyTerra－1 卫星于 2010 年 11 月 14 日发射入轨，设计寿命 15 年。SkyTerra 卫星系统的地面通信网络主要由 4 万多个辅助地面组件（ATC）基站组成，支持地面 4G－LTE 移动通信协议，即第四代地面移动通信标准。SkyTerra－1 采用 BSS－702GEM 平台，整星功率 12 kW（寿命末期），发射重量为 5400 kg。SkyTerra－1 的 L 频段天线由哈里斯公司制造，电口径 22 m。卫星采用双向 GBBF 技术，产生约 500 个点波束。SkyTerra 卫星系统采用了 ATC 专利技术，为商业卫星通信系统提供了最先进的灵活性和抗干扰性，并实现了对频谱利用的最佳化，支持 4G－LTE 的宽带网络技术。

（3）InmarSat－4 系统

国际移动通信卫星－4（InmarSat－4）系统是 InmarSat－3 系统的后续系统，可提供 85％的陆地和世界 98％的人群覆盖。InmarSat－4 卫星业务频率工作在 L 频段，其在继续支持 InmarSat－3 卫星上全部数字业务和 GAN 业务（峰值 64 kbps）的同时，新增了对全球宽带区域网络业务（Broadband Global Area Network，BGAN）（峰值 492 kbps）的支持。InmarSat－4 综合了高低端多种业务模式，采用高效的频率复用技术，在有限 L 频段的带宽资源情况下，实现了容量和多样化的双佳选择。

InmarSat－4 的三颗卫星轨道位置分别为 143.5°E（亚太卫星）、25°E（欧非卫星）和 98°W（美洲卫星），采用轨道倾角为 3°的同步轨道。InmarSat－4 卫星星座能够实现对地球中低纬度地区的完全覆盖，其 2009 年 2 月 24 日以后覆盖范围如图 2－21 所示。

InmarSat－4 卫星在轨示意图如图 2－22 所示。

InmarSat－4 移动通信卫星由 EADS Astrium 公司研制，采用 EuroStar－3000GM 平台。星上装有一副 9 m 口径收发共用的大型空间可展开周边桁架式环形网状 L 频段多波束反射器，形成 1 个全球波束、19 个宽波束和 228 个窄点波束。InmarSat－4 卫星采用 L 频段用户链路和 C 频段馈电链路，星上具有数字信道化处理交换和星上数字波束形成能力，采用 DAMA 通信体制，能够同时支持 630 个 200 kHz 的双向信道，且支持用户到用户的单跳通信，基本技术参数如表 2－2 所示。InmarSat－4 卫星还装备有导航载荷。

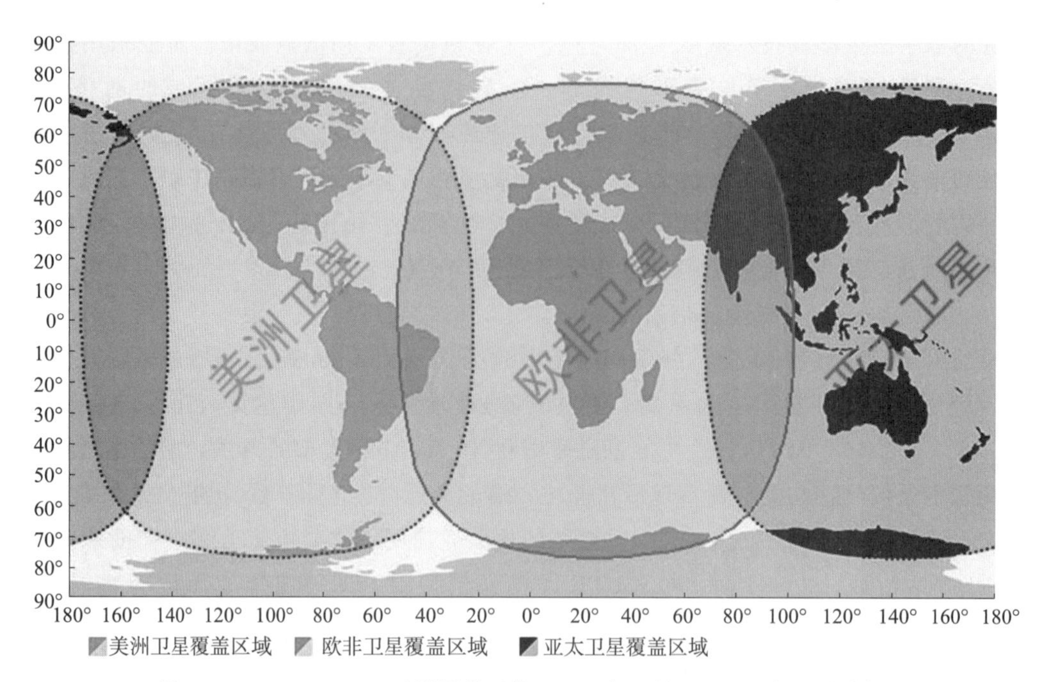

图 2-21　InmarSat-4 卫星覆盖区域（2009 年 2 月 24 日以后）（见彩插）

图 2-22　InmarSat-4 卫星在轨效果图

表 2-2　InmarSat-4 移动通信卫星主要技术参数

序号	项目	参数
1	制造商	欧洲 EADS Astrium 公司
2	覆盖范围	全球中低纬度地区
3	卫星平台	EuroStar-3000GM
4	载荷重量	1670 kg
6	发射重量	5940 kg
7	工作频段	用户链路:L 频段,上行:1626.5～1660.5 MHz,下行:1525～1559 MHz 馈电链路:C 频段,上行:6425～6575 MHz,下行:3550～3700 MHz
8	天线配置	1 副收发共用的可展开周边桁架式网状反射器 L 频段天线(120 馈源的馈源阵) 1 副 C 频段天线(2 个馈源)
9	波束形成	数字波束形成
10	波束数量	L 频段:1 个全球波束、19 个宽波束、228 个窄点波束 C 频段:2 个全球波束(圆极化复用)
11	转发器配置	C-L 转发器、L-C 转发器、L-L 转发器、C-C 转发器
12	处理交换	星上数字化信道化处理交换,不解调,支持 630 路 200 kHz 双向信道
13	AEIRP	L 频段:窄点波束 67 dBW、宽波束 58 dBW、全球波束 41 dBW C 频段:34 dBW
14	G/T	L 频段:窄点波束≥10 dB/K、宽波束≥0 dB/K、全球波束≥-10 dB/K C 频段:-10 dB/K
15	卫星轨位	F1:143.5°E;F2:25°E;F3:98°W
16	设计寿命	10 年

InmarSat-4 卫星窄点波束和宽波束的覆盖如图 2-23 所示。

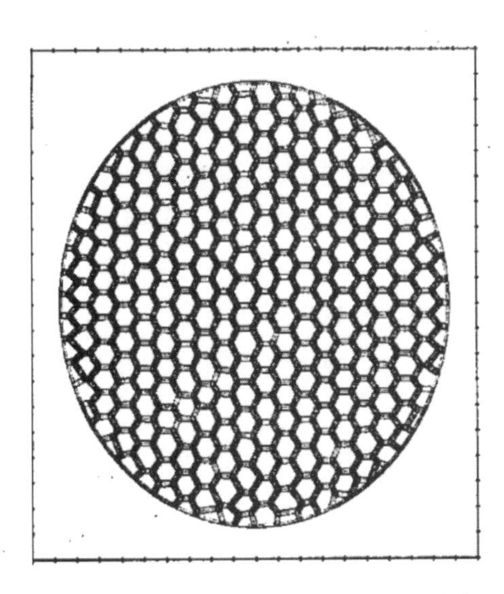

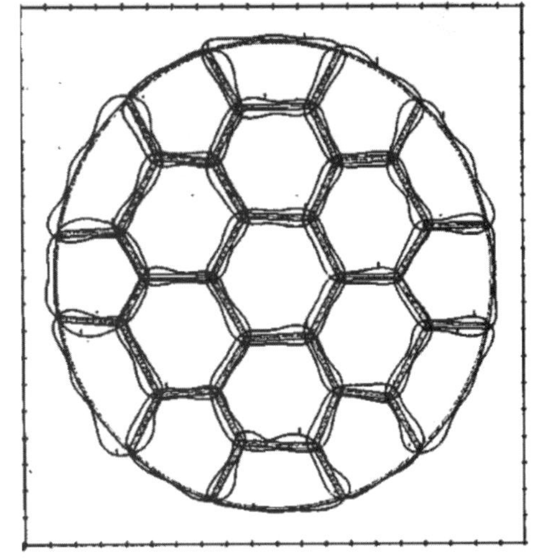

图 2-23　InmarSat-4 卫星窄点波束和宽波束覆盖（窄点波束波位使用 228 个）

BGAN 系统可以分为空间段、地面段和用户段。空间段由 3 颗 GEO 卫星组成。地面段包括卫星测控中心、卫星接入站和其他地面网络等。用户段由各种用户终端组成。其系统架构如图 2 - 24 所示。

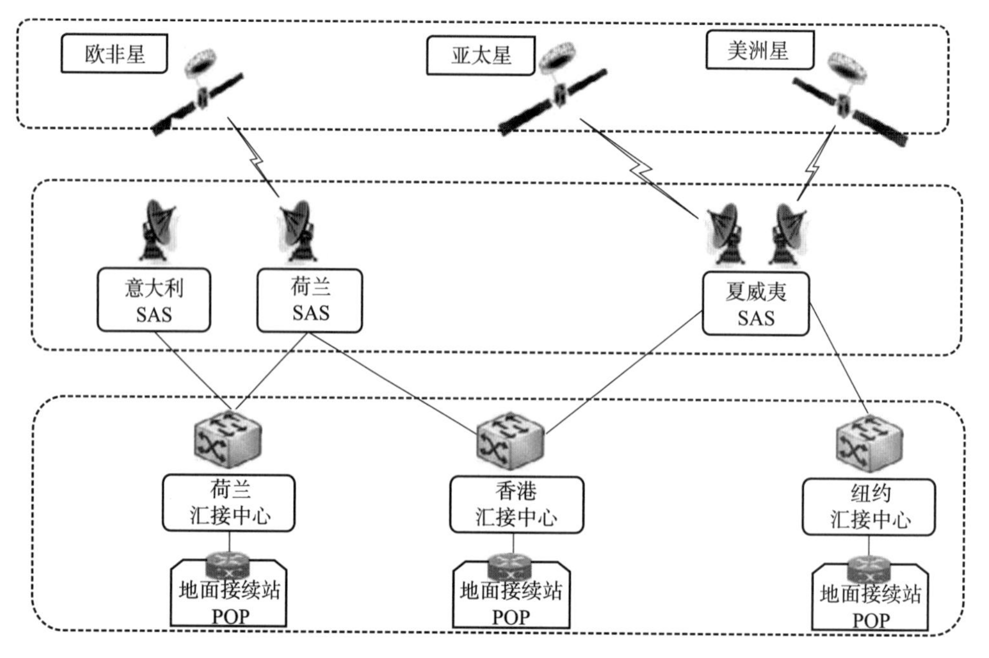

图 2 - 24　BGAN 系统架构

InmarSat - 4 的 BGAN 系统的空中接口并未采用 3 G 标准，而是基于 FDM/TDM/TDMA 多址方式，所达到的速率基本具备承载 3 G 业务的能力；其地面核心网基于 3GPP Release 4 的 UMTS 核心网架构，分别支持 IP 分组交换数据和传统的电路交换服务。可以说，BGAN 系统是一个支持 3 GPP 的网络，兼容 3 G 移动通信系统，提供的所有服务都基于 UMTS 技术。

（4）TerreStar 系统

TerreStar 系统的服务范围为美国及其沿海地区，是位于弗吉尼亚州的 TerreStar 网络公司负责测控和运行的一个卫星移动通信系统。TerreStar 卫星携带最先进的 MSS 有效载荷，能利用地基波束形成技术最多产生 550 个点波束，覆盖加拿大、美国大陆、阿拉斯加、夏威夷、波多黎各和美国的维尔京群岛，将为美国和加拿大两国政府机构、公共安保部门、农村社区和商业客户提供语音、数据和视频移动多媒体通信服务。TerreStar - 1 卫星自称是世界第一个支持普通手机直接通信的卫星，是 TerreStar 移动卫星服务（MSS）的重要组成部分。

TerreStar 系统分为空间段、地面段和用户段。该系统的空间段包括两颗 GEO 卫星 TerreStar - 1 及 TerreStar - 2；地面段包括信关站、卫星测控中心、地面辅助单元以及其他地面网络等；用户段主要是 GENUS 智能手机。图 2 - 25 给出了 TerreStar - 1 卫星系统的系统架构。

系统在地面段组建中采用了全 IP 和地面附属单元（Ancillary Terrestrial Component，ATC）等技术，融合了卫星点波束和地面蜂窝网的覆盖。系统动态配置点波束及其较强的语

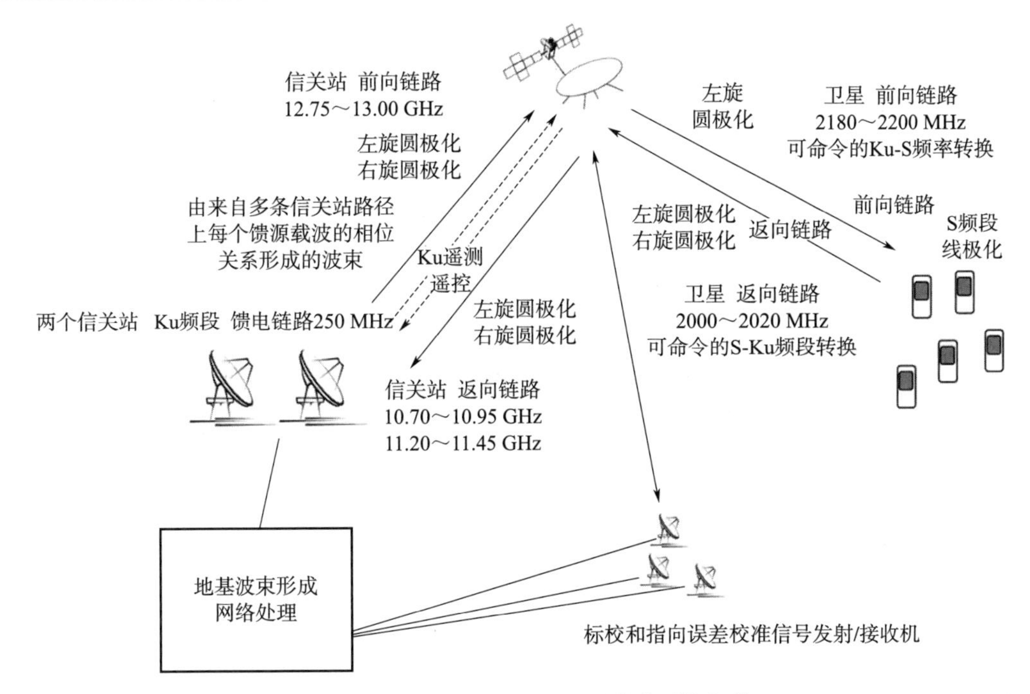

图 2 - 25　TerreStar - 1 卫星系统的系统架构

音数据传输能力，使 TerreStar 系统在美国应急通信和辅助地面蜂窝网通信中发挥重要作用。

TerreStar - 1 采用 LS - 1300S 平台，整星功率 14.2 kW（寿命末期），发射重量为 6910 kg，是当时质量最大的静止轨道商业通信卫星（之前最重的 EchoStar G1 卫星的 6634 kg）。卫星展开后尺寸达 15×30×32 m，如图 2 - 26、图 2 - 27 所示。TerreStar - 1 的 S 频段天线由哈里斯公司（Harris Corporation）制造，机械口径 22 m（电口径 18 m），也创下了当时通信卫星天线的尺寸之最。卫星采用双向 GBBF 技术，产生 550 个点波束。TerreStar - 1 卫星主要技术参数如表 2 - 3 所示。

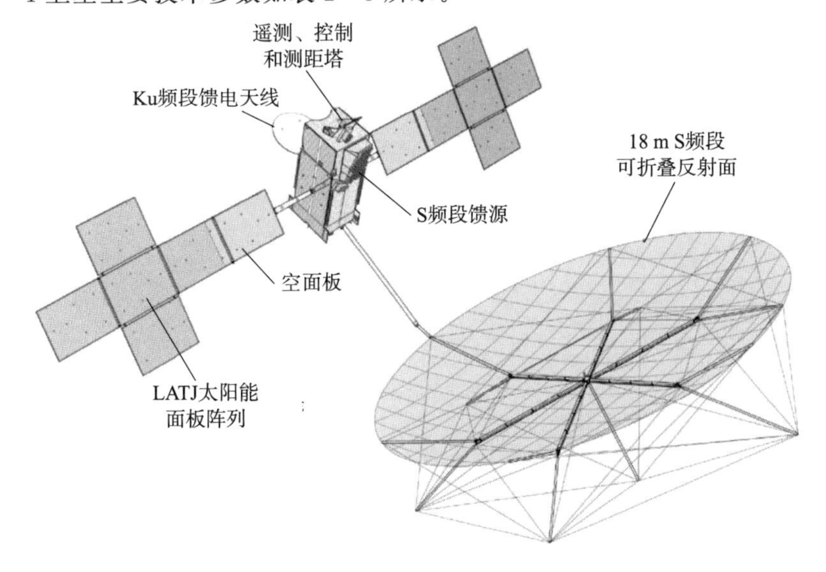

图 2 - 26　TerreStar - 1 移动通信卫星外形图

图 2-27 TerreStar-1 卫星收拢状态图

表 2-3 TerreStar-1 卫星主要技术参数

序号	项目	参数
1	制造商	美国劳拉空间系统公司
2	覆盖范围	加拿大、美国(包括阿拉斯加和夏威夷)、波多黎各及维尔京群岛地区
3	卫星平台	LS-1300S
4	发射重量	6900 kg
5	工作频段	用户链路:S 频段,下行:2180～2200 MHz,上行:2000～2020 MHz 馈电链路:Ku 频段,上行:12.75～13.00 GHz 下行:10.70～10.95 GHz+11.20～11.45 GHz
6	天线配置	1 副机械口径 22 m(电口径 18 m)收发共用的折叠肋式可展开反射器 S 频段天线(78 单元的馈源阵+2 个 8 单元馈源簇,其中 78 单元馈源阵中下行使用 62 个馈源,上行使用 78 个馈源) 1 副 Ku 频段天线(对应两个信关站)
7	波束形成	地基波束形成

续表

序号	项目	参数
8	波束数量	用户波束:最大各 550 个接收和发射波束(下行左旋圆极化,上行左/右旋圆极化) 馈电波束:2 个馈电波束(圆极化复用,对应两个地面站)
9	转发器配置	Ku - S 转发器、S - Ku 转发器
10	星上处理交换	星上透明转发,星上载荷包括校准通道
11	AEIRP	S 频段:≥81 dBW
12	G/T	S 频段:≥21 dB/K
13	卫星设计寿命	15 年

TerreStar - 1 卫星有效载荷由天线分系统和转发器分系统构成，同时具有地基波束形成所必须的星上校准单机。

卫星天线分系统 S 频段包括一副 18 m 电口径单偏置抛物面反射器，1 个 78 单元双极化收发共用馈源阵，以及 2 个 8 单元双极化收发共用馈源阵（对应夏威夷和波多黎各）。网状天线由 Harris 公司制造，采用折叠肋式反射器架构并铺设专用的镀金网面。TerreStar - 1 卫星还包括一副 Ku 频段可展开固面反射器天线，用以实现对两个地面信关站的覆盖。发射时，该天线收拢与卫星对地板，入轨后展开卫星的西墙板。

TerreStar - 1 采用了双向地基波束形成技术，地基波束形成校准信号为 FDM 方式，校准策略包括以下 5 个步骤：馈电链路多普勒频移校正、返向馈源单元链路增益和相位校正、前向馈源单元链路增益和相位校正、指向偏差估计与校正和上行功率控制。该卫星网络采用了两个关口站，从一定程度上降低了对馈电频率资源的要求。

TerreStar 卫星系统采用了 GMR - 13G 通信体制。GMR - 13G 标准是面向地面 3G 标准，为实现 GEO 卫星移动通信系统与地面 3G 核心网互连而制定的，相比前两个版本的 GMR - 1 标准，GMR - 13G 标准支持更高的数据速率、VoIP、IP 多媒体系统（IMS）和支持全 IP 核心网。

(5) 铱星（Iridium）系统

铱星（Iridium）系统是最典型的窄带移动通信星座系统。该系统是美国摩托罗拉公司于 1987 年提出的一种利用低轨道星座实现全球个人卫星移动通信的系统。铱星系统区别于其他卫星移动通信系统的特点之一是卫星具有星间通信链路，能够不依赖地面转接为地球上任意位置的终端提供连接，因而系统性能极为先进。

星座由 66 颗卫星（外加 6 颗备份星）组成，轨道高度 780 km，包含 6 个近极轨道面，轨道倾角为 86.4°，每个轨道面 11 颗卫星。每颗卫星拥有 4 条 Ka 频段的星间链路，两条用于建立同轨道面前后方向卫星的星间链路，两条用于建立相邻轨道面间卫星的通信链路（仅适用于纬度 68°以下地域）。

铱星系统于 1998 年 11 月 1 日正式开始运营，是世界首个实用的大型低轨通信卫星系统。尽管其在技术实现上是一次重大突破，但是在实际运营时却很快就遇到了麻烦，市场需求的下降以及初期市场估算过于乐观，导致铱星公司于 1999 年 8 月 13 日宣布破产。铱星公司蛰伏 8 年后于 2007 年 2 月，向外宣布了第二代铱星计划的构想，并于 2017 年 1 月通过猎鹰 9 号火箭将首批 10 颗铱星成功送入近地轨道，标志着第二代铱星计划（Iridium NEXT）真正意义上的卷土重来。到 2019 年 1 月 11 日，铱星二代已完成全部组网发射，部署后传输速率可达 1.5 Mbps，运输式、便携式终端速率分别可达30 Mbps、10 Mbps。Iridium 二代是一代卫星的升级，如 L 频段配置 48 波束的收发相控阵天线、用户链路增加 Ka 频段、配置软件定义可再生处理载荷等方式，实现了更高业务速率、更大传输容量以及更多功能。二代系统还具备对地成像、航空监视、导航增强、气象监视等功能。图 2-28 为铱星低轨卫星通信星座系统。

图 2-28　铱星低轨卫星通信星座系统

2.6.1.3　*广播卫星系统*

DirecTV-11 由 DirecTV（美国）和 DirecTV（拉美）两部分组成。目前在轨卫星 11 颗，10 颗为公司自有，1 颗为租赁。DirecTV 通过上述卫星，可向用户提供 1800 套数字视频和音频节目。2008 年 3 月 26 日，DirecTV-11 卫星发射，投入运营后可提供 150 套全国高清电视节目。该卫星采用波音公司的 BSS-702 平台，起飞重量 6060 kg，寿命初期在轨重量 3700 kg，整星功率为 16（EOL）～18（BOL）kW。

XM 卫星系统用 S 频段数字音频无线电向美国大陆及部分加拿大地区的汽车、家庭等提供无线电广播节目，频段超过 130 个。XM 卫星由波音公司制造，卫星运营商是美国 XM 卫星通信公司，XM 卫星重 5193 kg，采用 BSS-702 平台，在轨初期总功率为18 kW，寿命 15 年。

Sirius 卫星系统的 3 颗工作星 Sirius1、2、3 和 1 颗地面备份星由劳拉空间系统公司负责制造。卫星采用了大椭圆轨道，可以使美国地区的仰角达到 60°～90°，最大限度地实现无缝隙覆盖。Sirius 卫星数字广播系统向美国全国提供 60 套音乐广播节目和 40 套新闻、体育、娱乐广播节目，用户已达数百万。

2.6.2　我国通信卫星发展历程

中国卫星研制工作始于 20 世纪 50 年代末期，经过几代人的艰苦努力，取得了一系列重大成就。秉承独立自主发展、瞄准国际水平、科研结合实践的原则，我国通信卫星走过了从探索到实践，从试验到实用，从国内到国际的道路。我国第一颗通信卫星东方红二号于 1984 年发射升空。1997 年发射的东方红三号通信卫星，则标志着我国卫星通信进入商业运营时代。2016 年发射了我国第一颗移动通信卫星天通一号。而我国第一颗 Ka 频段的高通量卫星中星 16 号于 2017 年发射。

目前，我国民用通信卫星主要分为宽带通信卫星、移动通信卫星和广播卫星三类。其中，宽带通信卫星高通量卫星多采用多口径多波束天线实现更高容量；移动通信卫星多采用大口径天线，实现手持终端随遇接入；广播卫星采用宽波束实现对较大区域内固定用户的宽带接入。

2.6.2.1　宽带卫星通信卫星

（1）中星 16 号卫星

中星 16 号卫星采用我国自主研发的东方红三号 B 卫星平台，设计寿命 15 年，发射重量 4600 kg。卫星装载 Ka 频段有效载荷系统，配备 26 个用户点波束和 3 个馈电波束，总体覆盖我国除西北、东北以外的大部分陆地和近海近 300 km 海域，如图 2－29 所示。波束带宽用户上行 120 MHz，下行为 340 MHz，卫星总容量为 20 Gbps 左右。2017 年 4 月 12 日，中星 16 号卫星在西昌卫星发射中心成功发射。中星 16 是我国自主研制的首颗 Ka 频段宽带卫星，开启了我国卫星通信宽带时代。中星 16 突破了单口径多波束高型面精度天线、重叠展开天线、自动跟踪校准系统等载荷关键技术，实现了在 Ka 频段建设 HTS 卫星系统的目标，为后续建设更大容量的系统奠定了技术基础，图 2－30 为中星 16 号卫星天线展开图，图 2－31 为中星 16 号卫星系统链路示意图。

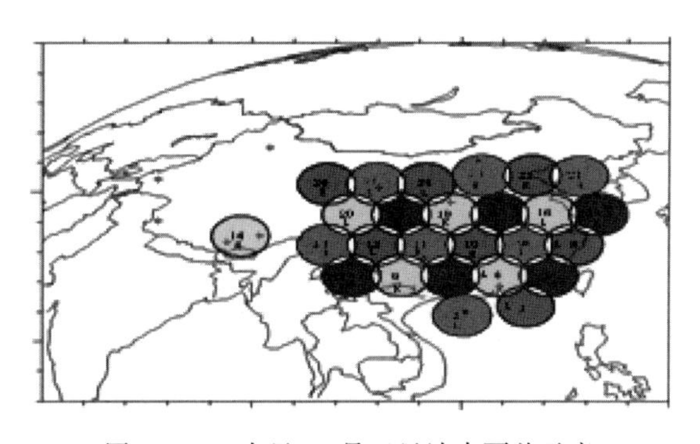

图 2－29　中星 16 号卫星波束覆盖示意

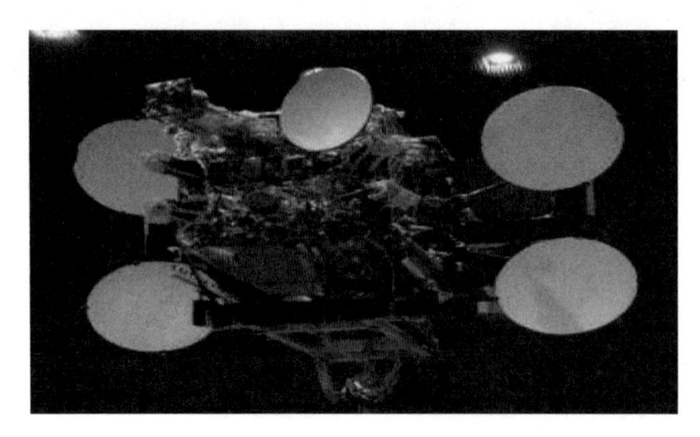

图 2-30　中星 16 号卫星天线展开

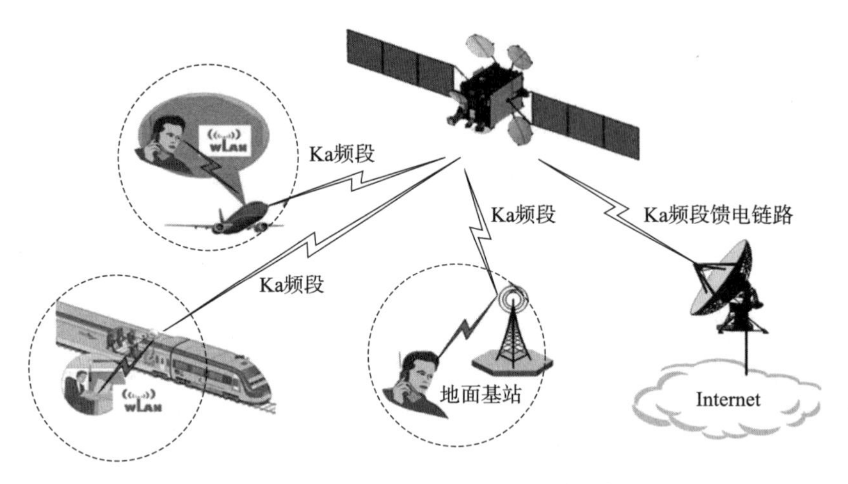

图 2-31　中星 16 号卫星系统链路示意

为降低地面系统成本，兼顾国土大范围覆盖，中星 16 号卫星在信关站数量少（3 个）、且无法与用户波束地理隔离的不利情况下，仍然实现了 22.3 Gbps 的总容量。

针对各种应用场景，重点开展了教育部乡村电化教育示范项目试点、中石油/海油示范项目试点，以及宽带互联网接入、一锅多星、园区 WiFi、动中通、视频回传、LTE 中继回传等业务测试。支持的地面终端包括普通终端、小企业终端、企业/移动终端、干线/移动终端。支持卫星宽带基本业务（固定业务）、卫星宽带增值业务、卫星宽带移动业务、运营商合作业务等多种业务类型。

(2) 亚太 6D 卫星

亚太 6D 卫星（APSTAR-6D）是香港亚太通信卫星公司采购的一颗地球静止轨道宽带通信卫星，也是继亚太 9 号卫星和亚太 6C 卫星后向五院采购的第三颗通信卫星。亚太 6D 卫星作为亚太卫星公司全球宽带卫星系统建设规划一期工程的重点建设项目，对于其全球宽带卫星系统建设规划的全面实施、巩固亚太地区领先区域型卫星运营商地位具有重要意义。卫星采用东四增强型平台建造，配置 Ku 频段多波束（Ka 频段馈电链路）载荷，以中国为核心，面向亚太地区，形成东印度洋到西太平洋覆盖，为亚太区域提供宽带通信服务（HTS)，图 2-32 为亚太 6D 卫星构型图，图 2-33 为亚太 6D 卫星用户波束覆盖示意图。

图 2-32　亚太 6D 卫星构型图

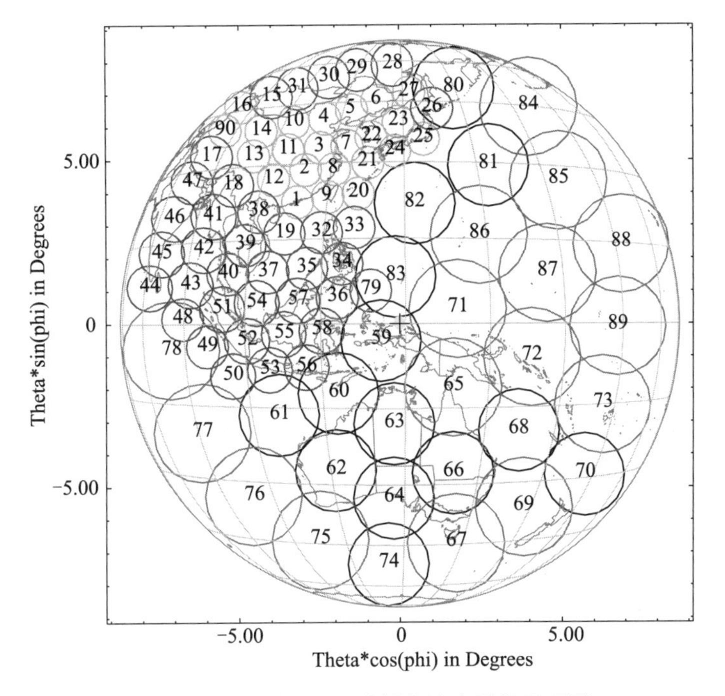

图 2-33　亚太 6D 卫星用户波束覆盖示意图

（3）中星 26 号卫星

中星 26 号卫星是我国首颗超百 Gbps 容量的 Ka 频段高通量卫星，这颗卫星将全面开启我国卫星互联网服务新时代。中星 26 号卫星于 2023 年 2 月 23 日成功发射，该卫星是国家民用空间基础设施中高通量卫星网络资源的重要组成部分。相比于中星 16 号卫星，中星 26 号卫星能力更强，使用范围更广，支持用户数量更多，速率更高，可以说实现了“升级换代”，将为用户带来更佳体验。卫星使用 Ka 频段，单星容量超过 100 Gbps，能同时满足百万个用户终端使用，提供上行最大可达 200 Mbps，下行最大可达 450 Mbps 的通信能力。简单来说，它是我国目前通信容量最大、波束最多、技术最复杂的民商用通信卫星。卫星配置 94 个用户波束和 11 个信关波束，覆盖了中国全境及周边区域，将为固定终端、车载终端、船载终端、机载终端等提供高速宽带接入服务。卫星在轨投入运行后，将与中星 16 号、中星 19 号组成 Ka 频段高通量卫星应用系统网络，可为满足国内中资企业“走出去”互联网需求提供有效的通信技术手段，可广泛应用于机载、船载、陆地移动等互联网服务，以及应急、专网、电信普遍服务、泛在物联等业务，同时可为国家建立“一带一路”空间信息走廊提供有力支撑。

2.6.2.2　卫星移动通信卫星

天通一号卫星移动通信系统，是我国自主研制建设的卫星移动通信系统，也是我国民用空间信息基础设施的重要组成部分。系统首要任务是确保我国遭受严重自然灾害时的应急通信，填补国家民商用自主卫星移动通信服务的空白，被称为“中国版的海事卫星”。系统空间段计划由多颗地球同步轨道移动通信卫星组成。2016 年 08 月 06 日，天通一号 01 星由长征三号乙运载火箭在西昌卫星发射中心发射升空。2016 年 08 月 15 日，卫星成功定点于 101.4°E 地球同步轨道。

天通一号 01 星基于东方红四号平台研制，星上配置 S 频段移动通信载荷，实现了我国领土、领海、一岛链以内区域覆盖。卫星有效载荷使用了多波束形成技术、环形网状天线技术、低无源互调（PIM）技术、阵列转发器技术、多波束功率动态调配技术等先进技术。

天通一号 02 星和 03 星已于 2020 年 11 月和 2021 年 1 月发射入轨，分别在 01 星东西两侧部署，形成对太平洋中东部、印度洋海域及“一带一路”区域的常态化覆盖。

2.6.2.3　广播卫星系统

中星 6A 是一颗用于广播和通信的地球静止轨道通信卫星。其用户为中国卫通。该星定点于 125°E，具有大容量、高可靠、信号覆盖范围更广等技术特点，装载有 24 个 C 频段转发器、8 个 Ku 频段转发器和 1 个 S 频段转发器，该星的 C 频段和 Ku 频段转发器用于开展广播电视直播传输的商业服务，S 频段转发器提供卫星移动通信服务。覆盖中国、蒙古、朝鲜半岛、日本、俄罗斯亚洲部分、南亚、东南亚、中亚、西亚、澳大利亚、新西兰，卫星设计寿命 12 年。卫星于 2010 年 9 月发射。

中星 10 号卫星是一颗用于广播和通信的地球静止轨道通信卫星，用户为中国卫通，是基于我国自主研发的东方红四号平台生产的第 5 颗卫星，卫星工作轨位位于东经 110.5°。有效载荷由法国 TAS 公司负责研制。卫星设计寿命为 13.5 年，装载 30 个 C 频段和 16 个 Ku 频段转发器，具有大容量、高可靠、长寿命等技术特点，满足我国及西亚、南亚等国家和地区用户的通信、广播电视、数据传输、数字宽带等业务的需求。卫星于 2011 年 6 月发射。

中星 11 号卫星是一颗用于广播和通信的地球静止轨道通信卫星，卫星包含 26 路 C 频段转发器和 19 路 Ku 频段转发器，5 副天线。服务寿命 14 年，定点于 98.2°E。转发器共有 26 路，其中标准频段共 22 路转发器，包括 4 路 32 MHz，13 路36 MHz转发器，1 路 38 MHz 转发器和 4 路 54 MHz 转发器。扩展频段共包括 4 路转发器，包括 2 路 54 MHz 转发器和 2 路 36 MHz 转发器。C 频段提供亚太地区波束覆盖，包括中国、蒙古、朝鲜半岛、日本、南亚、东南亚、中亚（5 国）、西亚（伊朗、阿曼、哈萨克以东的地区）等整个的星下点可视陆地地区和相关海洋区域。卫星于 2013 年 5 月发射。

中星 6C 卫星采用东方红 4 号公用卫星平台，卫星状态继承中星 11 号卫星。卫星主载荷配置 25 路 C 频段转发器，3 副天线。同时根据用户要求，卫星提供足够能力搭载空间资源普查载荷（搭载载荷分系统）。卫星发射重量约 5070 kg，定点于 130°E，服务寿命 15 年。

中星 6B 卫星于 2007 年 7 月 5 日由长征三号乙运载火箭发射，定点于东经 115.5°同步卫星轨道，提供 38 个 36 MHz 带宽 C 频段转发器商业通信服务，为全国各地广播电台、电视台、无线发射台和有限电视网等机构提供高质量、高可靠性的广播电视节目上行传输和地面接收服务。覆盖中国、蒙古、朝鲜半岛、日本、俄罗斯亚洲部分、南亚、东南亚、中亚、西亚、澳大利亚、新西兰。

中星 9 号卫星于 2008 年 6 月 9 日由长征三号乙运载火箭发射，定点于东经 92.2°同步卫星轨道，提供 18 个 36 MHz 带宽和 4 个 54 MHz 带宽 Ku 频段转发器直播服务，是一颗大功率、高可靠、长寿命的广播电视直播卫星。

中星 12 号卫星于 2012 年 11 月由长征三号乙增强型运载火箭发射，提供 47 个 C 和 Ku 频段转发器商业通信服务，以满足中国、东亚、南亚、中东、东欧、非洲、澳大利亚和中国海域、印度洋区域用户的通信、广播电视、数据传输、数字宽带多媒体及流媒体业务的需求。

2018 年 5 月 11 日，亚太 6C 通信卫星成功定点于东经 136.5°。亚太 6C 卫星是一颗用于广播和通信服务的地球静止轨道通信卫星，是亚太卫星公司采购的第二颗基于东方红四号公用平台的通信卫星，将进一步提升亚太地区卫星的通信、广播服务能力。

2.6.3　技术发展方向

2.6.3.1　高性能多波束天线技术

随着技术的进步，2020 年以后，以电推为代表的新型平台技术，高频段多波束天线技术（Ka，Ku 频段）和灵活载荷技术为代表的新型载荷技术大规模应用到新一代的通信卫星上，卫星吞吐量将突破 1 Tbps，卫星应用市场将引来新的发展。而天线波束的增加是提高 HTS 系统容量最有效的方法之一。图 2 - 34～图 2 - 37 分别为卫星发展趋势、卫星天线分类和卫星覆盖的发展趋势。

目前星载 Ka 频段多波束一般采用“反射面＋馈源阵列”形式。由于使用了反射面，因此能够用较小的阵列馈源实现高增益多波束的要求，降低了系统的复杂程度。“反射面＋馈源阵列”多波束天线主要可以分为以下四种：单口径多馈源多波束天线、多口径单馈源多波束天线、单口径多馈源多波束天线和多口径多馈源多波束天线。

多口径多馈源多波束天线是超大容量卫星发展的主要载荷技术，多个馈源产生一个波束，波束总体覆盖特性以及邻近波束间的隔离指标都能进行较好的优化设计。下一代

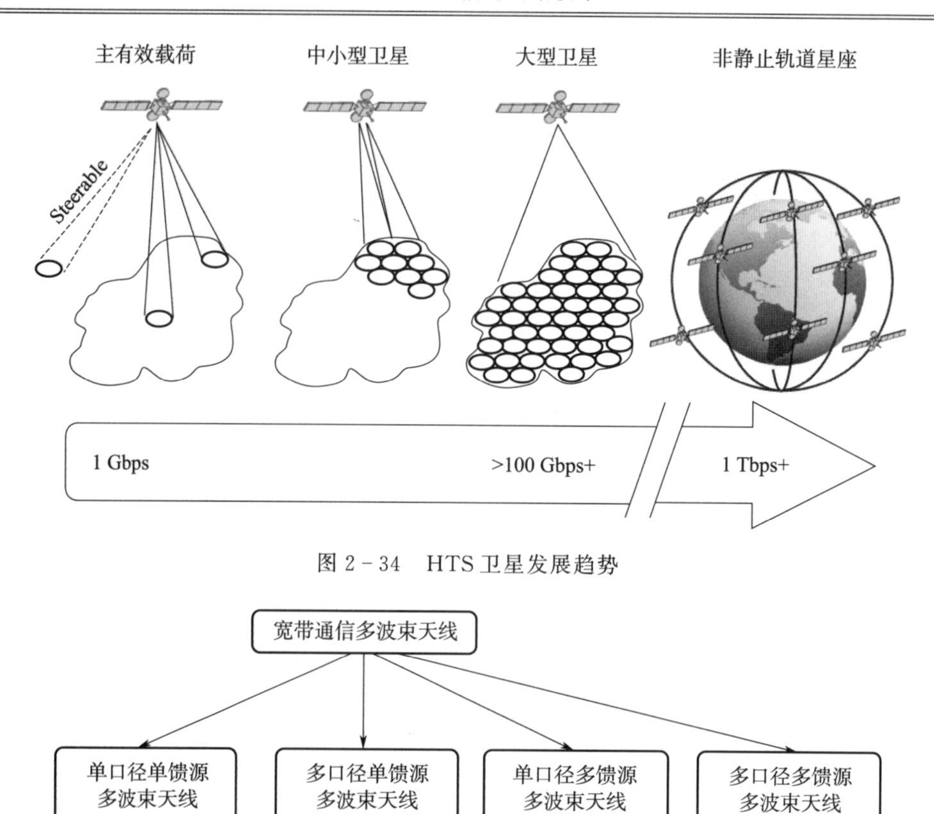

图 2-34　HTS 卫星发展趋势

图 2-35　宽带多波束天线分类

HTS 系统对波束宽度的需求进一步缩小，由 0.8°向 0.5°甚至 0.2°发展，图 2-36 和图 2-37 给出了 ViaSat-3 卫星的波束覆盖以及欧洲下一代 HTS 系统波束覆盖示意图。

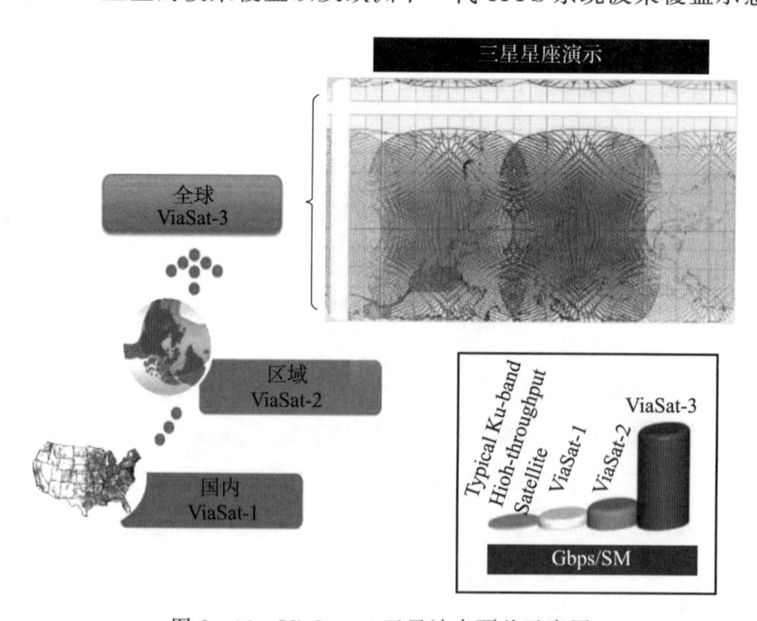

图 2-36　ViaSat-3 卫星波束覆盖示意图

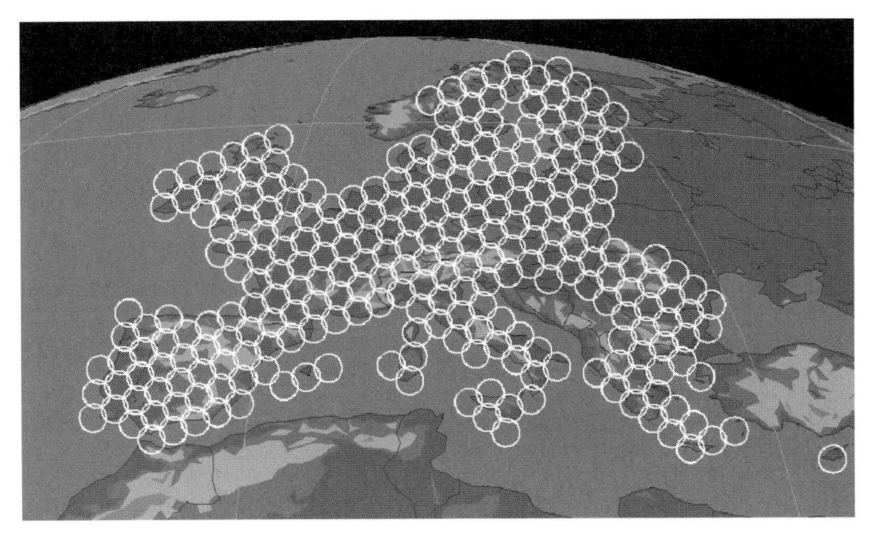

图 2-37　欧洲新一代 HTS 系统波束覆盖示意图

2.6.3.2　功率可调行波管放大器技术

在功率可调行波管放大器及多端口放大器方面，目前国外进行空间功率可调放大器研究的机构主要有法国泰雷兹公司和德国 TeSat-Spacecom 公司。前者不仅制造行波管，也研制行波管放大器，后者则以整机研制为主。2009 年泰雷兹公司在欧洲航天局的 ARTES-3 项目框架下开展了 Ku 频段功率可调线性通道行波管放大器的研制工作。德国 TeSat-Spacecom 公司针对传统转发器采用回退法控制功率导致功放效率降低、热耗增加的现象，在 2009 年开发了一种功率可调的微波功率模块（MPM），它的饱和功率可通过在轨功率调节器（IOA）的 64 个状态设置实现对输出功率的小步长（1 W/每步）的精确控制。欧洲空客防务与航天公司在欧洲空间局 ARTES-5.2 计划下，研制了一款 10：8×8 的 Ku 频段（10.7～12.75 GHz）基于行波管放大器的多端口放大器，已经成功应用于欧洲卫星通信公司的 EutelSat-172B 高吞吐量卫星，可以在轨实现灵活的功率分配能力。该放大器主要由输入功率分配网络（INET）、输出功率集成网络（ONET）和包含多个并行放大器的功率冗余网络组成。每个输入信号都经过复制分路通过所有处于工作状态的放大器，随后经过重新合路至唯一的输出端口。欧洲原 EADS Astrium 公司在欧洲空间局的 ARTES-4“宽带多端口放大器”计划下，开展了用于移动通信卫星的灵活多端口放大器研究，该放大器的放大功能由 8 个并行的固态放大器实现，而输入输出信号的功率汇聚/调配由对应的输入网络/输出网络完成。

2.6.3.3　数字波束形成网络技术

波束形成技术主要用于赋形波束和多波束天线，在波束形成网络（BFN）的基础上来实现所需要的波束，该技术按照其实现的方式不同可分为模拟波束形成和数字波束形成。模拟波束形成技术是通过功率分配器和移相器分别来调整各个输出端口的振幅和相位，在单口径天线中采用模拟波束形成技术可以获得较好的增益和旁瓣性能。如美国在 2007 年发射的 Spaceway－3 卫星，星上的这副 Ka 频段卡塞格伦接收天线采用的同样是模拟波束形成技术，其上行链路点波束达 112 个。

数字波束形成技术主要是完成信号采样、信道化、正交化、波束形成处理、幅相一致性调整和数模转换等功能。该技术相对于模拟波束形成技术来说，最大的优点在于，其功耗和重量取决于总处理的带宽和辐射部件的数目，与波束的数目无关。此外，该技术便于实现对由于网络器件引起的相位误差和幅度误差进行校正和补偿，在波束形成上也更具灵活性，这在很大程度上能够适应下一代高通量通信卫星多波束天线的发展要求。然而，由于技术水平限制，这种波束形成方式当前还只适应于馈源数量相对小，工作带宽比较窄的情况。如 2013 年发射的 AlphaSatXL，2015 年发射的 MexSat 卫星等。

2.6.3.4 DTP 技术

由于宽带柔性转发技术的组网灵活的优势，其在民商用高通量卫星系统上的应用愈来愈热。IntelSat 目前正在建设 Epic 系统，采用了 Ku 波段数字透明转发 HTS 载荷，实现了业务的灵活应用。2021 年发射的新一代 Ka 频段 SES－17 卫星，配置全数字透明处理载荷（DTP），形成 200 个用户点波束，带宽和功率可灵活调配，容量达到 200 Gbps。

依据产品单端口处理带宽进行划代，国外宽带柔性处理载荷（DTP）一共经历了四代发展，第四代产品已经成熟并大量应用于型号任务中，图 2－38 为 ESA 给出的国外宽带柔性处理载荷（DTP）发展路线，从图中可以看出，核心器件 ASIC 的技术水平引领着产品的发展。目前，国外第五代产品已在 SES－17 和 Konnect－VHTS 两颗卫星上完成交付。

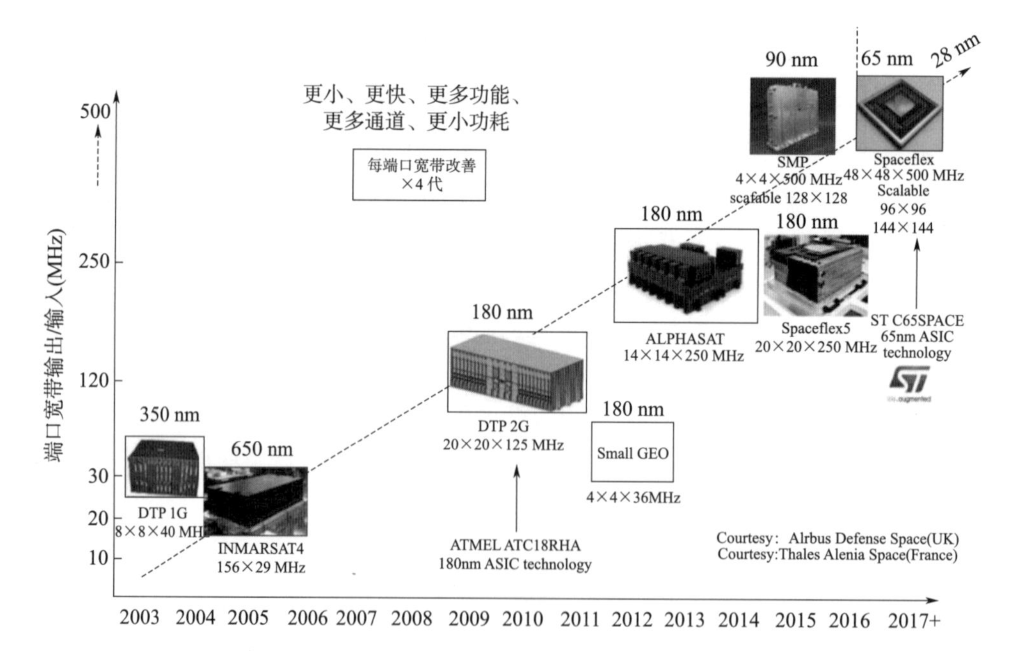

图 2－38 ESA 数字柔性处理载荷（DTP）发展路线图

具体以 TAS 公司的研制情况为例，TAS 公司的宽带柔性处理载荷研究开始于法国军用通信卫星 Syracuse - 3（2005 年首发星）和 MTSAT（用于天气和航空管制的卫星），是其第一代产品。之后经历了第二代 125 MHz、第三代 250 MHz 的产品预研阶段，截止目前，TAS 公司第四代 500 MHz 产品已经成熟应用，第五代产品正在开展在轨验证应用，适应全灵活卫星的第六代产品正在研发中。

2.7　典型卫星业务应用

我国的卫星通信经过半个多世纪的发展，从无到有取得了长足发展。到目前为止，我国的卫星应用已为社会经济发展、国防建设、科技进步等发挥了重要的作用，卫星应用的市场规模在逐步扩大。我国的卫星通信已初具规模，具有广阔的应用前景。

2.7.1　宽带互联网接入

（1）家庭宽带

每户使用一套卫星终端，通过一锅多星为光纤未达地区的家庭用户提供直播电视、互联网接入、点播等应用，满足人们日益增长的大屏、小屏等多媒体应用需求，图 2 - 39 为家庭宽带应用情况，图 2 - 40 为家庭宽带接入应用云南测试情况。

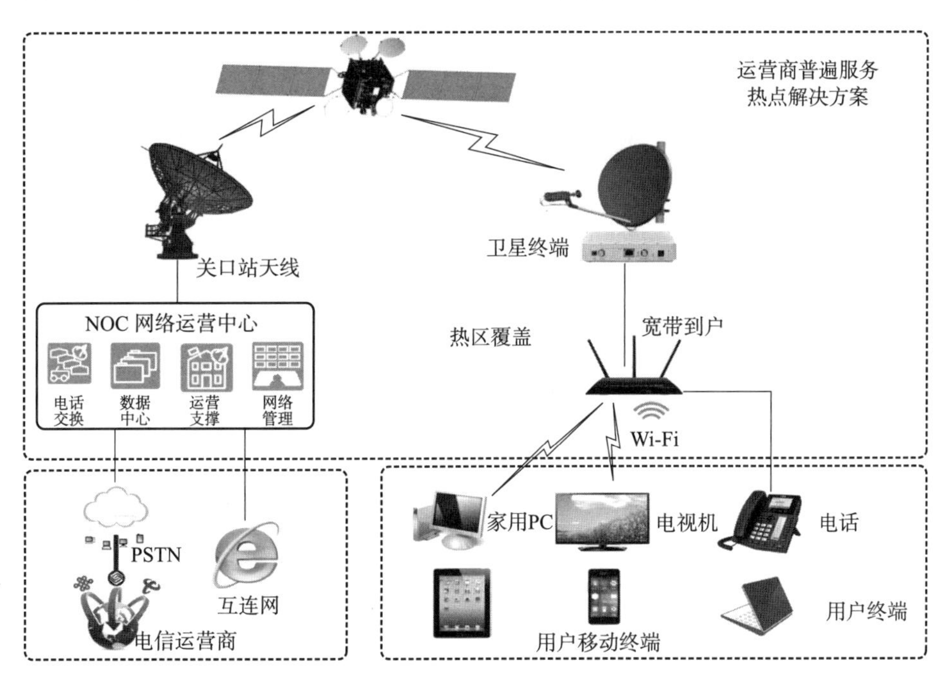

图 2 - 39　家庭宽带应用

（2）偏远地区 WIFI 覆盖

在海岛、山区、草原、牧区、沙漠、景区等光纤未达地区，以 WiFi 桥接的方式进行一片区域的网络覆盖，可对上百人的群体提供语音电话及互联网接入服务，图 2 - 41 为 WiFi 热区覆盖应用情况。

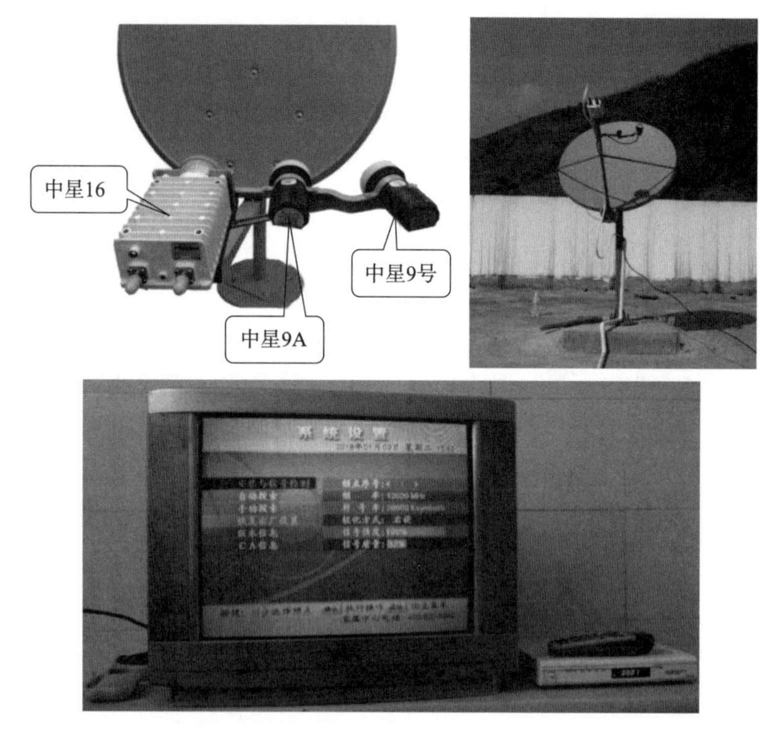

图 2-40　家庭宽带接入应用云南测试情况

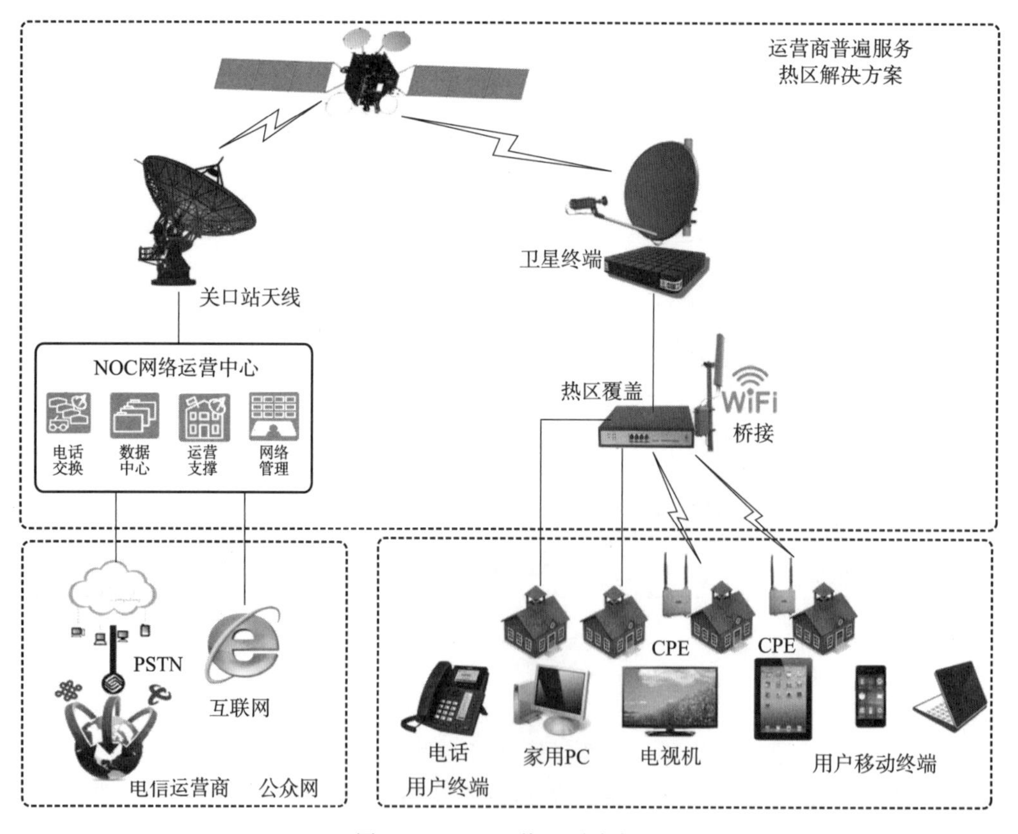

图 2-41　WiFi 热区覆盖应用

2.7.2　移动通信基站中继传输

4G 基站中继传输服务中，由运营商向用户提供 4G 和宽带接入服务，运营商提供基站数据回传，二者之间采用流量计费的方式进行结算，图 2－42 为 4G 基站中继传输应用示意图。

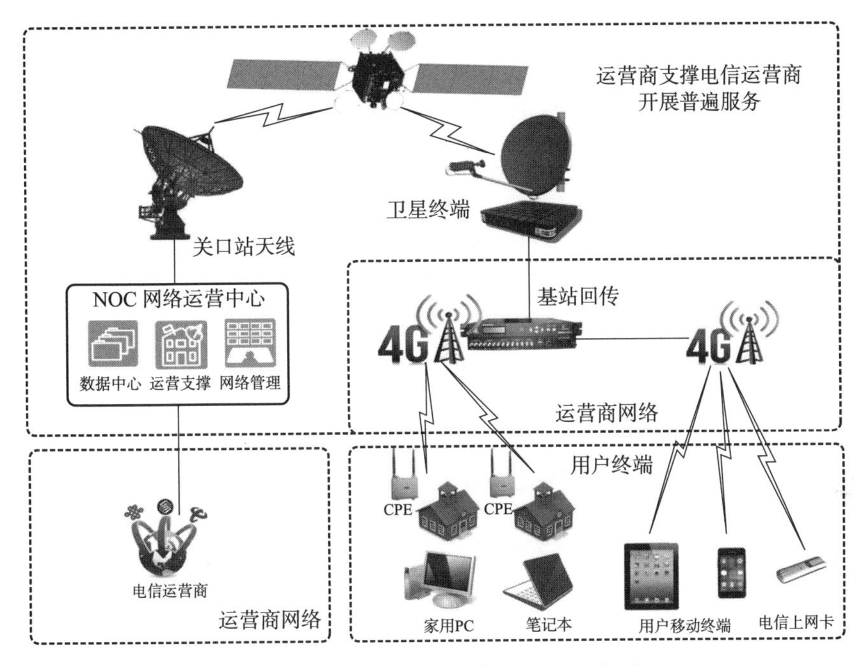

图 2－42　4G 基站中继传输应用示意图

2018 年 4 月 17 日，运营商联合四川移动公司在四川西区枢纽搭建了中星 16 号卫星“Ka 频段＋LTE 基站”回传应用现场演示平台。现场使用四川移动应急通信车上的 LTE 基站，通过中星 16 号卫星固定站天线接入四川移动核心网，手机 4G 上网测速达到下行 44.65 Mbps，上行 8.85 Mbps 的速率，互相拨打 VoLTE 电话语音清晰，MOS 值达到与传统应急车同等数值，Ka 高通量的优势得到了较好的体现，得到了四川移动领导的认可，图 2－43 为四川移动 LTE＋Ka 演示场景。

图 2－43　四川移动 LTE＋Ka 演示

2018 年 7 月 25 日，运营商联合中国移动西藏公司，率先在西藏开通全国首台 Ka 动中通卫星应急通信车，车辆行驶过程中可同时承载语音通话、4G 数据、WiFi 上网、固定电话等业务。经测试，Ka 动中通下载速率 61.8 Mbps、上传速率 7.9 Mbps，车辆行驶过程中手机通话、4G 数据等业务运行稳定。

2.7.3 交通运输载体宽带通信

运营商正面向重点行业用户开展高通量船载、机载通信等应用平台建设，目前已在行驶于上海-舟山、曹妃甸-广州、东海适航区等航线和区域的轮船上实现了卫星宽带网络接入。

（1）船载高通量通信服务

高通量卫星通信系统可为客运船、集装箱船、散货船、公务船、轮渡、游艇、渔船等在中国近海海域航行的船舶提供高速互联网接入、视频、语音等多种应用服务，为用户提供出色的上网体验，图 2－44 为船载高通量通信服务示意图。

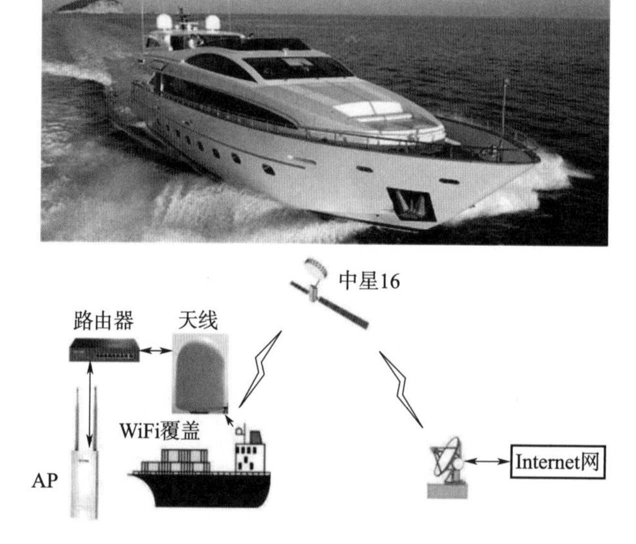

图 2－44 船载高通量通信服务示意图

2018 年 2 月 9 日，运营商成功完成了首个船载卫星站“普陀山”轮的开通工作，实现了“普陀山”轮驾驶台、客舱、餐厅、走廊等位置的宽带网络覆盖。经测试，该站下载速率超过 100 Mbps，上行速率超过 10 Mbps，为船上工作人员及乘客提供了优质的上网体验。春节假日期间，为 2000 多人（次）提供了卫星宽带上网服务，图 2－45 为“普陀山”轮船载站开通情况。

2018 年 4 月，运营商携手合作伙伴和终端厂家在“新靖海”轮、“中远海运德纳里”轮上共同完成了基于中星 16 号卫星宽带网络的船载互联网远航实验。从唐山曹妃甸港出发，经过渤海、黄海、东海、南海，跨越中星 16 号卫星 7 个沿海波束，于 4 月 17 日 12 时到达广州沙角电厂码头，历时 5 天 21 小时，航行 2500 多千米。在为期 8 天的试验过程

图 2-45　“普陀山”轮船载站开通

中，随船航行人员共计 26 人全程体验下行 60 Mbps，上行 10 Mbps 的宽带卫星互联网服务，平均接入速率达到 54 Mbps 以上，图 2-46 为“新靖海”轮船载互联网远航实验情况。

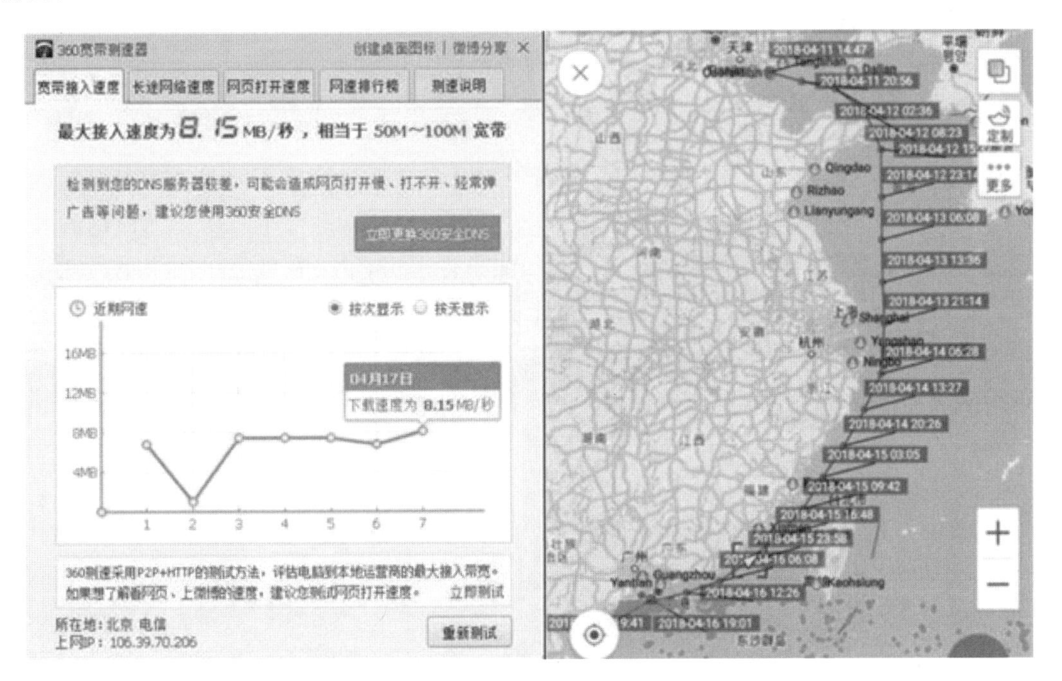

图 2-46　“新靖海”轮船载互联网远航实验

“中远海运德纳里”轮试航人员共 182 人，在船舶的 9 层甲板关键区域及主要房间均部署了 AP 热点，确保了试航人员有最好的网络使用体验。同时在船长室安装 IP 电话，用于在试航期间随时与岸上沟通。试航期间，同时在线人数最高 105 人。除部分试航区域超出中星 16 号卫星覆盖范围无法使用外，卫星网络均表现出较高的可靠性和稳定性，网络接入速率达到 30 Mbps，满足了试航期间的所有数据传输需求及个人使用需求（微信、网络视频、视频直播等），图 2－47 为“中远海运德纳里”轮船载互联网远航实验情况。

图 2－47　“中远海运德纳里”轮船载互联网远航实验

运营商与山东电视台合作，通过 Ka 宽带卫星及安装在远海作业船只上的卫星船载天线，对距离陆地 130 海里外的深海养殖场——“深蓝 1 号”，进行了一次史无前例的远海卫星直播。直播当日，现场遭遇大雾天气，气候条件恶劣，Ka 宽带卫星网络仍为现场直播提供了 40 Mbps 的下行带宽及 3 Mbps 的上行带宽，出色的完成了远海直播工作。此次直播工作的开展不仅为电视台进行远海直播提供了新的技术手段，同时也为深海作业船的船员提供了优异的上网体验，为今后开拓电视台直播业务及深海网络覆盖业务做出了有益的市场探索，图 2－48 为电视台远海直播应用。

图 2－48　电视台远海直播应用

(2) 机载高通量通信服务

2017 年 9 月，通过真实的机载 Ka IFEC 系统，会议全程给嘉宾提供了连接中国首颗 Ka 卫星中星 16 号的机上互联体验环境，乘客使用自己的手机可连接机上 WiFi 进行上网体验，如图 2－49 所示，会场体验环境完全模拟了客舱的使用场景。

图 2－49　机上互联体验

2.7.4　远程教育

2017 年 3 月，教育部科技司会同中央电教馆，组织专家组、运营商分别对云南昭通和甘肃舟曲两地进行了调研。在此基础上，提出了利用高通量卫星实现学校（教学点）互联网接入的方案。如图 2－50 所示。

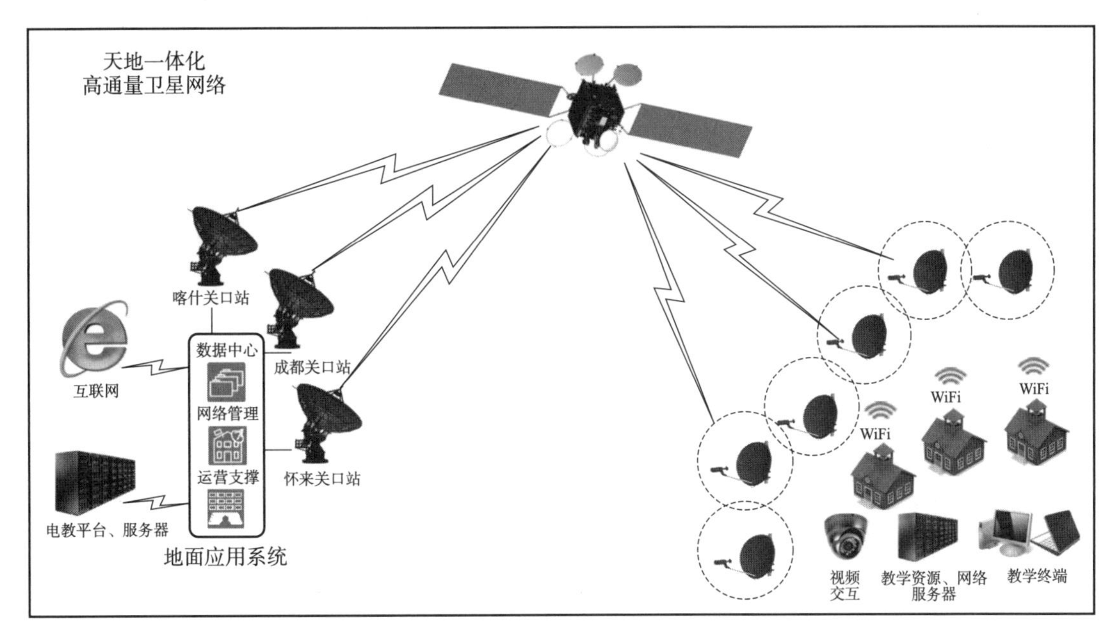

图 2－50　高通量卫星通信系统支持远程教育方案示意图

目前先期选取甘肃省甘南藏族自治州舟曲县、云南省昭通市彝良县、四川凉山彝族自治州雷波县作为项目试点县，每县选择一个主体学校和 4 个未联网学校（共计 15 个教学点）开展了试点工作，图 2－51 为该项目实施情况。

图 2-51　项目实施情况

本次 Ka 宽带网络接通之后，我国运营商配合中央电教馆试用了远程教学平台。通过互联网化的方式，将 PPT、教师写字板、音频通过较低的码率给予远端上课的一方，降低了网络带宽抖动带来的问题，也把最直接的内容送到受众一方。还可以增加教师方和受众方的双方的小窗，由摄像头采集图像，增加现场感、互动感。此外，网络课件可以储存在云平台上进行下载。学生和老师可以在同一黑板上进行操作，学生远程操控电子黑板上的教具进行各项动手操作与实验，实现师生传统“爬黑板”式的共享互动，在此技术的支撑下，“平台”所生成的课件，可以实现课件内的交互与互动。

此次“利用高通量宽带卫星实现学校（教学点）网络全覆盖项目”初步试验了教育部提出的一点对多点“专递课堂”“同步课堂”“协同教研”等网络教学新模式，验证了中央电教馆提出的试验卫星宽带网络连通性和教学平台可用性，得到了中央电教馆及各指导教授的一致好评，为之后细化网络全覆盖方案、推进边远地区学校（教学点）网络全覆盖积累了宝贵经验，为实现中共十九大提出的：“推动城乡义务教育一体化发展，高度重视农村义务教育，办好学前教育、特殊教育和网络教育，普及高中阶段教育，努力让每个孩子都能享有公平而有质量的教育”提供了有力的支撑。

2.7.5　应急和临时通信

(1) 应急通信

中国是自然灾害多发的国家，目前我国应对地震、海啸、冰冻、雪灾、洪水和飓风等自然灾害以及恐怖袭击等突发性大型灾难事件，主要依托电视、收音机和手机短信等手段，这些手段均具有其局限性，覆盖范围窄、抗毁性弱、发布能力有限，不能满足抢险救灾中应急广播和预警发布的需求。卫星通信作为“覆盖范围广、响应速度快、不易受地面自然灾害影响”的基础信息资源，是确保灾害事故发生时“第一时间响应、集中统一指挥、第一时间处置”，提高防灾减灾救灾能力的必要保障。

目前，我国在轨通信卫星主要包括中星（ChinaSat）、亚太（APSTAR）、天通（TT）三大系列，主要面向固定、移动、直播、高通量等业务。2017 年 4 月 12 日，实践 13 号（中星 16 号）卫星在西昌卫星发射中心成功发射。该卫星支持固定、便携、车载、机载、船载等终端，可支持速率 100 Mbps 量级，解决飞机、高铁等当前没有宽带支持的情况。中星 16 号以及后续发展的高通量卫星，将在抢险救灾、远程教育等应用中发挥重要作用，图 2-52 为通信卫星应用情况。

图 2-52　通信卫星应用情况

(2) 临时通信——互联网直播

随着网络视频直播的日渐普及，各种活动现场视频实时推送至互联网云端的需求愈发强烈。由于受周围环境、信号覆盖、用户分布的变化等因素的影响，运用地面无线传输方式进行直播经常会出现网络不稳定、画面卡顿等现象。而 Ka 宽带卫星网络不受地面无线信号干扰，且可为用户提供专享带宽的传输链路通道，从而保证现场直播视频的可靠稳定传输。截至目前，我国运营商已与湖南电视台、山东电视台、丰台电视台、龙眼传媒等各电视台、直播机构在大型体育赛事、文娱活动、远海直播等场景下开展了多次协作。

2018 年 7 月 29 日，京西五里坨民俗陈列馆进行了一场互联网视频直播评书节目，如图 2 - 53 所示。此次视频直播基于中星 16 号 Ka 宽带卫星网络，采用 0.5 m 口径的 Ka 宽带卫星便携终端，上行 6 Mbps 保证带宽，下行 10 Mbps 带宽，全程 2 小时的直播画质清晰流畅。

图 2 - 53　京西五里坨民俗产列馆评书视频直播

8 月 18 日—23 日，第十届民族运动会在石景山区举办。本次运动会首次实现台网联播（利用互联网传输技术，将运动会现场视频分别通过电视台与互联网同时直播），对网络传输的稳定性和带宽保障等提出了更高的要求，加上活动现场人员密集，经综合考虑，转播方决定本次运动会的开幕式与闭幕式均采用 Ka 宽带卫星网络作为主要的视频传输手段。此次直播活动采用 0.8 m 口径的 Ka 自动便携终端，上行 6 Mbps 保证带宽，下行 10 Mbps 带宽，分别通过两个视频编码器将视频数据传送至互联网云端和电视台。在开幕式当天阴有小雨等不利的天气状况下，Ka 宽带卫星网络仍然圆满完成了直播任务，全程 3 小时的直播画质清晰流畅，如图 2 - 54 所示。

图 2－54　北京第十届民族运动会视频直播

2.7.6　政府和企业专网服务

利用高通量卫星通信网络，能够支持大型企业如银行、石油、零售、工程企业等构建覆盖全国的统一 IP 网络；支持教育、卫生、水利、安监等政府部门和机构组建垂直体系的内部信息网络；支持度假酒店、加油站、超市、小微企业等组建新兴、灵活的企业网络。

在政府和企业专网需求中，用户往往会有网络、数据等安全需求。中星 16 号宽带卫星网络可以为用户提供数据隔离和专线接入，将用户数据与其他用户数据分离开来，同时可以为用户提供 BOSS 接入服务，用户可以自己管理自己的端站。通常可以由两种方式实现企业的专网需求，一是专线接入，二是 VPN 网络接入。以 VPN 网络接入为例，通常的网络组网结构如图 2－55 所示。远端设备通过卫星小站接入卫星宽带互联网，数据通过卫星传输到数据中心。数据中心使用 VPN 网关创建站点到站点 VPN 连接，从而可以实现用户数据中心和小站互访，如图 2－55 所示。

当用户有更高的安全性要求的时候，高通量宽带卫星网可在卫星网内为用户提供信道加密和数据加密功能，数据落地后可以通过 VLAN 隔离，将用户数据与其他业务数据相互隔离，数据中心到用户中心可用专线实现对接，可以实现用户对数据安全的要求。

目前我国运营商与中海油开展合作，在东海、南海为离岸 100～250 km 外的海上钻井平台进行了测试，解决了海上平台高清视频监控问题以及员工上网问题，如图 2－56 所示。

此外还与中石油合作，以解决钻井队的工作网络以及家属区的生活网络问题，该应用目前处于测试阶段，如图 2－57 所示。

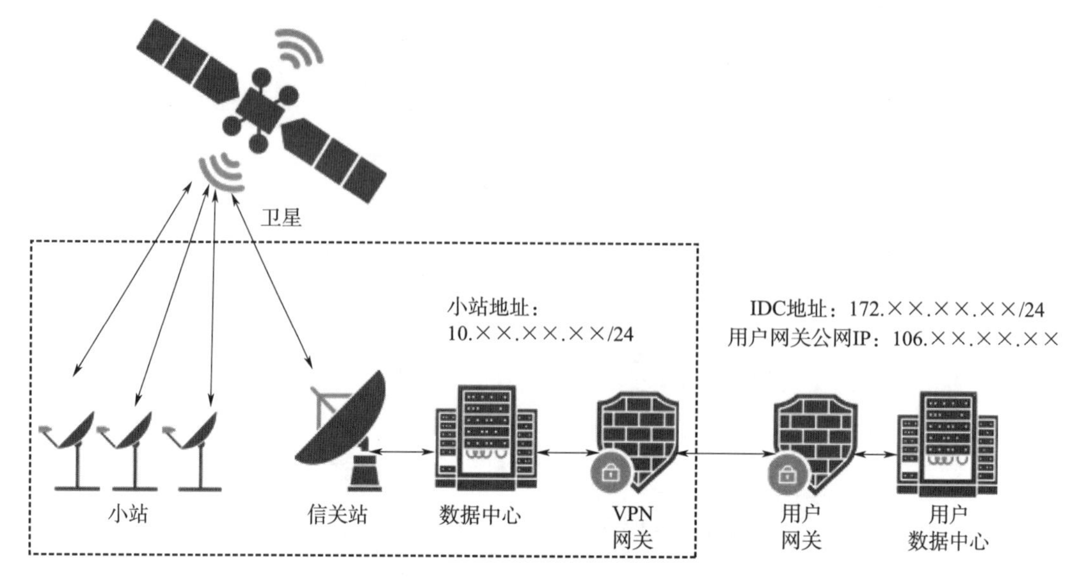

图 2-55 VPN 网络接入

图 2-56 海上钻井平台高通量通信应用

2.7.7 移动通信服务

我国是一个幅员辽阔、人口分布不均、自然灾害频发的大国。地面移动通信覆盖率不足国土陆地面积的 20%，在广阔的领海区域地面移动通信更难以实现覆盖。2008 年汶川大地震发生后，震区地面通信网络全面瘫痪，当时中国没有自己的卫星移动通信系统，只能租用国际卫星移动通信系统（InmarSat）来确保应急通信。

2016 年 8 月 6 日，天通 1 号 01 星发射成功，拉开了我国卫星移动通信系统发展的序幕。系统用户链路和馈电链路的上下行传输均采用 FDD/TDMA/FDMA 方式，可同时支

图 2 - 57　中石油钻井队高通量通信应用

持 100 万用户使用，可为覆盖区内车辆、飞机、船舶和个人等移动用户提供 9.6～384 kbps速率的实时语音、中低速数据等通信服务。

地面系统站型主要由管理站、通用业务终端和专用业务终端 3 类组成。管理站包括信关站和业务管理站；通用业务终端包括卫星手持终端、双网手持终端、应急手持终端、宽带便携通信终端、移动车载通信终端等；专用业务终端包括低速移动机载、船载通信终端、中速率机载通信终端等。其中手持终端采用了安卓操作系统，用户界面、应用程序、操作方式与普通手机基本一致，采用多模方式，可兼容地面 4G 移动通信，终端型谱如图 2 - 58 所示。

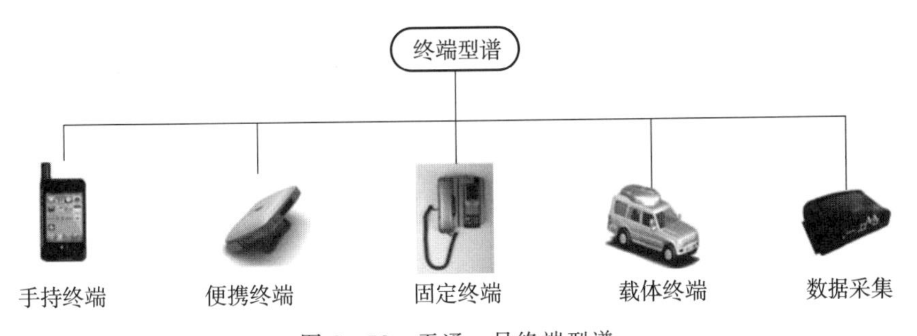

图 2 - 58　天通一号终端型谱

天通 1 号移动卫星作为我国首颗地球同步轨道移动通信卫星，覆盖我国领土、领海以及一岛链、印度洋北部及太平洋西部海域，支持 5000 个话音信道，可为 30 万用户提供话音、短消息、传真和数据等服务。卫星可支持手持、便携、固定、车载、数据采集等多类型终端，支持通信速率为 2.4～384 kbps。图 2 - 58 为采用拨号方式接入的通用终端。目前天通一号卫星移动通信系统已经完成了卫星在轨测试、地面应用和运控系统集成联试，与地面移动通信系统共同构成移动通信网络。工业和信息化部已经批复新的号段资源，专门用于天通 1 号的地面移动通信。系统已于 2017 年 3 月 31 日正式投入使用，已经能够实现地面通信的全部功能。短信，支持网内和出网短信息，可与地面公网移动终端互联互通；传真，速率达 9.6 kbps；北斗定位功能，所有终端产品均内置北斗接收能力，支持基于北斗、GPS 的位置管理与控制；数据传输、互联网接入、视频回传，数据传输速率达 9.6～384 kbps。系统还将提供各类增值服务，其中包括语音增值服务、接入服务、云服务、智能网服务、在线数据处理与交易处理业务、储存转发类服务、多发通信服务、信息服务、通信类服务等。在 2017 年 5 月大兴安岭扑灭山林大火、2017 年 8 月四川九寨沟抗震救灾、2018 年 8 月云南玉溪救灾以及 2018 年 9 月台风“山竹”紧急支援中提供了应急通信保障。

2.8 本章小结

卫星通信是空间通信的一种，它是利用人造地球卫星作为中继站来转发无线电信号，在两个或多个地球站之间进行的通信。卫星通信是一种现代化的通信手段之一，与其他通信方式相比，卫星通信有其独到之处，通信距离远，建站成本与通信距离无关；通信容量大，可提供各种宽带和移动业务；以广播式工作，便于实现无缝隙通信和多址连接；可以自发自收进行监测等。本章围绕卫星基本概念、原理与特点、使用频段、系统组成和国内外发展动态及我国主要应用情况进行介绍。这些内容为本书其他各章的展开做了必要的铺垫。

第3章　典型卫星通信系统

卫星通信系统包括各类通信广播卫星，为国家经济社会发展和国家安全提供长期、稳定、不间断的信息传输广播公共服务，是空间信息高速公路。

ITU（国际电信联盟）按照业务类型将通信广播卫星分为固定业务通信卫星（FSS）、广播业务通信卫星（BSS）、移动业务通信卫星（MSS）和数据中继业务（星间业务）卫星。

依据中国国情，本书将参照应用和业务特点，按照轨道对通信卫信进行划分，高轨道包括宽带通信卫星、移动通信卫星和数据中继卫星3类；低轨道包括低轨卫星星座组网系统；数据中继卫星在本书中不做介绍。

3.1　宽带通信卫星系统

3.1.1　宽带卫星通信系统概述

宽带通信卫星也称多媒体通信卫星，其主要目标是通过卫星进行语音、数据、图像和视像的处理和传送，为多媒体和高数据速率的Internet应用提供一种无所不在的通信方式。可以认为，宽带通信卫星与以往的通信卫星最大的区别是提供的业务由低速业务及话音业务变为Internet和多媒体业务，如图3-1所示。

图3-1　宽带卫星通信示意图

目前，个人上网、企业数据传输、基站回传、飞机通信、航海通信、军事通信等都对高通量卫星提出了重大需求，应用场景越来越广泛，通过宽带卫星技术创新，将驱动市场应用不断发展。

通过高通量卫星的发展历程和预测分析，未来宽带卫星在技术领域将向网络宽带化、覆盖全球化、通信高频化、卫星载荷灵活化、终端天线平板化、应用移动化、运营多元化、天地一体化等方向发展。宽带卫星的应用市场将主要服务于以下几个方面。

1）视频市场：虽然传统卫星电视业务受到互联网的挑战，但是超高清、4K、VR视频的发展会带来带宽增量需求，宽带卫星系统将分担全球视频分发任务。

2）固定和移动数据连接：单个消费者宽带使用量将大幅增长，航空航海等市场成为近期增长潜力点，长期来看陆地宽带移动通信也具有巨大潜力。

3）补充地面通信网络：卫星数据通信业务增长点，必然是地面网络不能覆盖却存在需求的方面，例如在海洋运输（实时监测、远程维护、船队管理、船员互联网接入）、游轮游艇（游客宽带接入互联网）、远洋渔业（业务安全保障、渔民日常通信、智慧渔业）、海上石油开采（大数据应用、生产管理和控制）、航空客舱（乘客接入互联网）等方面，卫星宽带通信享有得天独厚的优势。

多媒体业务具有业务类型多、传输带宽大、各种业务所需服务质量不尽相同的特点。为适应用户对于多媒体通信的迫切需求，为用户提供大容量、高质量的交互式通信服务，各国都将宽带多媒体通信网络的建设作为通信基础设施的重点发展方向，致力于建设一个融合空间和地面宽带通信的天地一体化通信网络体系，作为其中的重要组成部分，宽带卫星通信系统的研究受到了广泛的重视。

3.1.2 宽带卫星通信系统架构

宽带卫星通信系统由空间段、地面段和用户段构成。有效载荷系统设计为透明转发的双跳结构。

在宽带卫星通信系统中，转发器按信号走向分为前向链路转发器、返向链路转发器。前向链路为地面信关站—卫星—地面用户；返向链路为地面用户—卫星—地面信关站。按照面向对象又可划分为用户链路和馈电链路。用户链路即卫星与地面用户站间的链路，又分为用户链路上行和用户链路下行。馈电链路即卫星与信关站间的链路，又分为馈电链路上行和馈电链路下行。图3-2为宽带卫星通信系统架构框图，下面对宽带卫星通信系统的空间段、地面段和用户段分别进行介绍：

（1）空间段

空间段指宽带卫星及有效载荷设备。前向链路接收信关站上行宽带信号，通过频率和极化复用方式分路成多路转发器，发送至不同用户波束的用户站终端，返向链路接收多波束用户站的上行信号，多路用户上行信号合成后，经过放大发送至不同的信关站下行。该段设备主要由卫星通信运营商来负责运营和维护。空间段的卫星部件提供了信关站至终端以及终端至信关站之间两跳的物理信道连接。卫星受到地面段运控中心的控制，卫星波束指向检测和校准在地面标校站辅助下完成。

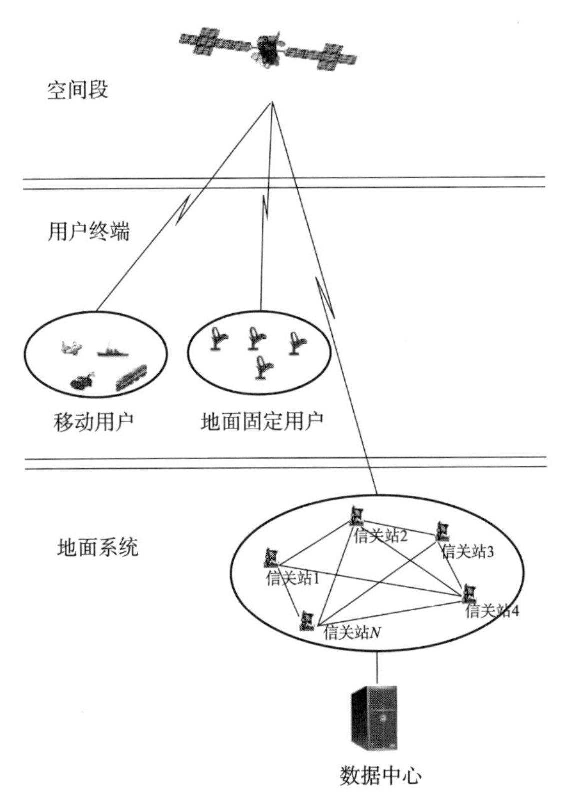

图 3 - 2　宽带卫星通信系统架构框图

此外，为了增加系统的灵活性，宽带卫星星上还配有数字透明处理（DTP）设备，星上数字透明处理转发介于微波透明转发和再生处理转发之间。星上对信号进行数字处理，但不进行信号再生，而是将宽带信道划分成任意带宽的子信道，然后进行电路交换。数字透明处理转发利用灵活的星上信道化滤波技术，支持星上任意频段、任意带宽之间信息交互及灵活的跨波束交互，从而很好地解决了弯管式和再生式有效载荷存在的问题，规避了卫星通信体制的约束，使系统具有灵活选择合适的通信体制、带宽分配、临时组网的能力，提高了通信的灵活性与可靠性。

（2）地面段

地面段即地面支撑系统，主要包括卫星运行控制中心和信关站。卫星运控中心是地面系统管理，是控制以及运营卫星的核心，具有业务运营支撑功能和网络管理功能。信关站负责对用户波束的管理，主要由天线射频分系统、基带分系统和交换路由分系统组成，完成馈电链路信号收发、基带调制解调及数据交换。

针对宽带卫星通信系统超大带宽业务转发需求，若采用传统以大型数据中心为基础的集中式系统，则对网络性能依赖性强，会使各信关站与数据中心之间发生大量的数据传输，这就增加了网络负荷，同时需要租用大量光纤专线，引入大量的数据传输时延。因此系统采用运控中心虚拟化技术，并且在各信关站和终端引入移动边缘计算技术，使业务本地化、近距离部署成为可能，在一定程度上缓解大规模组网下带来的高网络负荷、高带宽要求以及低时延要求等挑战。通过业务本地化和多级分流，降低地面光纤宽带容量需求，也降低系统运行成本。

（3）用户段

用户段指固定式、便携式固定终端以及机载和舰载等高速移动终端，根据卫星载荷能力和业务需求可配置不同口径的天线，支持话音、视频、数据通信等业务。

3.1.3 宽带卫星通信系统标准

国际上现有三种宽带卫星通信系统标准，分别是基于卫星信道回传的数字视频广播标准（DVB-RCS）、卫星 IP 协议（IPoS）和 SurfBeam2 系统体制。

（1）基于卫星信道回传的数字视频广播（DVB-RCS）标准

DVB-RCS 是基于 DVB 的技术标准，是 1999 年由欧洲电信标准化协会（European Telecommunicatians Standards institute，ETSI）成立专门的技术小组起草的一种通信系统标准，用来规范卫星交互网络中具有固定回传信道的卫星终端。只要使用符合 DVB-RCS 标准的收/发天线和小尺寸经济性终端，就可以支持基于卫星的宽带交互式业务。该标准的前向链路采用 DVB 封装的广播模式，返向链路利用卫星作为回传信道，支持 MPEG2 和 ATM 两种传输方式，可承载多种业务。标准中主要定义了系统 MAC 层和物理层的实现机制。为了支持终端间的网状通信，DVB-RCS 还推出了基于 DVB-RCS 的连接控制协议（Connection Control Protocol，C2P）标准。

DVB-RCS 支持基于 DVB、IP 和 ATM 的连接，与具体应用无关，因此可承载多种业务。典型的 DVB-RCS 网络由一个网络控制中心、RCS 网关和远程 RCST 组成。RCS 网关把 DVB-RCS 网络接入骨干网，RCST 负责把用户接入 DVB-RCS 网络。

采用 DVB-RCS 标准的卫星通信系统前向链路一般采用 DVB-S/S2 标准。DVB-S2 标准的前向链路有两种可用模式：广播模式和交互模式。广播模式在调制方式上只能采用连续编码调制（CCM）；而交互模式可采用自适应编码调制（ACM）和可变编码调制（VCM）。编码方式可采用低密度奇偶校验码 LDPC（内码）与 BCH（外码）级联的形式。返向链路中，DVB-RCS 标准编码方式采用 RS 码级联卷积码或 Turbo 码的形式，调制方式有 QPSK 和 8PSK 两种。

DVB-RCS 采用 MF-TDMA 的多址接入方式，作为其 MAC 层的多址接入协议，它允许一组 RCST 使用一组载波与网关通信，每个载波按时隙划分，载波的数量可以根据实际的需要进行配置，一般配置几对就可以满足中小型企业的需求。频分多址和时分多址相结合，在资源的分配上，体现为网络控制中心 NCC 给每个活动的 RCST 分配一系列的突发，即定义的频率、带宽、开始时间和持续时间。根据每个时隙的频率和时间长短，可以分为两种 MF-TDMA 多址方式：固定时隙的 MF-TDMA 和动态时隙的 MF-TDMA。RCST 利用在 CSC 突发的 MF-TDMA 域来标识其多址接入能力。

DVB-RCS 定义了 RCST 从登陆到退出网络的全过程。具体说来，将通过四步实现：登陆进程、粗同步进程、精同步进程、同步保持进程。DVB-RCS 标准的控制管理过程给出了系统协议栈、RCST 寻址、上/下行链路信令实现的过程。此外，DVB-RCS 标准还给出了安全、身份认证和加密的具体规定。

(2) 卫星 IP 协议 (IPoS)

2000 年后，国外在宽带卫星通信系统 IP 协议研究方面开始进入标准制定阶段。2003 年，电信行业协会 (TIA) 批准授权休斯 (HNS) 的 DirecWay 作为 IPoS (The Internet Protocol over Satellite) 标准，采用该标准的系统可为服务商和大企业提供高性价比、高效的解决方案。

IPoS 在设计上只应用于星型网络，可对 IP 数据包按照多种协议封装格式打包。该标准除规定了系统与协议参考模型外，主要规定了物理层、数据链路层和网络适配层的设计方法。

采用 IPoS 标准的宽带卫星通信系统同样包括空间段、主站和用户。IPoS 协议参考模型包括了自顶向下的多层协议，可在主站与用户终端间提供 IP 业务和信令信息的传输机制。其中，卫星接口-卫星接入协议 (SI-SAP) 处于数据链路与网络层之间，SI-SAP 之上单元的设计无需支持卫星链路。在卫星非独立子层，IPoS 协议还定义了用户平面、控制平面和管理平面，如图 3-3 所示。

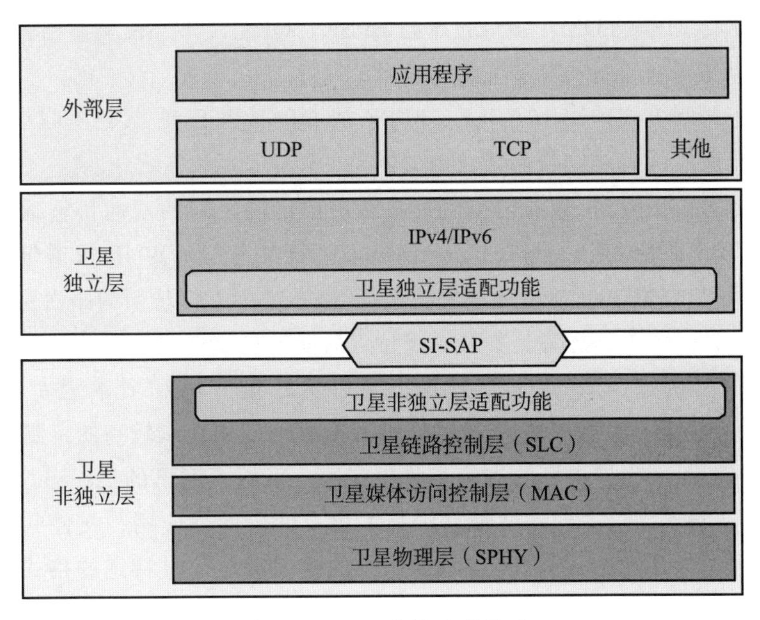

图 3-3　IPoS 协议参考模型

IPoS 协议的前向链路仍然采用 DVB-S/S2 标准，其回传链路采用 Turbo 码级联 BCH 码，调制方式为 OQPSK 调制。IPoS 协议的返向信道与 DVB-RCS 标准不同，它采用独特的返向信道接入方式。不仅仅利用 MF-TDMA 多址方式，还支持几种返向接入优化模式，以实现不同的应用，分配适合接入的最小带宽，节省系统资源。模式包括时隙 Aloha、动态数据流、恒定比特传输率 (CBR)，其中动态数据流和 CBR 可提供足够的带宽。返向接入模式是根据不同的数据类型而定的。IPoS 是根据远端站的瞬间需求为远程终端分配带宽的设计思想设计的。这一解决方案的主要优点是系统可以支持更广泛的应用和业务类型。

IPoS 协议还对网络适配层进行了定义，适配层可以提供 IP 包传送、业务管理、PEP 和组播代理等功能。

（3）SurfBeam2 通信体制

SurfBeam2 是为世界上总容量最大的三颗卫星（ViaSat 卫星、Ka－Sat 卫星和 YahSat－1B 卫星）设计的系统体制。SurfBeam2 系统是双向宽带卫星通信系统。它借助传统同步静止轨道卫星为居民和企业提供高速 Internet 和多媒体通信业务，该卫星工作在 Ku 和 Ka 频段。随着 SurfBeam 网络在世界各地成功地部署和运营，现在 SurfBeam 系统已经有数以十万计的用户数。

SurfBeam2 融合了 4G 无线系统的技术。这里有包含鉴权、授权及计费功能的用户管理标准和 MAC 层的 WIMAX 技术。使用公开标准的好处是可采用已有产品来发挥操作支持系统（OSS）和业务支持系统（BSS）的作用。系统整合的 OSS/BSS 提供无缝覆盖、业务管理、用户管理、网络管理和故障标签和记账等功能。即 SurfBeam2 系统可以提供从物理层到应用层的全部定义。

上行链路支持 MF－TDMA 多址技术与 BPSK、QPSK、8PSK 调制格式，同时采用变速率的 Turbo 码和 RS 编码的自适应编码技术。

下行链路，调制方式采用 16APSK、8PSK 或 QPSK 并且和 BCH＋LDPC 码技术相结合，同时加入自适应编码调制技术优化前向链路的传输质量。

SurfBeam2 系统支持 IP 数据包在信关站和用户终端之间的双向传输通信。系统的运作类似于一个 WiMAX 网络，只不过 SurfBeam2 系统是专门针对 IP 数据包在地球同步卫星网络中传输所提出的优化措施。但是 SurfBeam2 系统不支持任何的路由协议。

SurfBeam2 另一个关键优势是集合系统特点后能够提供优秀的用户体验。提供的服务类型包括：互联网接入、Email、FTP 等，还包括容量分配和要求更苛刻的业务，如 VoIP、IPTV 等。这些较高级的服务可以通过收额外的费用获取较高的定制速率。

同时，SurfBeam2 为了更好的支持商业化应用，采用了卫讯的 AcceleNet 技术，包括简单的 TCP 加速技术。这些网络性能增强技术可以使用网络应用、文件共享与邮件应用获得和地面网速相当的速率。另外，AcceleNet 的压缩机制通过特定的格式的压缩技术同时减少了前向返向的宽带利用率。

SurfBeam2 系统可以同时对上行链路（从用户终端到信关站）和下行链路（从信关站到用户终端）定义业务级别，以提供优秀的服务质量保证。

结合上文对各通信体制的研究，将其主要性能对比结果归纳于表 3－1 中。

表 3－1　DVB－RCS、IPoS 和 SurfBeam2 性能的比较

性能	DVB－RCS	IPoS	SurfBeam2
网络拓扑结构	星状、网状 或星网混合	星状	星状

续表

性能		DVB - RCS	IPoS	SurfBeam2
前向编码方式		LDPC 内码＋BCH 外码	LDPC 内码＋BCH 外码 卷积码＋RS 码	LDPC 内码＋BCH 外码
返向编码方式		Turbo，RS＋卷积码	Turbo，卷积码	Turbo，RS 码
前向调制方式	DVB - S2 模式	CCM （QPSK & 8PSK） ACM & VCM （QPSK & 8PSK & 16APSK）	CCM （QPSK & 8PSK） ACM & VCM （QPSK & 8PSK & 16APSK）	CCM （QPSK & 8PSK） ACM & VCM （QPSK & 8PSK & 16APSK）
	DVB - S 模式	CCM（QPSK）	CCM（QPSK）	CCM（QPSK）
返向调制方式		QPSK，8PSK	OQPSK	BPSK，QPSK，8PSK
前向链路体制		DVB - S/DVB - S2	DVB - S/DVB - S2	DVB - S/DVB - S2
多址方式		MF - TDMA	MF - TDMA	MF - TDMA
协议层次		物理层和 MAC 层	物理层、MAC 层 网络适配层	物理层、MAC 层 网络层、应用层
卫星应用	卫星	O3B	Jupiter	Ka - Sat
	系统容量	80 Gbps	100 Gbps	70 Gbps
	卫星			ViaSat - 1
	系统容量			140 Gbps

从各通信体制性能对比可以得到以下共性特点：

1）网络拓扑结构为星状网络。

2）前向链路均采用 DVB - S/S2 通信体制，编码方式多采用 LDPC 内码＋BCH 外码，同时，采用多码率形式；调制方式为 QPSK、8PSK、16APSK。

3）返向链路，编码方式多为 Turbo 码、RS 码和卷积码，多码率形式；调制方式多为 QPSK。

4）多址方式均为 MF - TDMA。

除此之外，各通信体制还具有其各自的特点：

1）由于 DVB - RCS 标准化程度最高，并已经应用于很多宽带多媒体卫星通信系统的建设，因此从设备技术基础、应用前景、设备开销等方面看都优于其他标准。

2）IPoS 可以看作是卫星系统支持 IP 业务的标准，因此相较其他标准而言，其特点在于给出了对 IP 业务的相关适配层设计。

3）SurfBeam2 系统通信体制由于采用了地面有线电视宽带接入标准，除在 PHY 上有较大改变外，其他层面的问题都可以通过相对成熟的技术解决，因此在设计实现上将有更多的成熟经验可供参考。并且由于地面有线电视宽带接入的广泛应用，使得用户数量可以迅速扩展。特别是其对网络层和应用层支持的角度，相较其他标准更具优势。世界上总容量最大的三颗卫星均采用此系统体制。因此，在今后的大容量宽带卫星研制中具有广阔的应用前景。

3.1.4　宽带卫星通信系统链路预算及容量预估

3.1.4.1　链路预算

卫星通信系统的链路预算相关计算方法，如下所示。

自由空间传播距离 d 按公式（3-1）计算：

$$d=\sqrt{R^2+(R+H)^2-2R(R+H)\cos(\theta_1-\theta_2)\cos(\varphi_1-\varphi_2)} \tag{3-1}$$

式中　d——自由空间传播距离，m；

R——地球半径，m；

H——卫星到地球表面最近距离，m；

θ_1、θ_2——卫星、地球站经度，度（°）；

φ_1、φ_2——卫星、地球站纬度，度（°）。

空间传播损耗按公式（3-2）计算：

$$L=10\lg\left(\frac{4\pi d}{\lambda}\right)^2 \tag{3-2}$$

式中　L——空间传播损耗，dB；

λ——工作波长，m。

等效全向辐射功率按公式（3-3）计算：

$$\mathrm{EIRP}=P-L_t+G_t \tag{3-3}$$

式中　EIRP——等效全向辐射功率，dBW；

P——发射机额定输出功率，dBW；

L_t——发射系统馈线损耗，dB；

G_t——发射天线增益，dBi。

接收系统品质因数按公式（3-4）计算：

$$G/T=G_r-10\lg[T_A+(L_r-1)T_p+L_rT_r] \tag{3-4}$$

式中　G/T——接收系统品质因数，dB/K；

G_r——接收天线增益，dB；

T_A——天线输出噪声温度，K；

L_r——接收端馈线损耗，线性单位；

T_p——馈线物理温度，K；

T_r——接收机等效输入噪声温度，K。

上行链路载噪比按公式（3-5）计算：

$$[C/N]_u=[\mathrm{EIRP}]_e-L_u-\Delta L_u+[G/T]_s-10\lg(kB) \tag{3-5}$$

式中　$[C/N]_u$——上行链路载噪比，dB；

$[\mathrm{EIRP}]_e$——地球站（或终端）等效全向辐射功率，dBW；

L_u——上行链路自由空间传播损耗，dB；

ΔL_u ——上行链路附加损耗（包括大气吸收、指向误差和极化损耗等），dB；

$[G/T]_s$ ——卫星品质因数，dB/K；

k ——玻尔兹曼常数；

B ——接收机带宽，Hz。

下行链路载噪比按公式（3-6）计算：

$$[C/N]_d = [\mathrm{EIRP}]_s - L_d - \Delta L_d + [G/T]_e - 10\lg(kB) \tag{3-6}$$

式中　$[C/N]_d$ ——下行链路载噪比，dB；

$[\mathrm{EIRP}]_s$ ——卫星等效全向辐射功率，dBW；

L_d ——下行链路自由空间传播损耗，dB；

ΔL_d ——下行链路附加损耗（包括大气吸收、指向误差和极化损耗等），dB；

$[G/T]_e$ ——地球站（或终端）品质因数，dB/K。

卫星通信系统采用透明转发模式时，卫星链路总载噪比按公式（3-7）计算（如果采用星上处理方式，上下行链路单独预算）：

$$C/N = 10\lg\left(\frac{1}{\frac{1}{\left(\frac{C}{N}\right)_u} + \frac{1}{\left(\frac{C}{N}\right)_d}}\right) \tag{3-7}$$

式中　C/N ——卫星链路总载噪比，dB。

卫星链路每 bit 信号能量与噪声功率谱之比按公式（3-8）计算：

$$E_b/N_0 = C/N - 10\lg R_b + 10\lg(B) \tag{3-8}$$

式中　E_b/N_0——卫星链路每 bit 信号能量与噪声功率谱之比，dB；

R_b ——链路信息传输速率，bps。

对应的 E_b/N_0 门限值需要根据不同的通信体制、调制编码类型、BER 要求及其地面终端能力对 E_b/N_0 门限值进行设定。

对采用透明转发方式的宽带卫星通信系统，系统前向链路采用 TDM 多址方式、返向链路采用 MF-TDMA 多址方式，链路预算包括前向链路预算和返向链路预算，预算结果为已知卫星载荷、地面终端以及通信速率等指标时，系统在采用不同的调制编码方式时对应的带宽需求、链路余量等指标。

如果宽带卫星通信系统采用星上信号处理的方式，只需单独进行上行、下行链路预算即可。

3.1.4.2　容量预估

宽带通信卫星系统容量计算需要综合考虑卫星载荷性能、终端性能和信关站性能。为了提升系统容量，需要对覆盖区域的带宽分配和功率分配进行优化。宽带通信卫星通过众多的点波束覆盖服务区，点波束可分为用户点波束和关口站点波束。覆盖区内的用户通过用户点波束上传及接收信息，而卫星通过关口站点波束与关口站进行数据交换。在星上，用户点波束和关口站点波束使用不同的频段，通过卫星有效载荷器件，完成频率的转换、载波搬移、功率再次放大过程。通常每个关口站管理多个用户点波束，星上每路转发器对应1个或以上的用户点波束，转发器使用频率的带宽可以根据需要设计。

宽带通信卫星的容量为各个用户点波束数据传输速率的总和。而每个点波束的容量是指每个点波束前向链路传输速率和返向链路传输速率的总和。前向链路指信息由关口站到卫星，经过频率转换后，由卫星发送到终端的过程。而返向链路指信息从终端传输到卫星，经卫星变频后，再发回到关口站的过程。

卫星通信的数据传输速率，取决于卫星通信系统的可用带宽和频谱利用效率。数据传输速率可以用如下计算公式表示：

数据传输速率(bps)＝可用带宽(Hz)×频谱利用效率(bps/Hz)

频谱利用效率定义为单位带宽可传输的比特速率，单位为 bps/Hz。频谱利用效率越高，意味着单位带宽传输的信息越多，而同等卫星带宽下，卫星数据传输率越高。频谱利用效率可通过链路预算获得，理论上频谱利用效率可以用公式 R_b/B 表示。

其中，$R_b=R_s\times M\times \mathrm{FEC}$，$B=(1+a)\times R_s$，$R_s$ 为符号速率，M 为调制系数，a 为调制器的滚降系数，FEC 为采用的纠错编码的效率系数。因此，频谱利用效率公式为

$$R_b/B=M\times \mathrm{FEC}/(1+a)$$

可以看出卫星通信的频谱利用效率和卫星通信所采用的传输体制直接相关，采用高阶调制，以及采用低滚降系数的调制器可以直接提高频谱利用效率。

点波束通过空间隔离实现频率/极化复用，即同一个频率段同一极化方式的波束被空间隔离，可以尽可能多地将可用频段反复利用达到总体可用带宽最大化。同时宽带通信卫星一般采用透明传输体制，无论前向链路还是返向链路，所有用户波束的可用带宽最终都要经过星上转发器来进行“弯管”透传，因此所有用户点波束数据传输速率的总和，也同时取决于星上转发器所有可用带宽以及对应链路的频谱利用效率的总和，同时应考虑在计算宽带通信卫星系统容量时，假设整个系统内的终端传输速率一致。因此宽带通信卫星系统容量的计算公式如下所示：

容量＝Σ(用户点波束数据传输速率)
＝Σ(用户点波束可用带宽×对应的频谱利用效率)
＝Σ(转发器可用带宽×对应的频谱利用效率)
＝系统可用带宽×频谱利用效率

3.2 移动通信卫星系统

3.2.1 移动卫星通信系统概述

卫星移动通信系统相对于地面移动通信系统，具有覆盖范围广的特点，能够实现对海洋、山区和高原等地区近乎无缝的覆盖，满足各类用户对移动通信覆盖性的需求，具有重要的民用和商用价值。

为用户提供无缝、大容量、高质量的移动通信服务一直是卫星移动通信系统的发展目标。20世纪90年代以来，国际上已建设了数十个卫星移动通信系统，并且目前大多数系

统仍在轨运行并广泛应用。除“铱星（Iridium）”“全球星（GlobalStar）”两个系统为低地球轨道（LEO）系统外（Iridium 轨道高度 780 km，GlobalStar 轨道高度 1400 km），其余十余个卫星移动通信系统均为地球同步轨道（GSO）系统。相比于 LEO 星座系统，GSO 系统仅需单颗卫星即可提供较大范围的区域常态覆盖，3～4 颗 GSO 卫星组网可实现全球中低纬度常态覆盖，并且 GSO 系统没有 LEO 系统所面临的复杂移动性管理、大多普勒频偏等问题。

由于 L 频段（1～2 GHz）、S 频段（2～4 GHz）优良的电波传播特性，卫星移动通信系统普遍选择 L、S 频段进行建设和应用。表 3-2 中整理列出了全球范围内 1995 年来发射入轨的 L、S 频段 GSO 卫星移动通信系统。

表 3-2　全球范围内 GSO 移动通信卫星发射情况

序号	卫星名称	发射时间	所属国家/公司	入轨轨位
1	MSAT-2(AMSC-1)	1995 年	美国	101°W
2	InmarSat-3 F1	1996 年	InmarSat	64.5°E
3	MSAT-1	1996 年	美国	106.5°W
4	InmarSat-3 F2	1996 年	InmarSat	15.5°W
5	InmarSat-3 F3	1996 年	InmarSat	178°E
6	InmarSat-3 F4	1997 年	InmarSat	54°W
7	InmarSat-3 F5	1998 年	InmarSat	25°E
8	ACeS(Garuda-1)	2000 年	印尼	123°E
9	Thuraya-1	2000 年	阿联酋	44°E
10	Thuraya-2	2003 年	阿联酋	44°E
11	InmarSat-4 F1	2005 年	InmarSat	143.5°E
12	InmarSat-4 F2	2005 年	InmarSat	25°E
13	ETS-VIII	2006 年	日本	146°E
14	Thuraya-3	2008 年	阿联酋	98.5°E
15	DBSDG1(ICO G1)	2008 年	美国	92.85°W
16	InmarSat-4 F3	2008 年	InmarSat	98°W
17	TerraStar-1	2009 年	美国	111°W
18	Skyterra-1(MSV-1)	2010 年	美国	101.3°W
19	AlphaSat Ⅰ-XL	2013 年	InmarSat	25°E
20	GSAT-6	2015 年	印度	83°E
21	EchoStar 21	2017 年	EchoStar	10°E
22	InmarSat S	2017 年	InmarSat	39°E
23	JCSAT-17	2020 年	日本	146°E

国际高轨移动通信卫星根据有效载荷技术水平大致可以分为三代，一代变革经历约 8

年。第一代是以 MSAT 和 InmarSat-3 为代表的采用星上模拟载荷的移动通信卫星，对移动通信支持能力较弱，用户终端多为便携式终端；第二代是以 Thuraya 和 InmarSat-4 为代表的采用星上数字化载荷的移动通信卫星，星上具备处理交换能力，能够较好的支持手持终端和宽带移动接入；第三代是以 TerreStar-1 和 Skyterra-1 为代表的采用地基波束形成技术的移动通信卫星，具有星上透明转发的功能，能够广泛的支持多种移动数据业务。除 InmarSat-4 卫星系列外，第一代和第二代移动通信卫星的主要业务是话音业务；第三代移动通信卫星系统由于容量和终端支持能力加倍提高，使得 DVB-SH 等大容量业务逐渐成为移动通信卫星的重要业务类型。

为提升波束增益、保障传输链路性能，GSO 移动通信卫星星上配置较大口径的天线，形成多点波束实现对星下区域的拼接覆盖，并且多点波束间采用频率复用方式提高系统频谱利用率。随着技术的发展，在轨卫星的天线口径已由数米增大到几十米，如 InmarSat-4 卫星采用 11 m 口径天线，TerreStar 卫星采用 22 m 口径天线；卫星的点波束数量也由数个增多到数百个，如 Thuraya 卫星形成 250 个以上波束，TerreStar 卫星可形成超过 500 个波束。

GSO 卫星天线和波束能力的提升，使得系统可以对小型化低功耗手持、便携卫星终端提供天基通信接入服务，极大地拓展了应用市场。例如，全球 90%以上客运航班和远洋船舶均已安装 InmarSat-4 卫星终端，多国政府在抢险救灾中也普遍配备 InmarSat-4 手持机用作应急通信手段。

3.2.2 移动卫星通信系统架构

移动卫星通信系统由空间段、地面段、用户段组成。

3.2.2.1 空间段

空间段包括单颗移动通信卫星或多颗移动通信卫星组成的星座。

移动通信卫星的有效载荷普遍重量大、功耗大、热耗高，对卫星平台的能力要求较高。卫星关键有效载荷有大型可展开网状天线、多波束形成载荷等。

大型可展开网状天线由馈源阵列和网状反射面组成。大型网状反射面是移动通信卫星的标志性载荷，其口径对卫星的通信能力起到关键的影响作用，卫星入轨并定点后，网状反射面在地面的控制之下在轨展开。

多波束形成载荷实现馈源信号到波束信号的转化。移动通信卫星的波束合成方式分为三种：星上模拟波束合成、星上数字波束合成、地基波束合成。星上模拟波束合成，即在卫星上利用模拟器件实现对馈源信号的加权合并；星上数字波束合成，即在星上对馈源信号下变频后进行数字信道化，针对信道化后的数字子带，在中频或基带进行数字加权处理，通过数字加权合并形成数字波束；地基波束合成，即将波束合成的过程放在地面信关站，此时星上对多馈源信号不做处理，直接通过馈电链路将多馈源信号下行发送给信关站，信关站内配置波束合成单元，在地面实现从馈源信号到用户波束信号的转换处理，如表 3-3 所示。

表3-3 三种波束合成方式对比分析

	模拟波束形成	数字波束形成	地基波束形成
实现方式	射频模拟器件	星上数字处理	星地一体设计的系统技术
体制重构	有	有	有
重量	取决于波束规模和频段	较重	较轻
载荷热耗	小	大	小
波束重构	可配置移相衰减器实现调节	灵活重构	灵活重构
设计难点	小型化	低功耗	馈电校准
单跳业务	可支持	可支持	不能支持

3.2.2.2 地面段

地面段包括关口站和网络控制中心。

关口站拥有馈电链路通信（多星跟踪、信息收发处理）、呼叫处理、移动性管理、用户通信控制和管理、信息交换、与地面网接口等功能。

网络控制中心是整个系统的地面运行支撑系统，由卫星运行控制中心和网络管理控制中心组成。卫星运行控制中心主要功能是遥测遥控、在轨测试、波束定向标校、卫星载荷资源管理等。网络管理中心是整个网络的运行管理中心，具有网络控制和网络管理两部分功能。网络控制功能主要是指对卫星网络内的各种波束、功率、频率和时隙，按照一定的算法进行分配、调整等控制操作。网络管理功能主要是指针对卫星移动通信网络内的各种设备，包括信关站等地面段设备、用户终端等应用系统设备进行相应的管理操作，包括配置管理、性能管理、故障管理、安全管理、计费管理等。

3.2.2.3 用户段

用户段包括各类卫星移动通信用户终端，如手持、便携、车载、机载等终端，可支持话音、短消息、图像、视频等中低速数据通信业务。

3.2.3 移动卫星通信系统标准

卫星移动通信系统的通信体制标准紧跟地面移动通信系统演进。以欧洲 ETSI GMR-1 为例，随着地面蜂窝网 GSM 到 GPRS 再到 3G 标准的演进，GMR-1 标准也随之演进，分别发布了对应的 GMR-1 Releasel、GMR-1 Release2（即 GMPRS）和 GMR-1 Release3（即 GMR-13G）。其中 Releasel 是基于 GSM 标准，支持基于的电路域话音和传真业务；Release2 是基于 GPRS 标准，支持分组数据业务；Release3 是基于 3G 标准，但空中接口基于 EDGE 技术，支持分组数据业务，最高速率可达 592 kbps。GMR-1 标准的每个 TDMA 帧包含 24 个时隙（每时隙 5/3 ms），每帧长为 40 ms，帧结构如图 3-4 所示。

随着 2010 年以来地面蜂窝网络 4G 系统建设和 5G 技术论证，在国际范围内也在深入论证将 LTE 等技术引入卫星移动通信系统中。3GPP 的 5G 标准化工作自 2017 年初正式

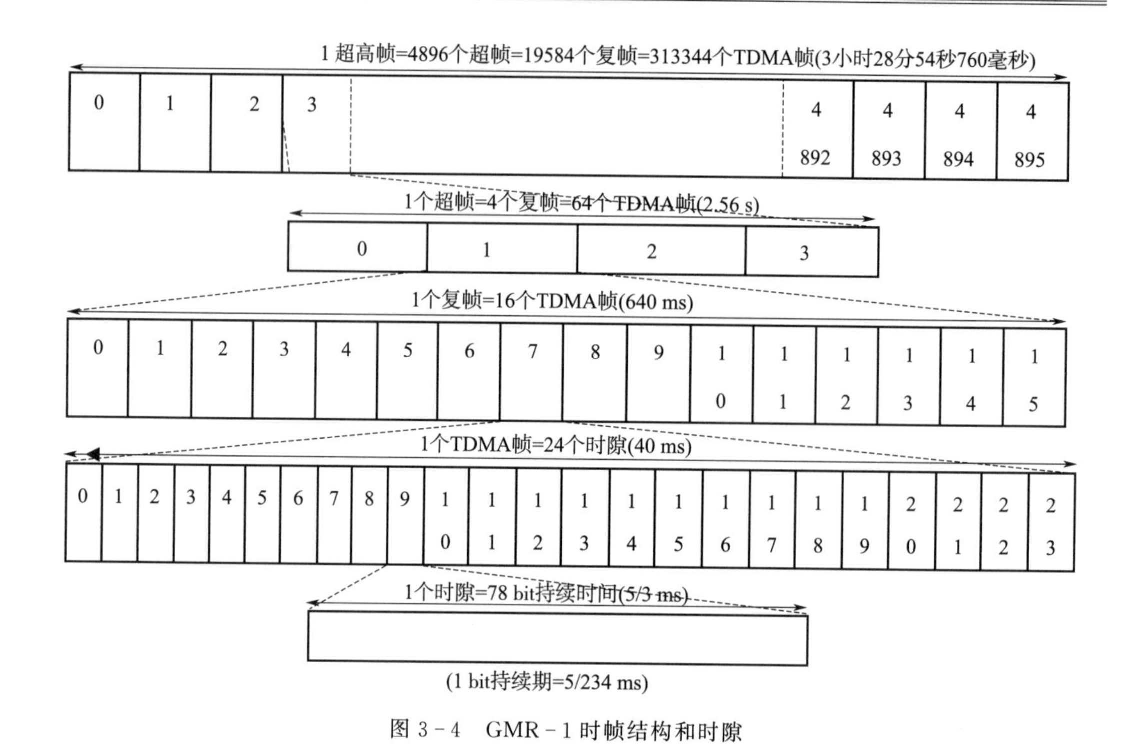

图 3-4　GMR-1 时帧结构和时隙

提出，在 5G 网络架构中考虑融入非地面网络（NTN，Non Terrestrial Network）。非地面网络包括空基和天基网络，空基网络主要指以无人机、飞艇、浮空平台作为空中节点的无线传输网络，天基网络是指利用 L/S、Ka 频段等 GEO 和 NGSO 卫星构成的卫星通信网络。

将卫星融入 5G 标准的构想最初由欧洲提出。2015 年左右，欧洲数十家公司和科研机构联合成立 SaT5G（Satellite and Terrestrial Network for 5G）联盟，希望完成 5G 系统中完成卫星和地面的无缝集成研究；2016 年，欧空局（ESA）在欧盟“地平线（Horizon2020）”计划的支持下，也投入开展了“Satellite for 5G”研究计划。“Satellite for 5G”项目广泛集合了 40 余家欧洲的通信设备制造商、通信运营商、宇航制造商、科研机构、高等院校，计划开展“星地融合网络”的测试验证平台开发，并推动卫星 5G 的标准化工作。目前，该项目成立了标准化工作小组，深入参与 3GPP 的 5G 非地面网络标准化工作。按照近期 3GPP 网站上给出的“标准化进程规划”，NTN 自 2018 年第三季度已经列入了 3GPP“研究条目”（Study Item），拟于 2019 年底之前完成对 NTN 的初步研究。

3.2.4　移动卫星通信系统链路预算及容量预估

移动卫星通信系统的链路计算与上文 3.1.4.1 节中介绍的宽带卫星通信系统链路计算过程基本一致。

在卫星容量的统计方式上，移动通信卫星与宽带通信卫星有所不同。移动通信卫星系统中，将系统并发可支持的手持终端双向基本话音（2.4 kbps 标准话音）路数，作为系统容量。根据卫星星上能力参数和手持终端参数进行链路计算即可分析系统容量，典型的GEO移动通信卫星可同时支持5000～10000路手持终端的话音通信，即移动通信卫星系统典型容量为5000～10000路话音。

3.3　低轨卫星星座组网系统

3.3.1　低轨卫星通信系统概述

低轨卫星（LEO）指的是轨道高度在500～2000 km运行的卫星，属于非静止轨道卫星系统（NGSO）。与传统的地球静止轨道卫星通信系统相比，低轨卫星通信系统最显著的特征在于其卫星工作轨道高度和系统复杂程度的不同，由此带来单星技术、规模和成本上的差异，最终影响系统建设、运营成本及系统可靠性。

低轨卫星通信系统通过星座组网具有全球覆盖、低时延、传输损耗小、系统通信容量高、弹性分散等优点，可以支持实时或近实时数据传输。但由于轨道高度低、单星对地覆盖小、相对于地面高速运动，因此也带来了多普勒频移大、地面终端天线指向跟踪、星间频繁切换、通信体制复杂等技术问题。

本节将从低轨卫星星座设计、空间组网、通信体制、批产与发射等方面进行介绍。

3.3.2　低轨卫星星座设计

3.3.2.1　轨道选择

卫星轨道按照不同的标准有不同的分类，按偏心率可分为圆轨道、椭圆轨道、抛物线轨道和双曲线轨道。圆轨道一般用于全球卫星移动通信系统，可以均匀覆盖南北半球。椭圆轨道一般用于区域卫星通信系统，在覆盖区域相对于赤道不对称或覆盖区域维度较高的时候使用。抛物线和双曲线轨道一般用于行星际航行。椭圆轨道多用于区域性覆盖，但为了避免拱点漂移，轨道倾角必须为63.4°，不利于对中低纬度地区的覆盖。而圆轨道的倾角可在0°～90°之间任意选择。

低轨星座轨道高度选择主要是系统所需卫星数目与地面终端EIRP和G/T值的折衷。同时，轨道高度的选择还需考虑地球大气层和范艾伦辐射带两个因素的影响，通常认为LEO卫星的可用轨道高度为500～2000 km。

根据轨道高度，由开普勒定理可得出卫星运行周期T_s：

$$T_s = 2\pi\sqrt{\frac{(R+H)^3}{\mu}} \tag{3-9}$$

式中　R——地球半径；

H——轨道高度；

μ——开普勒常数，$\mu \approx 3.98 \times 10^5\ \mathrm{km^3/s^2}$。

为了便于卫星轨道控制，通常选择使用回归轨道，即卫星运行周期与地球自转周期成整数比，即$T_s/T_e = K/N$，式中K、N为整数，T_e为地球自转周期。

3.3.2.2 星座相位关系

星座相位关系是指确定卫星在星座中的位置，包括轨道倾角、轨道平面的布置、同一轨道面内卫星的位置和相邻轨道面间卫星的相对位置关系。通常，为了使卫星具有最大的均匀覆盖特性，同一轨道面内卫星应均匀分布，即相邻卫星的相位差应满足 $360/N$，N 为轨道面内卫星数量。

3.3.2.3 星座覆盖

星座对地覆盖与轨道高度、卫星数量、对地仰角等因素相关。为达到相同的对地覆盖效果，轨道高度越高所需要的卫星数量越少，对地仰角可以增大，轨道高度越低所需要的卫星数量越多，对地仰角可以减小。

当轨道高度较低时，如果仍保持较大的仰角，则单颗卫星的覆盖范围将减小。虽然仰角小时电波传输衰落大，但由于卫星高度低，链路距离短，传播损耗并未增加多少。因此，在轨道高度低时，可以适当减小系统的最小仰角以增大卫星覆盖范围。

3.3.3 低轨卫星空间组网

低轨卫星通信网络是基于低轨卫星星座组成泛在通信网，以星间链路（ISL）和星地链路为物理传输介质，与地面核心网（包括地面 5G 网络、移动通信网、IOT 和互联网等）实现互联互通，构建实时传输和处理信息的空间网络体系。

3.3.3.1 网络架构

低轨卫星通信网络包括空间段、地面段和用户段三个部分。其中，空间段由低轨卫星（包括星间链路）组成，地面段包括信关站、测控站和运行控制中心等，用户段由各类用户终端构成，包括手持终端、固定终端、移动终端等。与传统拓扑结构简单、在网络层以下进行数据传输的卫星通信系统不同，低轨卫星通信网络可为用户终端提供接入能力，与地面网络进行互联。低轨卫星通信系统网络架构如图 3-5 所示。

根据低轨卫星之间有无星间链路，可以进一步分为“天星天网”和“天星地网”两种网络架构。前者以 Iridium、Starlink、TeleSat 星座为代表，通过星间链路构建“天上”网络，卫星作为网络传输节点，星上具备处理能力，用户可直接接入卫星互联网，不需要建设大量关口站，但对星间链路和路由算法的要求较高；后者以 GlobalStar、OneWeb 星座为代表，星上为透明转发器，卫星间不组网，通过地面网络互联构建“地上”网络，设计简单，便于维护管理，但必须在全球建立足够数量的地面站才能实现全球服务能力。

3.3.3.2 网络链路

网络星间链路是指卫星之间建立的通信链路，通过星间链路实现卫星之间的信息传输和交换，多卫星互联成为一个以卫星作为交换节点的空间通信网络，降低卫星通信系统对地面网络的依赖。低轨星座通过配置星间链路，可减少地面信关站的设置数量、扩大覆盖区域、实现全球测控等，而且信号在星间链路传输时可有效避免大气和降雨导致的衰减，抗毁性强，可以不依赖地面独立组网通信。因此，星间链路技术受到星座设计及运营方的

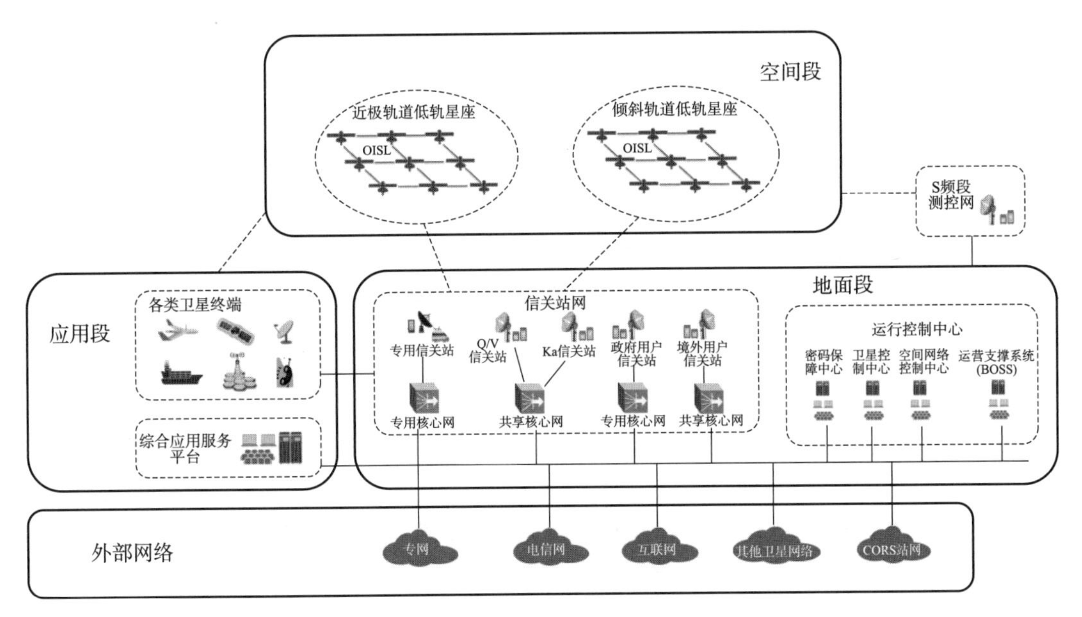

图 3-5　低轨卫星系统网络架构

高度重视。

星间链路可以从不同的角度上分为不同的类型，从星间链路工作频率可分为微波链路（Ka 频段）、太赫兹链路和激光链路等，从通信速率方面可分为窄带低速链路和宽带大容量链路，从卫星所在轨道面可分为同轨道面星间链路和异轨道面星间链路。以 Iridium 星座为例，星间链路工作频率采用 Ka 频段，属于窄带低速链路，每颗卫星有 4 条星间链路，其中 2 条是同轨星间链路，2 条是异轨星间链路，如图 3-6 所示。

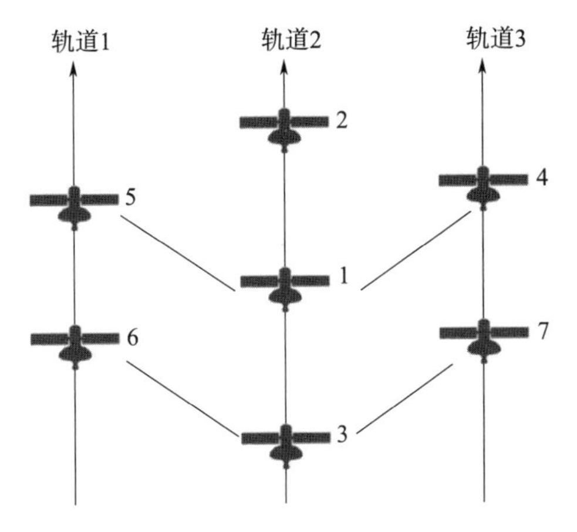

图 3-6　Iridium 系统星间链路示意图

由于同轨道面卫星之间的位置关系固定，星间链路状态比较容易保持，但异轨道面卫星之间的相对位置关系（如链路距离、链路方位角和俯仰角等）是时变的，需要天线有一定跟踪能力，星间链路较难维持。

星间微波链路技术相对成熟、可靠性较高、波束较宽、跟瞄捕获容易，星间激光链路的优势在于频带较宽，可以增加链路通信容量；设备功耗、质量、体积较小；波束发散角较小，具有良好的抗干扰和抗截获性能，系统安全性高。但星间激光链路的主要缺点是因波束窄而导致瞄准、捕获、跟踪（PAT）系统复杂。

在具备宽带、大容量、低延迟和全球覆盖等特色的低轨通信星座的推动下，星间链路成为研究热点。美国的 Starlink 星座采用激光星间链路实现空间组网，达到网络优化管理以及服务连续性的目标，目前已开始大规模部署带有激光星间链路的业务组网星座；加拿大的 TeleSat 星座也计划配置激光星间链路；美国的 Iridium 星座则配置了 Ka 频段微波星间链路。

3.3.3.3 网络特点

低轨卫星通信网络作为未来信息通联方式变革的重要方向，相较于传统高轨卫星通信系统而言，主要具有以下特点：

一是卫星数量多、业务广，可靠性强。卫星数量数以百计乃至万计，虽单星容量有限，但星座系统容量极大，除包含移动通信、宽带通信、物联网、互联网接入等多种业务外，还可拓展导航增强、航空/航海监视等功能。同时，低轨卫星通信网络具备高弹性和冗余性，抗毁能力强，可靠性高，且卫星成本低，建设周期短，补发能力强。

二是传输路径短、损耗小，时延较低。低轨卫星空间传输损耗比传统 GEO 卫星低近 30 dB，可大大缩小地面终端及天线尺寸，利于终端小型化设计，降低地面应用设施成本。由于路径短，其端到端的信息传输时延几乎与地面光纤相近，支持实时性要求高的业务应用。但对于“天星天网”这种拥有众多卫星节点的无线多跳网络而言，总传输和处理时延会相应增大。

三是覆盖范围广、轨道多，流量不均。通过多星组网，低轨星座具备全球覆盖能力，可覆盖传统 GEO 卫星不能有效覆盖到的两极和高纬地区，具有全天候复杂地形条件下的实时通信能力。但不同地区人口密集度和业务流量需求不均匀，在备用路径不多的情况下容易阻塞，对星座组网设计要求高。

四是运动速度快、信道多，动态复杂。高速运动的低轨卫星过顶时间一般只有几到十几分钟（例如轨道高度 1100 km，在地面仰角约束为 25°时，过顶时间约 9 min），可视时间短，需同时铰链波束照射范围内的所有接入终端，但存在快速的星间切换与波束切换，造成星地链路高频切换，拓扑结构持续变化，对卫星组网协议设计和地面通信体制提出挑战。

3.3.3.4 网络技术

（1）空间网络路由交换技术

对于具有星间链路的低轨卫星网络，需要通过星上路由交换实现数据的跨星多跳传输，然而低轨卫星网络的链路资源、处理能力受限，以及网络具有动态性，给路由交换技术带来难点。通过不同的空间网络路由交换策略，如基于分时拓扑的空间网络路由交换策略、基于 IP 协议改进的网络路由交换策略和基于 SDN 的空间网络路由交换策略等，以适应低轨卫星网络动态变化、提高交换效率。

（2）空间网络移动性管理技术

空间网络的移动性管理包括用户位置管理、星地切换管理等。对于面向被叫用户的寻呼以及维持业务传输的连续性，有着至关重要的意义，然而低轨卫星网络高动态的特点对星地移动性管理带来很大影响。通过基于卫星覆盖区域的移动性管理和基于地面小区划分的移动性管理等技术，完成用户和卫星的接入关系的维护。

（3）空间网络综合网管技术

综合网管系统对系统的正常运行和稳定服务能力具有重要意义，然而低轨卫星网络网元实体多样、业务承载繁多、网络拓扑结构动态变化，对于一体化综合网络管理带来很大挑战。通过借鉴高轨通信卫星的运行管理系统或北斗系统的地面运管系统，并在其基础上进行较大升级和改善，可形成面向低轨互联网系统的高效、完备的综合网管系统。

3.3.4　低轨卫星通信体制

由于全球高轨卫星通信系统技术成熟，DVB 等相关体制结合低轨宽带星座特点进行改进的风险较小，因此这种技术思路的工程可行性已成为卫星通信业界的一种共识。此外，低轨宽带星座由于具有大带宽、低时延的特点，与 5G 技术提供的能力相吻合，而目前地面 5G 技术处于全球发展热潮阶段，因此地面移动通信业界和卫星通信业界认为将地面 5G 技术融合到宽带低轨星座系统中，也是一种可行的技术更先进的技术路线。

低轨星座系统的设计十分复杂，尤其是能够支持互联网应用的宽带低轨星座，目前已经聚焦于基于传统高轨卫星通信系统 DVB 体制进行低轨适应性改进和基于地面 5G 体制进行适应性改进两条技术路线。

3.3.4.1　DVB 改进体制

目前，大部分商用低轨卫星的通信技术基于改进的第三代 DVB－S2/S2X 体制，在数字卫星电视广播基础上升级以支持交互式互联网业务。

通过先进的编码和调制技术，DVB－S2 系统具备以下优点：

1）能够支持更多的传输业务类型及信源格式；

2）更优的信道编码增益；

3）更高的信道频谱利用率及传输效率（与第一代卫星传输标准 DVB－S 相比，其系统传输容量提高了 30%左右，也就是说，DVB－S2 传输能节省 30%的带宽）；

4）能够后向兼容 DVB－S 标准。

这些显著的优点使得 DVB－S2 标准成为世界卫星数字广播传输领域最具市场竞争力的行业技术标准，在世界各国得到了广泛应用。但由于低轨卫星系统具有与高轨卫星系统不同的特点，例如高动态、低时延等，因此若将传统 DVB 体制应用于低轨卫星系统中，需进行适应性改进。有些国家已在做这方面的尝试。

3.3.4.2　5G 融合体制

卫星与 5G 融合是当前信息通信领域的热点，ITU 和 3GPP 都在推动相关研究工作，包括关于非地面网络（NTN）的研究。5G 技术体制能实现时频资源的灵活分配、不同用户的功率的差异化配置，为大小终端的共存提供了极大便利。但卫星通信系统与地面 5G 通信系统具有较大差异，主要表现在：

1）卫星信道和地面信道的传播特性不同，卫星信道更容易受天气等因素影响；

2）卫星高速移动，引发时间同步、频率同步跟踪（多普勒效应）、移动性管理（频繁波束切换和星间切换）等更多挑战；

3）卫星通信系统传播距离远，传输时延大，对于时序关系和传输方案造成较大影响；

4）卫星功率、带宽资源受限，对传输波形的峰均比（PAPR）特性有较大影响，同时约束了用户的最大业务传输速率；

5）构建星间链路面临卫星星座动态重构、网络状态复杂、瞄准与跟踪等问题；

6）用户终端类型多样，需要适应固定、车载、船载、机载、星载航天器等终端，而且终端天线又可分为抛物面和相控阵形式；

7）低轨卫星大多采用有限个窄点波束，难以做到对终端的连续覆盖，通常采用跳波束形式，增大了 5G 体制的设计难度。

因此，基于 5G 的低轨卫星通信体制必须进行适应性的改进和针对性的优化设计，充分利用地面 5G 体制的灵活帧结构、信号波形、信道编码、移动性管理、服务架构以及组网方式等方面，满足卫星互联网的特定组网与传输需求。

（1）ITU 星地 5G 融合应用场景

针对卫星与地面 5G 融合的问题，ITU 提出了星地 5G 融合的 4 种应用场景，如图 3－7 所示，包括中继到站、小区回传、动中通及混合多播场景，并提出支持这些场景必须考虑的关键因素，包括多播支持、智能路由支持、动态缓存管理及自适应流支持、延时、一致的服务质量、NFV（Network Function Virtualization，网络功能虚拟化）/SDN (Software Defined Network，软件定义网络）兼容、商业模式的灵活性等。

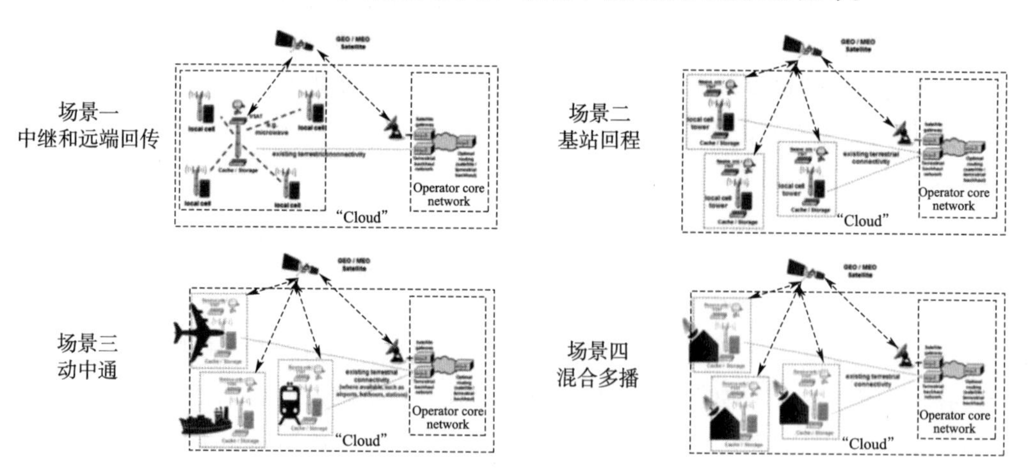

图 3－7　ITU 星地 5G 融合应用场景

（2）3GPP 倡导的非地面网络（NTN）实现模式

随着 5G NSA 和 SA 标准化工作完成，3GPP 立项了 NR 支持的非地面网络，包括卫星通信、高空平台等，在 5G NR 的空口和架构基础上进行优化，具体实现有两个方案，如下图所示。方案一为透明转发方案，即无线信号仅在空间经卫星中继传输；方案二为星上处理方案，即卫星星座具有 5G 基站功能，信号可再生，如图 3－8 所示。

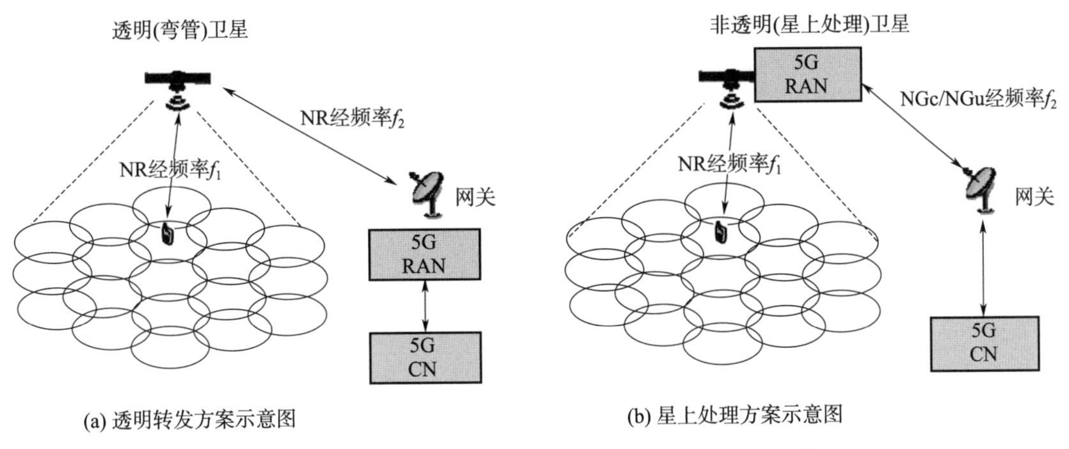

图 3－8　基于 5G 体制的透明转发方案和星上处理方案

透明转发方案简单、成熟、可靠，但需要在地面部署较多的网关站，且在没有部署地面网关站的区域无法提供通信服务。星上处理方案不需要全球部署地面网关站，可通过星间链路提供全球通信服务，并可降低干扰，提高通信质量，但增加了系统复杂度，星上需支持基带处理和路由交换等功能，涉及网络架构、星座动态重构、组网体制协议等多项关键技术，部分关键技术尚在攻关中。

(3) 星载基站（gNB）与星载 UPF 设计架构

基于 5G 基站 gNB 和用户面功能网元（UPF）上星的卫星 5G 融合设计架构如图 3－9 所示，可分为无线接入网、空间承载网、核心网三个系统。无线接入网由卫星终端、星载基站、地面信关站三部分构成，为卫星终端提供无线接入和数据传输的功能，当地面信关站和星载基站的接口采用 5G 通信体制时，业务波束可以基于地面区域的变化服务于卫星终端或者地面信关站。空间承载网是实现卫星互联网空间卫星网络互联、高效可靠传输和端到端传输质量保证的系统。空间承载网主要包括部署于卫星的路由交换设备、星间链路载荷和部署在地面运行控制中心的空间网络控制中心，实现承载无线接入网及其他星载载荷、平台数据的网络传输。核心网通过与业务系统和外部网络连接，实现互联互通，基于 5G 核心网设计改造，包括地面核心网部分和星载 UPF 网元，可统一提供服务开通、认证鉴权、用户管理、计费等功能，为系统运营提供基础能力开放接口。

无线接入网下行采用 CP－OFDM 波形，上行采用 DFT－s－OFDM 波形，支持不同速率、不同移动速度的终端接入，并提供低时延切换和连续性服务，支持用户采用随遇波束接入和专用业务波束接入到卫星通信网络。核心网支持网络虚拟化、网络切片、边缘计算等技术，相对于地面 5G 核心网进行了功能增强，例如支持基于终端地理位置的注册区域分配、支持高延迟通信的 QoS 和策略控制增强等。

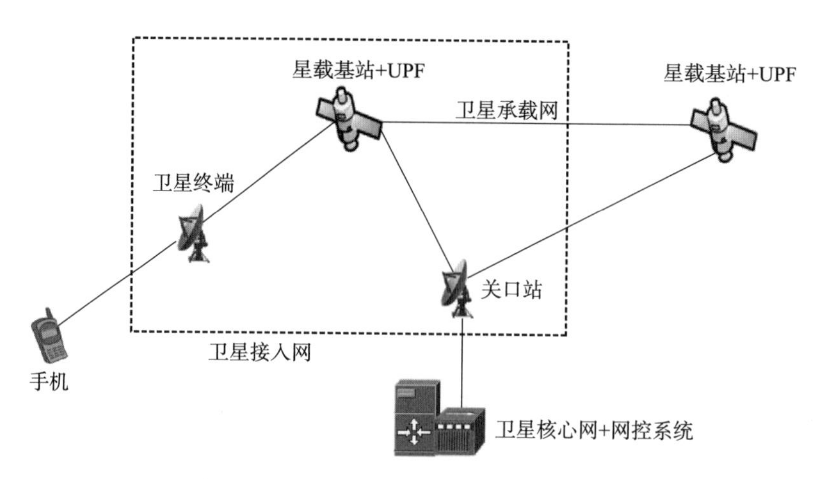

图 3-9 卫星互联网 5G 融合技术体制架构

3.3.5 低轨卫星的批产与发射

面对低轨卫星星座项目生产周期和成本严格受限，传统的单一卫星研制模式受到了巨大的挑战，已不能适应多星星座的发展需求。为了适应低轨星座建设的新形势和新需求，对传统的卫星制造和发射方式进行迭代升级，以流水线量产和“一箭多星”等方式降低研制成本和发射成本，具有重要意义。

3.3.5.1 卫星批产

低轨通信卫星通常采用微小卫星平台，技术难度和卫星规模远低于传统高轨通信卫星，单星研制成本显著降低。采用与汽车、飞机等高端工业产品类似的流水线、批量化的方式，是低轨卫星通信系统建设的必要要求，也有利于单星制造成本的降低。

OneWeb 公司在佛罗里达州建设了全球首个“卫星工厂”生产线，借助 Airbus 的飞机制造经营推进卫星研制流程的创新，采用模块化的设计制造思想实现工业化流水线生产，目前已形成 2 颗/天的生产能力。OneWeb 将每个卫星分 4 个模块并行生产，通过大数据控制、智能装配软件和 3D 打印技术，大幅缩短周期、降低生产成本，单星研制成本控制在 100 万美元以内。SpaceX 公司采用标准化、模块化、轻量化和软件化设计，并大量使用商业现货（COTS）组件，卫星生产线日产能力高达 6 颗。

3.3.5.2 运载发射

低轨卫星系统卫星数量众多，需多次发射才能将全部卫星送入轨道，为降低卫星发射成本，催生了一箭多星、火箭回收等技术的发展应用。

为节约发射成本，LEO 卫星往往采用“一箭多星”方式发射，如“全球星”采用联盟-2 火箭“一箭六星”发射；“铱星二代”计划采用猎鹰-9 火箭“一箭十星”发射；SpaceX 的卫星扁平化设计更易于装载和发射，达到一箭 60 星的载量，同时提高运载火箭复用次数降低发射成本。特别是 SpaceX 公司，通过猎鹰-9 重型火箭一箭 60 星的发射方式，目前已将上千颗星链卫星送入太空，而且一级火箭可回收并重复发射，公司创始人和首席执行官马斯克曾表示，5 型箭被设计成“在无需例行整修的情况下能反复使用 10 次，而若做适当的例行维护，可用 100 次”。

3.4　本章小结

本章主要介绍了典型的高、低轨卫星通信系统的设计，高轨卫星通信系统包括宽带通信卫星系统和移动通信卫星系统，低轨星座系统包括窄带移动通信星座系统和宽带互联网星座系统。对高轨卫星通信系统，从系统架构、通信标准、链路预算及容量预估等方面给出了设计。不同于传统的固定卫星通信，宽带通信卫星系统立足于解决大容量卫星通信的应用需求，该系统通过采用多种最新技术提升卫星所能承载的通信总速率，降低了单位传输速率的通信成本，凸显了其商业价值，是未来唯一能与低轨卫星星座分庭抗争的卫星通信系统。移动卫星通信系统旨在面向小型化的地面卫星终端（如手持、便携终端）提供天基通信服务，可灵活应用于个人通信、应急救灾等场景。经过几十年的发展演进，随着移动通信卫星的平台和载荷能力不断发展，移动卫星通信系统的容量和通信速率得到了大幅提高。国际上 InmarSat－4 移动通信卫星系统实现了全球覆盖服务，我国自主建设的“天通一号”卫星移动通信系统也已投入了广泛应用。对低轨卫星星座系统，分析了空间星座设计、卫星组网、通信体制等方面内容。由于具备全球覆盖、低时延、传输损耗小、系统通信容量高、弹性分散等方面的优点，可以支持实时或近实时数据传输。通过本章内容的介绍，可对高、低轨卫星通信系统的整体设计有一个基本的认识。

第4章　地面通信网络及技术

4.1　地面互联网

4.1.1　TCP/IP背景及其历史

人类社会在经历了农业社会、工业社会阶段以后，正在向信息社会演进。21世纪知识型社会形态逐步显现，目前处于智能信息社会的初级阶段，其特征表现为数字化、网络化、个人化、自动化和信息化。现代通信网络作为社会基础设施的重要组成部分，是现代信息社会的中枢神经系统。作为人们日常生活、信息获取、信息查询、信息处理和科学研究等活动的重要基础平台，现代通信网络具有重大的经济效益和社会效益。

通信的基本形式是在信源与信宿之间建立一个传输或转移信息的通道，从而实现信息的传输。基于这种形式，通信网络定义为由终端、传输和交换等通信设备组成的系统，用以实现语音、视频、多媒体数据等形式的通信要求。

现代通信网络是与时俱进、不断发展的。在不同的历史时期，用户不断提出新的需求，推动了网络技术的向前发展，导致新型网络的诞生。从1993年9月美国政府提出建设国家信息基础设施（NII）的行动后，世界各国兴起了筹备“信息高速公路”的热潮。1994年9月，美国政府又提出了建设全球信息基础设施（GII）的倡议，欲将各国的NII连接起来，组成世界信息高速公路。1995年5月，亚太地区经济合作组织发布了“APEC”信息基础设施汉城宣言，确立了亚太信息基础设施（APII）建议的5个目标和10项原则。1996年10月，美国时任总统克林顿签署了开发新一代因特网计划。该计划动用联邦资金5亿美元，历经5年时间，采用IP技术，使带宽达到1 Gbps，能传输声音、图像、文字和数据交互的多媒体信息，速度比原来快100～1000倍。

中国自20世纪80年代以来，信息化的建设有了长足的进步和发展。我国坚持以信息化带动工业化，以工业化促进信息化，走出了一条中国特色信息化的新道路。作为现代社会重要的基础设施，现代通信网络日益受到重视。目前，我国有多家基础电信业务运营商，如中国电信、中国移动、中国联通等，在固定通信、移动通信、数据通信、卫星通信等领域形成了至少有两家公司竞争的局面。

通信网络由终端设备、传输链路和交换机三部分构成（例如电话通信系统，见图4-1），这三个部分与通信设备、电子器件、计算机技术的发展紧密相关，它在某种程度上是一个国家综合国力的体现。一方面，电子技术按摩尔定律或超摩尔定律飞速发展，日新月异，使得通信网络向数字化发展，从而具有了宽带化、智能化、个人化和多媒体化的特征，形成了多种异构的网络；另一方面，通信基础设施投资巨大，回报周期较长，促使人们在研究应用更先进的通信网络技术的同时，必须考虑到市场的需求，兼顾到投资回报率，形成与原有的通信网络长（短）期并存的局面。由于历史的原因，实际上不同类型的网络都是针对其特定应用而设计的，而每一种网络都有其独特的特性，都是为了解决当时网络需要解决业务难题。各种网络的共存、互联、融合、演进，已成为现代通信网络的重要特征。

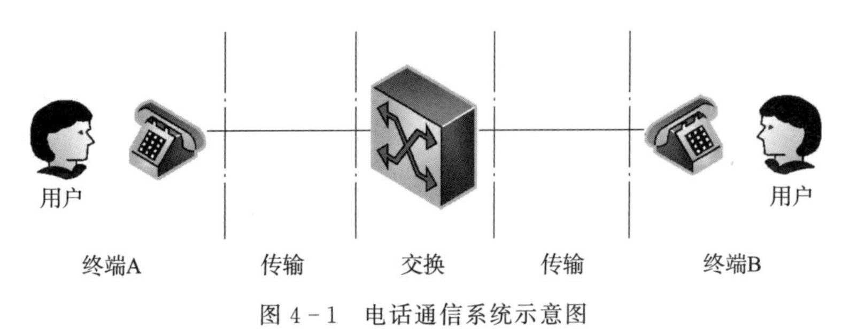

图 4-1　电话通信系统示意图

之所以要设计 TCP/IP，是由它作为 Internet 协议系统的历史角色决定的。因特网与其他高新技术的发展一样，最初是由美国国防部主持研究的。在 20 世纪 60 年代末期，美国国防部的官员开始注意到军队购置了大量而且型号不同的计算机。有些计算机不能够联网，而有些计算机利用一些不兼容的专属协议就可以编组到一个小型的封闭网络中。这里的“专属（Proprietary）”意味着该技术受到私有实体（比如一个公司）的控制。该实体不可能透露该协议的足够信息，这样用户就不能使用协议连接到其他（比如竞争对手）的网络协议中。美国国防部的官员开始考虑是否可以利用这些分散的计算机来共享信息。这些有远见的官员创建了一个网络，被美国国防部高级研究计划署（ARPA）命名为阿帕网。

随着该网络逐渐成型，由罗伯持·肯恩（Robert E. Kahn）和维顿·瑟夫（Vinton Cerf）领导的一组计算机科学家，开始研究通用的协议系统，以支持多种硬件并提供弹性的、可冗余的和分散的系统，该系统可以在全球范围内传输大量数据，这个研究的成果就是 TCP/IP 协议簇的开端。当美国国家科学基金会想建立连接到研究机构的网络时，它采纳了阿帕网的协议系统，并开始构建因特网。伦敦大学学院和其他欧洲研究结构致力于 TCP/IP 早期的开发，第一个跨越大西洋的通信测试开始于 1975 年左右。随着越来越多的大学和研究机构的逐步接入，因特网开始传播到世界各地。

当因特网开始流行的时候，大多数计算机是多用户系统。位于一个办公室（或园区）的多个用户通过称之为终端的文本屏幕界面设备连接到一台计算机中。尽管用户之间的工作相互独立，但实际上他们访问的是同一台计算机，而且这一台计算机只需要一条因特网连接来向一组用户提供服务。个人计算机在 20 世纪 80 年代和 90 年代的兴起改变了这一局面。在个人计算机的早期，大多数用户没有必要为联网而费心。但是随着因特网的发展超出了其最初的学术目的而进入民间之后，使用个人计算机的用户开始寻找接入因特网的方法。一种解决方案是使用 Modem 拨号连接，它是通过一条电话线来提供网络连接的。但是用户还希望能够与办公室中的其他计算机连接起来，以达到共享文件和访问外围设备的目的。为了满足这一需求，局域网（Local Area Network，LAN）这一概念登上舞台。

早期的 LAN 协议不提供因特网连接，而且是围绕着专有的协议系统来设计的。很多协议不支持任何类型的路由选择。位于一个工作组的计算机使用这些专有协议中的其中一种相互通信，用户要么不使用因特网，要么就是通过拨号线路分别连接因特网。随着因特网服务提供商数量的增加，接入的费用逐渐降低，各个公司开始考虑采用一种永久、快速的因特网连接，而且这种连接可以永远在线。多种解决方案应运而生，它们可以让 LAN 用户接入到基于 TCP/IP 的因特网。为了让这些局域网接入到因特网，可以使用专门的网关来进行必要的协议转换。然而，随着万维网的成长，催生了终端用户与因特网的连接需求，这使得 TCP/IP 更为必要，而诸如 AppleTalk、NetBEUI 和 Novell 的 IPX/SPX 这样的专有 LAN 协议则丧失了用武之地。

随着包括 Apple 和 Microsoft 在内的操作系统厂商开始将 TCP/IP 作为局域网、因特网的默认联网协议。TCP/IP 也在 UNIX 系统中成长起来，而且所有的 UNIX/Linux 版本都可以流畅地运行 TCP/IP 协议。最终，TCP/IP 成为适用于小到小型办公室，大到大型数据中心的联网协议。

4.1.2 TCP/IP 标准化

因特网的最大特点是管理上的开放性，它不为任何政府部门或组织所拥有或控制，没有集中的管理机构，其管理和标准化过程一直由相关的非营利性组织机构承担。这些机构承担因特网的管理职责，建立和完善 TCP/IP 和相关协议的标准。

4.1.2.1 与 TCP/IP 协议相关的组织机构

(1) ISOC

ISOC 全称 Internet Society (因特网协会)，是支持因特网标准化的国际性、非营利的组织，也是所有各种因特网委员会和任务组的上级机构。

(2) IAB

IAB 全称 Internet Architecture Board (因特网体系结构委员会)，是 ISOC 的技术顾问，包括两个下属机构 IETF 和 IRTF，负责处理当前和未来的 Internet 技术、协议及研究。IAB 最主要的任务就是监督所有协议和过程的架构，并通过称为 RFC (Request For Comments，请求注解) 的文档提供评论性的监督。

(3) IETF 与 IESG

IETF 全称 Internet Engineering Task Force (因特网工程任务组)，负责制订草案、测试、提出建议以及维护因特网标准的组织，这些文档采用 RFC 的形式，并通过多个专门委员会各负其责地完成。IESG 全称 Internet Engineering Steering Group (因特网工程指导小组)，作为 IETF 的上层机构，主要负责 IETF 的各项活动及因特网标准制定过程中的技术管理工作。

(4) IRTF 与 IRSG

IRTF 全称 Internet Research Task Force (因特网研究任务组)，负责长期的与因特网发展相关的技术问题，协调有关 TCP/IP 协议和一般体系结构的研究活动。IRTF 也有一个指导小组——IRSG（Internet Research Steering Group，因特网研究指导小组）。IRTF 接受 IRSG 的管理。IRTF 由多个因特网志愿工作小组构成，IRSG 的每个成员主持一个因特网志愿工作组。

（5）IANA

IANA 全称 Internet Assigned Numbers Authority（因特网数字分配机构），负责分配和维护因特网技术标准（协议）中的唯一编码和数值系统。主要任务包括：管理 DNS 域名根和 IDN（国际化域名）资源；协调全球 IP 和 AS（自治系统）号并将它们提供给各区域因特网注册机构；与各标准化组织一同管理协议编号系统。

（6）ICANN

ICANN 全称 Internet Corporation for Assigned Names and Numbers（因特网名称与数字地址分配机构），具体行使 IANA 的职能，负责 IP 地址空间的分配、协议标识符的指派、通用顶级域名以及国家和地区顶级域名系统的管理和根服务器系统的管理。ICANN 采用分级方式分配 IP 地址，先将部分 IP 地址分配给地区级的因特网注册机构（RIR），然后由 RIR 负责该地区的 IP 地址分配。目前的 5 个 RIR 分别是负责北美地区地址分配的 ARIN、负责欧洲地区地址分配的 RIPE、负责拉丁美洲地区地址分配的 LACNIC、负责非洲地区地址分配的 AfriNIC 和负责亚太地区地址分配的 APNIC。实践中，ICANN 检查地址和域名的注册与管理，但将客户交互、费用收取、数据库维护以及其他工作委托给商业机构。

4.1.2.2　TCP/IP 管理层次体系

由于 IETF 具体负责创建和维护 RFC，可以说它是上述机构中对于 TCP/IP 来说最重要的机构。相关的组织机构遵循自下至上的结构原则，为确保因特网持续发展而开展工作。TCP/IP 主要管理层次体系如图 4-2 所示，ISOC 位于顶层，通过维持和支持其他一些管理机构如 IAB、IETF、IRTF 以及 IANA 一些学术活动来实现 Internet 标准化。

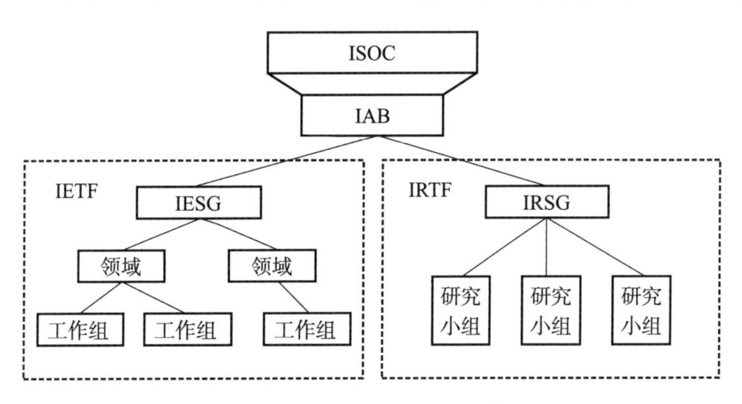

图 4-2　TCP/IP 管理层次体系

由于 TCP/IP 是一个标准开放的系统，不被任何公司或个人持有，因此 Internet 社区需要一个全面、独立而且中立于厂商的过程，来提出、讨论和发布对 TCP/IP 所做的变更和添加。TCP/IP 的大多数官方文档都是通过一系列的 RFC 发布的。RFC 的库包含了 Internet 标准和来自工作组的报告。IETF 的官方规范也是以 RFC 形式发布的。多数 RFC

旨在解释 TCP/IP 或 Internet 的某一方面。在本书中你会发现引用了多个 RFC，这是因为 TCP/IP 簇是在一个或多个 RFC 文档中定义的。尽管大多数的 RFC 是由行业工作组和研究机构创建的，但是任何人都可以提交 RFC 以供审查。表 4-1 为 Internet RFC 中的部分代表性示例。

表 4-1 Internet RFC 中的部分代表性示例

编号	标题
791	因特网协议(IP)
792	因特网控制报文协议(ICMP)
793	传输控制协议
959	文件传输协议
968	启动的前一晚(Twas the Night Before Start-up)
1180	TCP/IP 教程
1188	提出的数据报在 FDDI 网络上传输的标准
2097	PPP NetBIOS 帧控制协议
4831	基于网络的本地化移动性管理目标

4.1.3 TCP/IP 协议分层模型

4.1.3.1 TCP/IP 与 OSI 的层次对应关系

TCP/IP 协议簇先于 OSI 参考模型之前开发，因而其层次无法与 OSI 完全对应起来。与其他分层的通信协议一样，TCP/IP 将不同的通信功能集成到不同的网络层次，形成了一个具有 4 个层次的体系结构，能够解决不同网络的互联。如图 4-3 所示，左边是 OSI 参考模型的 7 层结构，右边是 TCP/IP 协议体系的 4 层结构，其间的对应关系一目了然。

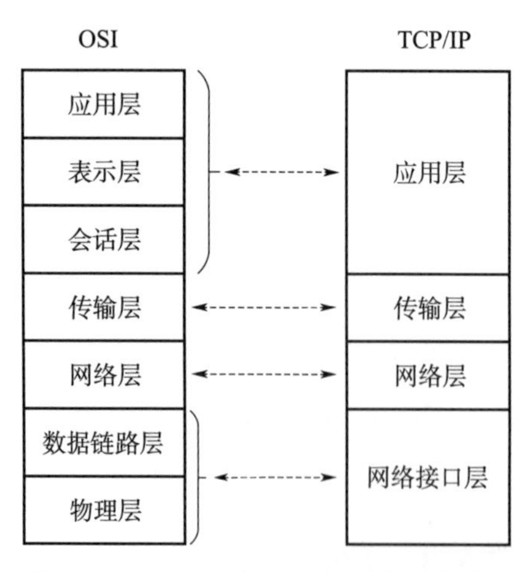

图 4-3 TCP/IP 与 OSI 的层次对应关系

这些分层与 OSI 参考模型中的分层类似但不一致：OSI 参考模型中会话层和表示层相

对应的一些功能出现在了 TCP/IP 的应用层中，而 OSI 参考模型中会话层的某些功能出现在 TCP/IP 的传输层中。大体上讲，两个模型的传输层是对应的，OSI 参考模型中的网络层与 TCP/IP 模型中的网络层也对应得很好。TCP/IP 的应用层或多或少地映射到了 OSI 参考模型中应用层、表示层、会话层这三个分层中，TCP/IP 的网络接口层也映射到了 OSI 参考模型中数据链路层和物理层这两个分层。

在具体实现中，网络层次也没有绝对的划分。TCP/IP 的设计隐藏了较低层次的功能，主要协议都是高层协议，没有设计专门的物理层协议，因此对于 TCP/IP 协议系统，有人将物理层、链路层以及网络层的一部分并称为网络接口层，还有人将其划分为 5 层，从网络接口层中剥离出链路层。TCP/IP 协议一个个堆叠起来，就像一个栈，有时又称其为协议栈。

4.1.3.2　TCP/IP 各层简介

本书采用广泛使用的 4 层模型来介绍 TCP 协议层次，其层次结构如图 4 - 4 所示。具体各层简介如下。

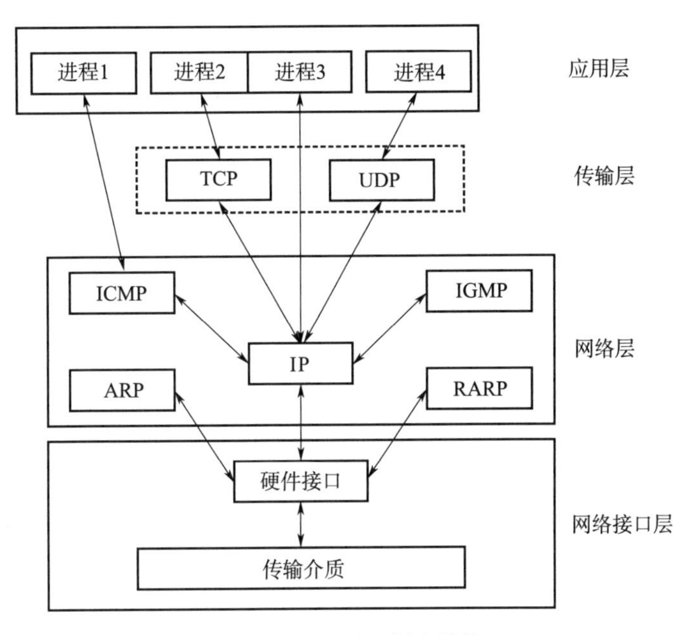

图 4 - 4　TCP/IP 层次结构

（1）网络接口层

网络接口层（Network Interface Layer）又称网络访问层（Network Access Layer），包括 OSI 的物理层和链路层，负责向网络物理介质发送数据包，从网络物理介质接收数据包。TCP/IP 并没有对物理层和链路层进行定义，它只是支持现有的各种底层网络技术和标准。网络接口层涉及操作系统中的设备驱动程序和网络接口设备。

（2）网络层

网络层又称为互联网层或 IP 层，负责处理 IP 数据包的传输、路由选择、流量控制和拥塞控制。TCP/IP 网络层的底部是负责因特网地址（IP 地址）与底层物理网络地址之间进行转换的地址解析协议（Address Resolution Protocol，ARP）和反向地址解析协议（Reverse Address Resolution Protocol，RARP）。ARP用于根据IP地址获取物理地址。RARP用于根据物理地址查找其IP地址。由于ARP和RARP用于完成网络层地址和链路层地址之间的转换，也有人将ARP和RARP作为链路层协议。IP协议（Internet Protocol）既是网络层的核心协议，也是TCP/IP协议簇中的核心协议。网络互联的基本功能主要是由IP协议来完成的。因特网控制报文协议（Internet Control Message Protocol，ICMP）是主机和网关进行差错报告、控制和进行请求/应答的协议。因特网组管理协议（Internet Group Management Protocol，IGMP）用于实现组播中的组成员管理。

（3）传输层

传输层为两台主机上的应用程序提供端到端的通信。TCP/IP的传输层包含传输控制协议TCP（Transmission Control Protocol）和用户数据报协议UDP（User Datagram Protocol）。这两种协议对应两类不同性质的服务，TCP为主机提供可靠的面向连接的传输服务；UDP为应用层提供简单高效的无连接传输服务。上层的应用进程可以根据可靠性要求或效率要求决定是使用TCP还是UDP来提供服务。

（4）应用层

这个层次包括OSI的会话层、表示层和应用层，直接为特定的应用提供服务。应用层为用户提供一些常用的应用程序。TCP/IP给出了应用层的一些常用协议规范，如文件传输协议FTP、简单邮件传输协议SMTP、超文本传输协议HTTP等。

4.1.4 TCP/IP与互联网的关系

一般认为，互联网是由能彼此通信的设备组成的网络。即使仅有两台通信设备（计算机、手机等），不论用何种技术使其彼此通信，均可以认为是互联网。不同于仅由两台通信设备组成的网络，因特网具备一定的规模（通常由上千万台设备组成的网络），并使用TCP/IP协议族让不同的设备可以彼此通信，因此因特网这一概念实际上包含在互联网这一概念中。

通常人们使用的“互联网”服务一般是由因特网应用层集成的协议提供的。例如，应用层集成的协议包括FTP、SMTP、HTTP等，因此可以提供万维网服务、电子邮件服务、远程登录服务、文件传输服务、网络电话等。在准确的概念上，互联网和因特网并非代指同一事物，国际标准写法也有区别（互联网用internet，首字母小写，因特网用Internet，首字母大写），但在实际中通常不作区分。

此外，关于互联网还有一种说法，即狭义和广义之分。大家常说的互联网，是广义的互联网，由两层组成：一层是以TCP/IP为代表的网络层（也是狭义互联网概念）；另一层是以万维网（WWW）为代表的应用层。

以TCP/IP为核心的狭义的互联网，实际上是广义互联网的下层，是网络基础，更一般地说就是TCP/IP网络。这一层的主要作用是通过计算机之间的互联，将各种信息的数据报文以极低的成本进行传输，俗称“管道”，所有信息和内容在这个管道里进行传送。

互联网的设计理念包括两点：一是网络是中立和无控制的，任何人都没有决定权；二是网络是与应用无关的，它的任务就是如何更好地将数据包进行端到端传输。这种设计理念从互联网诞生之初到现在从未被撼动，任何针对某种（类型的）内容对互联网进行优化的尝试其最后效果都不甚理想。因此，可以认为互联网不会试图对任何内容进行传输优化。

以万维网为代表的应用层，是广义互联网的上层。这一层包括很多种类型的流量和应用，邮件、软件、在线影视、游戏、电子商务、移动应用等，所有服务提供商（Service Provider，SP）提供的都是这些用户看得见、摸得着的应用，它们丰富和方便了人们的生活，构成了我们常说的互联网业务和信息经济。

4.2　地面移动通信系统技术发展情况

互联网的核心是围绕 TCP/IP 协议展开的一系列通信协议的分层，是对分组数据进行传输的网络，因此不包含物理层。地面移动通信则是底层的承载网络，它的协议主要是底层的物理层和数据链路层。因此，针对地面移动通信技术的研究主要集中在物理层和数据链路层。本节针对地面移动通信的发展情况进行介绍。通信制式的演进如图 4－5 所示。

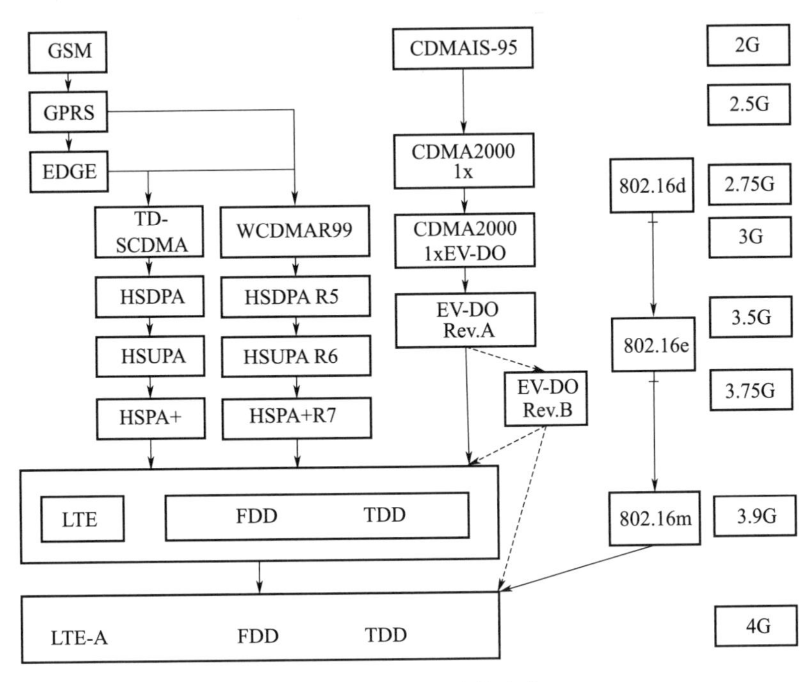

图 4－5　通信制式的演进

4.2.1　发展历史

4.2.1.1　第一代 1G 移动通信系统

瑞因（D. H. Ring）在 1947 年提出蜂窝通信的概念，并在 20 世纪 60 年代对此进行了系统的实验。20世纪60年代末、70年代初开始出现了第一个蜂窝（Cellular）系统。蜂窝的意思是将一个大区域划分为几个小区（Cell），相邻的蜂窝区域使用不同的频率进行传输，以免产生相互干扰。

大规模集成电路技术和计算机技术的迅猛发展，解决了困扰移动通信的终端小型化和系统设计等关键问题，移动通信系统进入了蓬勃发展阶段。随着用户数量的急剧增加，传统的大区制移动通信系统很快就达到饱和状态，无法满足服务要求。针对这种情况，贝尔实验室提出了小区制的蜂窝式移动通信系统的解决方案，在1978年开发了AMPS（Advance Mobile Phone Service）系统。这是第一个真正意义上的具有随时随地通信的大容量的蜂窝移动通信系统。它结合频率复用技术，可以在整个服务覆盖区域内实现自动接入公用电话网络，与以前的系统相比，具有更大的容量和更好的话音质量。因此，蜂窝化的系统设计方案解决了公用移动通信系统的大容量要求和频谱资源受限的矛盾。欧洲也推出了可向用户提供商业服务的通信系统TACS（Total Access Communication System）。其他通信系统还有法国的450系统和北欧国家的NMT-450（Nordic Mobile Telephone-450）系统。这些系统都是双工的FDMA模拟制式系统，被称为第一代蜂窝移动通信系统。这些系统可以为用户提供相当好的通信质量和传输容量。在某些地区，它们取得了非常大的成功。

第一代系统所提供的基本业务是话音业务（Voice Communication）。在这项业务上，上面列出的各个系统都是十分成功的。其中的一些系统直到目前还仍在为用户提供第一代通信服务。

4.2.1.2 第二代2G移动通信系统

随着移动通信市场的迅速发展，对移动通信技术提出了更高的要求。模拟系统本身的缺陷，如频谱效率低、网络容量有限、保密性差、体制混杂、不能国际漫游、不能提供ISDN业务、设备成本高、手机体积大等，使该系统无法满足人们的需求。为此，在20世纪90年代初，开发出了基于数字通信的移动通信系统，即数字蜂窝移动通信系统——第二代移动通信系统。

数字技术最吸引人的优点之一是抗干扰能力和潜在的大容量。也就是说，它可以在环境恶劣和需求量更大的地区使用。随着数字信号处理和数字通信技术的发展，开始出现一些新的无线应用，如移动计算、移动传真、电子邮件、金融管理、移动商务等。在一定的带宽内，数字系统良好的抗干扰能力使第二代蜂窝系统具有比第一代蜂窝移动通信系统更大的通信容量，更高的服务质量。采用数字技术的系统具有下述特点。

1）系统灵活性：各种功能模块，特别是数字信号处理（DigitalSignalProcessing，DSP）、现场可编程门阵列（FieldProgrammableGateArray，FPGA）等可编程数字单元的出现和成熟，使系统的编程控制能力和增加新功能的能力与模拟系统相比大大提高。

2）高效的数字调制技术和低功耗系统：一方面，利用数字调制技术的系统，频谱利用率和灵活性等都超过了同类的模拟系统；另一方面，数字调制技术的采用，使系统的功率消耗降低，从而延长了电池的使用寿命。

3）系统的有效容量：在这方面，模拟系统是无效的，比如在配置给 AMPS 的 333 个信道中，大约有 21 个用于呼叫接通。这 21 个信道降低了有效带宽系统的通信能力，通过数字技术，用于同步、导频、传输控制、质量控制、路由等的附加比特位大大降低，相比于模拟系统，数字传输系统的有效容量得到了极大的提升。

4）信源和信道编码技术：相比于有线通信，无线通信的频率资源是极其有限的。新一代的信源和信道编码技术不仅实现了数字语音和数据通信的综合，降低了单用户的带宽需要，使多个用户的语音信号复用到同一个载波上，并且改善了移动环境中信号传送的可靠性。如速率为 13.2 kbps 的、应用于 GSM 系统的 RPE - LTP（Regular Pulse Excited Long Term Prediction）语音压缩技术，速率为 8 kbps 应用于 IS - 54 系统的 VSELP（Vector Sum Excited Linear Predictions）语音压缩技术，以及目前受到广泛重视的 Turbo 信道编码技术等，不仅提高了频谱效率，也增强了系统的抗干扰能力。

5）抗干扰能力：数字系统不仅有更好的抗同信道干扰（CCI）和邻信道干扰（ACI）能力，而且有更好的对抗外来干扰能力。同时，采用数字技术的系统可利用比特交织、信道编码、编码调制等技术进一步提高系统的可靠性和抗干扰能力。这也是第二代、第三代和第四代蜂窝移动通信系统采用数字技术的重要原因之一。由于数字系统有可能在很高 CCI 和 ACI 的环境中工作，设计者可利用这个特征降低蜂窝尺寸，减少信道组的复用距离，减少复用组的数量，大大提高系统的通信容量。

6）灵活的带宽配置：由于模拟系统不允许用户改变带宽以满足对通信的特殊要求，因而对于一个预先固定带宽的通信系统，频谱的利用率可能不是最有效的。从原理上讲，数字系统有能力比较容易灵活地配置带宽，从而提高利用率。灵活的带宽配置虽未在第二代系统中得以充分体现，但它仍然是采用数字技术的又一大优点。

7）新的服务项目：数字系统可以实现模拟系统不能实现的新服务项目，比如鉴权、短消息、万维网浏览、数据服务、语音和数据的保密编码，以及增加综合业务（ISDN）、宽带综合业务（B - ISDN）等新业务（这些应用在第二代移动通信系统中未能全部直接实现）。

8）接人和切换的能力和效率：对于固定数量的频谱资源，蜂窝系统通信容量的增加意味着相应蜂窝尺寸的减小，同时意味着更为频繁的切换和信令活动。基站将处理更多的接入请求和漫游注册。

由于数字系统具有上述优点，所以第二代移动通信系统采用数字方式，被称为第二代数字移动通信系统。

在第一代移动通信系统中，欧洲国家使用的制式各不相同，技术上也不占有很大优势，并且不能互相漫游。因此在开发第二代数字蜂窝通信系统时，欧洲联合起来研制泛欧洲的移动通信标准，提高竞争优势。为了建立一个全欧统一的数字蜂窝移动通信系统，1982 年，欧洲有关主管部门会议（CEPT）设立了移动通信特别小组（Group Special Mobile，GSM）协调推动第二数字蜂窝通信系统的研发，在 1988 年提出主要建议和标准，1991 年 7 月双工 TDMA 制式的 CSM 数字蜂窝通信系统开始投入商用。它拥有更大的容量和良好的服务质量。美国也制定了基于 TDMA 的 DAMPS、IS－54、IS－136 标准的数字网络。

美国的 Qualcomm 公司提出一种采用码分多址（CDMA）方式的数字蜂窝通信系统的技术方案，成为 IS－95 标准，在技术上有许多独特之处和优势。

日本也开发了个人数字系统（PDC）和个人手持电话系统（PHS）技术。第二代移动通信系统使用数字技术，提供话音业务、低比特率数据业务以及其他补充业务。GSM 是当今世界范围内普及最广的移动无线标准。

在市场方面，主要有三种技术标准获得较为广泛的应用，即主要应用于欧洲和世界各地的 GSM、北美的 IS－136 和日本的 JDC（Japanese Digital Cellular）或 PDC（Pacific Digital Cellular）。第二代无绳电话标准有 CT－2 和 DECT（Digital European Cordles Telecommunications）。

4.2.1.3 第三代 3G 移动通信系统

由于第二代数字移动通信系统在很多方面仍然没有实现最初的目标，比如统一的全球标准；同时也由于技术的发展和人们对于系统传输能力的要求越来越高，几千比特每秒的数据传输能力已经不能满足某些用户对于高速率数据传输的需要。此外，一些新的技术如 IP 等不能有效地实现，而这些需求是高速率移动通信系统发展的市场动力。在此情况下，具有 9～150 kbp/s 传输能力的通用分组无线业务（General Packet Radio Services，CPRS）系统和其他系统开始出现，并成为向第三代移动通信系统过渡的中间技术。

第二代系统没有达到的主要目标包括以下几个方面：

1）没有形成全球统一的标准系统。在第二代移动通信系统发展的过程中，欧洲建立了以 TDMA 为基础的 CSM 系统；日本建立了以 TDMA 为基础的 JDC 系统；美国建立了以模拟 FDMA 和数字 TDMA 为基础的 IS－136 混合系统，以及以 N－CDMA 为基础的 1S－95系统。

2）业务单一。第二代移动通信系统主要是语音服务，只能传送简短的消息。

3）无法实现全球漫游。由于标准分散和经济保护，全球统一和全球漫游无法实现，因此无法通过规模效应降低系统的运营成本。

4）通信容量不足。在 900 MHz 频段，包括后来扩充到 1800 MHz 频段以后，系统的通信容量依然不能满足市场的需要。随着用户数量的上升，网络未接通率和通话中断率开始增加。

第二代移动通信系统是主要针对传统的话音和低速率数据业务的系统。而“信息社会”所需的图像、话音、数据相结合的多媒体业务和高速率数据业务的业务量超过传统话音业务的业务量。因此第三代移动通信系统需要有更大的系统容量和更灵活的高速率、多速率数据传输的能力，除了话音和数据传输外，还能传送高达 2 Mbps 的高质量活动图像，真正实现“任何人，在任何地点、任何时间与任何人”都能便利通信这个目标。

在第三代移动通信系统中，CDMA 是主流的多址接入技术。CDMA 通信系统使用扩频通信技术。扩频通信技术在军用通信中已有半个多世纪的历史，主要用于两个目的：对抗外来强干扰和保密。因此，CDMA通信技术具有许多技术上的优点：抗多径衰减、软容量、软切换。其系统容量比GSM系统大，采用话音激活、分集接收和智能天线技术可以进一步提高系统容量。

由于CDMA通信技术具有上述技术优势，因此第三代移动通信系统主要采用宽带CDMA技术。现在第三代移动通信系统的无线传输技术主要有三种：欧洲和日本提出的WCDMA技术、北美提出的基于IS-95CDMA系统的CDMA2000技术，以及我国提出的具有自己知识产权的TD-SCDMA系统。后来WiMAX也成为3G标准。

第三代移动通信系统的其他重要技术包括地址码的选择、功率控制技术、软切换技术、RAKE接收技术、高效的信道编译码技术、分集技术、QCELP编码和话音激活技术、多速率自适应检测技术、多用户检测和干扰消除技术、软件无线电技术和智能天线技术等。

4.2.1.4　第四代4G移动通信系统

第四代移动通信技术的概念可称为宽带接入和分布网络，具有非对称的超过2 Mbps的数据传输能力。它包括宽带无线固定接入、宽带无线局域网、移动宽带系统和交互式广播网络。第四代移动通信标准比第三代标准拥有更多的功能。第四代移动通信可以在不同的固定、无线平台和跨越不同频带的网络中提供无线服务，可以在任何地方用宽带接入互联网（包括卫星通信和平流层通信），并提供定位定时、数据采集和远程控制等综合功能。此外，第四代移动通信系统是集成多功能的宽带移动通信系统，是宽带接入的IP系统。4G能够以100 Mbps以上的速率下载，能够满足几乎所有用户对无线服务的要求。

长期演进（Long Term Evolution，LTE）是由第三代合作伙伴计划（The 3rd Generation Partnership Project，3GPP）组织制定的通用移动通信系统（Universal Mobile Telecommunications System，UMTS）技术标准的长期演进，于2004年12月在3GPP多伦多TSGRAN＃26会议上正式立项并启动。LTE系统引入正交频分复用（Orthogonal Frequency Division Multiplexing，OFDM）和多输入多输出（Multiple-Input Multiple-Output，MIMO）等关键技术，显著增加了频谱效率和数据传输速率（20 MHz带宽，2×2MIMO，在64QAM情况下，理论下行最大传输速率为201 Mbps，除去信令开销后，大概为140 Mbps，但根据实际组网情况以及终端能力限制，一般认为下行峰值速率为100 Mbps，上行为50 Mbps），并支持多种带宽分配1.4 MHz、3 MHz、5 MHz、10 MHz、15 MHz和20 MHz等，支持全球主流2G/3G频段和一些新增频段，因而频谱分配更加灵活，系统容量和覆盖也显著提升。LTE系统网络架构更加扁平化、简单化，减少了网络节点和系统复杂度，从而减小了系统时延，也降低了网络部署和维护成本。LTE系统支持与其他3GPP系统互操作。LTE系统有两种制式：LTE-FDD和TD-LTE，即频分双工LTE系统和时分双工LTE系统。两者技术的主要区别在于空中接口的物理层上（如帧结构、时分设计、同步等）。LTE-FDD系统空口上下行传输采用一对对称的频段接收和发送数据；TD-LTE系统上下行则使用相同的频段在不同的时隙上传输。相对于FDD双工方式，TDD有着较高的频谱利用率。

LTE 的演进可分为 LTE、LTE－A、LTE－APro 三个阶段，分别对应 3GPP 标准的 R8～R14版本，如图 4－6 所示。LTE 阶段实际上并未被 3GPP 认可为国际电信联盟所描述的下一代无线通信标准 IMT－Advanced，在严格意义上还未达到 4G 的标准，准确来说，应该称为 3.9G，只有升级版的 LTE－Advanced（LTE－A）才满足国际电信联盟对 4G 的要求，是真正的 4G 阶段，也是后 4G 网络的演进阶段。

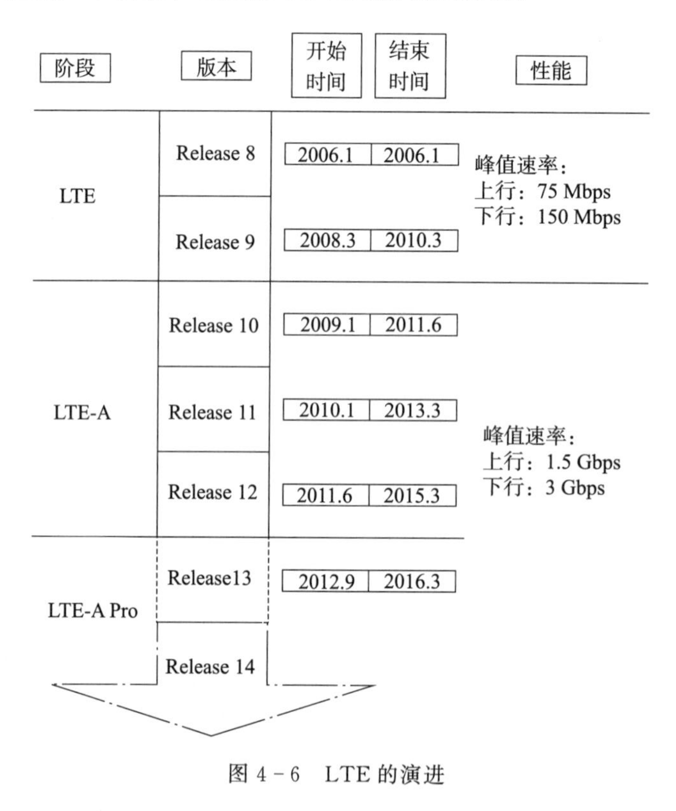

图 4－6 LTE 的演进

R10 是 LTE－A 的首个版本，于 2011 年 3 月完成标准化。R10 最大支持 100 MHz 的带宽，8×8 天线配置，峰值吞吐量提高到 1 Gbps。R10 引入了载波聚合、中继（Relay）、异构网干扰消除等新技术，增强了多天线技术，相比 LTE 进一步提升了系统性能。

R11 增强了载波聚合技术，采用协作多点传输（CoMP）技术，并设计新的控制信道 ePDCCH。其中，CoMP 通过同小区不同扇区间协调调度或多个扇区协同传输提高系统的吞吐量，尤其对提升小区边缘用户的吞吐量效果明显；ePDCCH 实现了更高的多天线传输增益，并降低了异构网络中控制信道间的干扰。R11 通过增强载波聚合技术，支持时隙配置不同的多个 TDD 载波间的聚合。

R12 被称为 Small Cell，采用的关键技术包括 256QAM、小区快速开关和小区发现、基于空中接口的基站间同步增强、宏微融合的双连接技术、业务自适应的 TDD 动态时隙配置、D2D 等。

R13 主要关注垂直赋形和全维 MIMO 传输技术、LTE 许可频谱辅助接入（LAA）以及物联网优化等内容。

LTE 系统采用全 IP 的 EPC 网络，相比于 3G 网络更加扁平化，简化了网络协议，降低业务时延，由分组域和 IMS 网络给用户提供话音业务；支持 3GPP 系统接入，也支持 CDMA、WLAN 等非 3GPP 网络接入。

LTE 的重要技术主要包括 OFDM、MIMO、调制与编码技术、高性能接收机、智能天线技术、软件无线电技术、基于 IP 的核心网和多用户检测技术等。

自 1980 年第一代移动通信技术商用至今，通信技术已经经历了 4 代的发展，表 4 - 2 详细描述了通信技术的发展历程及特征。未来的 5G 网络将实现万物互联，可提供更大的容量、更高的系统速率、更低的系统时延和可靠的连接。

表 4 - 2　通信技术的发展历程及特征

系统	商用时间	核心词	特点	多址技术	核心网构架	典型标准			
						美国	欧洲	日本	中国
1G	国际:1984 国内:1987	模拟通信	频谱利用率和系统容量低、资费较高、业务种类单一、无法扩展	FDMA	PSTN	AMPS	NMT/TACS/C450/RTMS	NTT	—
2G	国际:1989 国内:1994	数字通信	业务范围受限、不支持多媒体业务、全球标准不统一,无法实现漫游	TDMA、CDMA	PSTN	DAMPS/CDMAONE	GSM/DECT	PDC/PHS	—
3G	国际:2002 国内:2009	宽带数字通信	通用性强、全球无缝漫游、成本低、服务质量好、保密性安全性较好	CDMA、TDMA	电路交换、分组交换	CMDA2000	WCDMA	—	TD - SCDMA
4G	国际:2009 国内:2013	无线多媒体	高速率、宽频谱、高频谱效率	OFDMA	IP 核心网、分组交换	WiMAX	LTE - FDD	—	TD - LTE

4.2.2　5G 移动通信系统及关键技术

4.2.2.1　5G 愿景与需求

5G 面向的业务形态已经发生了巨大变化，主要表现在：传统的语音、短信业务逐步被移动互联网业务所取代；云计算的发展，使得业务的核心放在云端，终端和网络之间主要传输控制信息，这样的业务形态对传统的语音通信模型造成了极大的挑战；M2M/IoT 带来的海量数据连接、超低时延业务；超高清、虚拟现实业务带来了远超 Gbps 的速率……现有的 4G 技术均无法满足这些业务需求，期待 5G 能够解决。

(1) 云业务的需求

目前云计算已经成为一种基础的信息架构，基于云计算的业务也层出不穷，包括桌面云、游戏云、视频云、云存储、云备份、云加速、云下载和云同步等已经拥有了上亿用户。未来移动互联网的基础是云计算，如何满足云计算的需求，是 5G 必须考虑的问题。

不同于传统的业务模式，云计算的业务部署在云端，终端和云之间大量采用信令交互，信令的时延、海量的信令数据等，都对5G提出了巨大的挑战。云业务要求5G需求端到端时延小于5 ms，数据速率大于1 Gbps。

（2）虚拟现实的需求

虚拟现实（Virtual Reality，VR）是利用计算机模拟合成三维视觉、听觉、嗅觉等感觉的技术，产生一个三维空间的虚拟世界，让使用者拥有身临其境的感受。近年来，迪士尼、Facebook、三星、微软、谷歌等国际巨头纷纷在VR领域布局，全球也涌现出一大批VR创业企业。比如迪士尼的“Cave”（洞穴）投影仪，Facebook的Oculus Rift头盔，微软推出Hololens眼镜等等。要满足虚拟现实和没入式体验，相应的视频分辨率需要达到人眼的分辨率，网络速率必须达到300 Mbps以上，端到端时延要小于5 ms，移动小区吞吐量要大于10 Gbps。

（3）高清视频的需求

现在高清视频已经成为人们的基本需求，4K视频将成为5G网络的标配业务。不仅如此，保证用户在任何地方都可欣赏到高清视频，即移动用户随时随地就能在线获得超高速的、端到端的通信速率，是5G面临的更大挑战。

（4）物联网的需求

5G之前的移动通信是一种以人为中心的通信：而5G将围绕人和周围的事物，是一种万物互联的通信，如图4-7所示。5G需要考虑IoT（Internet ofThings）业务（如汽车通信和工业控制等M2M业务），IoT带来海量的数据链接，5G对海量传感设备及机器与机器通信（Machine to Machine，M2M：MachineType Communication，MTC）的支撑能力将成为系统设计的重要指标之一。

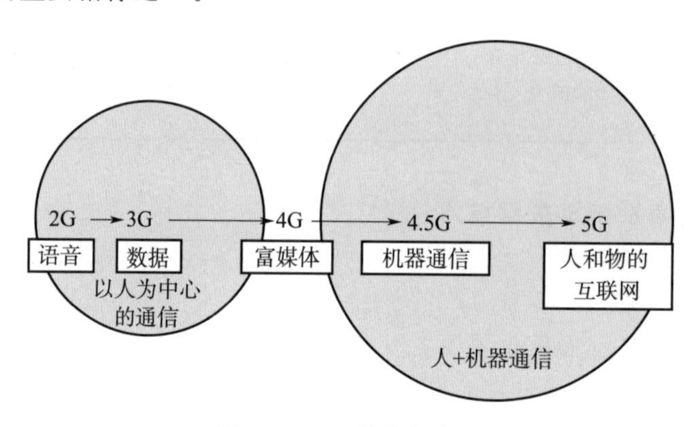

图4-7　5G的业务类型

一般来说，5G的技术需求包含7个指标维度：峰值速率，时延，同时连接数，移动性，小区频谱效率，小区边缘吞吐率，Bit成本效率。

1）峰值速率：5G需要比4G提升20～50倍，即达到20～50 Gbps。

2）用户体验速率：相比4G系统，5G需要保证用户在任何地方具备1 Gbps的速率。

3）时延：5G时延缩减到4G时延的1/10，即端到端时延减少到5 ms，空口时延减小到1 ms。

4）同时支持的连接数：相比于 4G 系统，5G 需要提升 1 倍以上，达到同时支持包括 M2M/IoT 在内的 120 亿个连接的能力。

5）Bit 成本效率：相比于 4G 系统，5G 要提升 50 倍以上，每 Bit 成本大大降低，从而促使网络的 CAPEX 和 OPEX 下降。

4.2.2.2　5G 应用场景

表 4－3　5G 应用场景

分类	场景	需求
超高流量密度	办公室	数十 Tbps/km^2 的流量密度
	密集住宅区	Gbps 级用户体验速率
超高移动性	快速路	毫秒级端到端时延
	高铁	500km/h 以上的移动速率
超高连接数密度	体育场	10^6/km^2 的连接数
	露天集会	10^4/km^2 的连接数
	地铁	6 人/m^2 的超高用户密度
广域覆盖	市区覆盖	100 Mbps 的用户体验速率

（1）虚拟现实

虚拟现实（VR）技术是仿真技术的一个重要方向，是仿真技术与计算机图形学、人机接口技术、多媒体技术、传感技术、网络技术等多种技术的集合，是一门富有挑战性的交叉技术前沿学科和研究领域。虚拟现实技术主要包括模拟环境、感知、自然技能和传感设备等方面。模拟环境是由计算机生成的、实时动态的三维立体逼真图像。感知是指理想的 VR 应该具有一切人所具有的感知。除计算机图形技术所生成的视觉感知外，还有听觉、触觉、运动等感知，甚至还包括嗅觉和味觉等，也称为多感知。自然技能是指人的头部转动、眼睛、手势或其他人体行为动作，由计算机来处理与参与者的动作相适应的数据，并对用户的输入做出实时响应，分别反馈到用户的五官。传感设备是指三维交互设备。

虚拟现实和浸入式体验将成为 5G 时代的关键应用，这将使很多行业产生翻天覆地的变化，包括游戏、教育、虚拟设计、医疗甚至艺术等行业。要达到这一点，我们要在移动环境下使虚拟现实和浸入式视频的分辨率达到人眼的分辨率，这就要求网速达到 300 Mbps 以上，几乎是当前高清视频体验所需网速的 100 倍。

（2）智慧城市

智慧城市是信息时代的城市新形态，将信息技术广泛应用到城市的规划、服务和管理过程中，通过市民、企业、政府、第三方组织的共同参与，对城市各类资源进行科学配置，提升城市的竞争力和吸引力，实现创新低碳的产业经济、绿色友好的城市环境、高效科学的政府治理，最终实现市民高品质的生活。

智慧城市在本质上是一种对城市的重构，这种重构改变了传统的以资源投入为主、强调发展速度和数量的方式，而是以资源配置为主、强调供需匹配和发展质量的方式。一方面是对现有资源的科学配置，提升整体的社会效率；另一方面是对创新环境的培育营造，提升未来发展潜力。

(3) 物联网与无所不在的通信

物联网是新一代信息技术的重要组成部分，也是“信息化”时代的重要发展阶段，其英文名称是“Internet of Things”。顾名思义，物联网就是物物相连的互联网。这里面有两层意思：其一，物联网的核心和基础仍然是互联网，是在互联网基础上延伸和扩展的网络；其二，其用户端延伸和扩展到了任何物品与物品之间，进行信息交换和通信，也就是物物相息。物联网通过智能感知、识别技术与普适计算等通信感知技术，广泛应用于网络的融合中，也因此被称为继计算机、互联网之后世界信息产业发展的第三次浪潮。物联网是互联网的应用拓展，与其说物联网是网络，不如说物联网是业务和应用。因此，应用创新是物联网发展的核心，以用户体验为核心的创新 2.0 是物联网发展的灵魂。物联网发展中，通信是必不可少的组件。5G 技术将物联网纳入到整个技术体系之中，真正实现万物互联。

(4) 车联网与自动驾驶

车联网（Internet of Vehicles）是由车辆位置、速度和路线等信息构成的巨大交互网络。通过 GPS、RFID、传感器、摄像头图像处理等装置，车辆可以完成自身环境和状态信息的采集；通过互联网技术，所有的车辆可以将自身的各种信息传输汇聚到中央处理器；通过计算机技术，这些大量车辆的信息可以被分析和处理，从而计算出不同车辆的最佳路线、及时汇报路况和安排信号灯周期。自动驾驶则是对这些车联网技术进一步的深入应用。由于车联网对安全性和可靠性的要求非常高，因此 5G 在提供高速通信的同时，还需要满足高可靠性的要求，而这些严格要求是传统的蜂窝通信技术难以达到的。

4.2.2.3 5G 标准进程

标准化，是确保全球连接和互操作，使各制造商相互协调从而实现产业规模效应的基础。国际电信联盟无线通信部门（ITU - R）负责定义下一代蜂窝系统的 IMT 规范，ITU - R 每三到四年举办一次世界无线电大会（WRC），对无线电规则进行审阅和调整。5G 标准化及产业化路线图如图 4 - 8 所示。

ITU - R 中设置了一个名为 WP5D 的特殊小组，专门负责 5G 相关事宜。目前，该小组主要起草两个文件，一个是 5G 的 2020 年愿景，另一个是 5G 的 2020 年系统技术，ITU 5G 标准可能的时间表如图 4 - 9 所示。3GPP 作为权威的移动通信技术规范机构，目前主要工作集中在 R12 的标准制定，已经有部分潜在的技术可以部分地满足未来 5G 的需求，未来也会持续地引入新技术继续提升系统性能，其工作内容如图 4 - 10 所示，其正式发布的关于 5G 标准化的拟定时间表如图 4 - 11 所示。

随着 ITU - R 最近的相关推动，作为全球未来 5G 系统研发的一部分，3GPP 承诺将会向 IMT - 2020 提交第五代移动通信候选技术文档。因此，从 IMT - 2020 的角度来看，其面临的关键制约因素将主要来自以下两个技术文档提交的最后期限：2019 年 6 月的 ITU -RWP5D＃32 会议上，提交初步的技术文档；2020 年 10 月的 ITU - RWPSD＃36 会

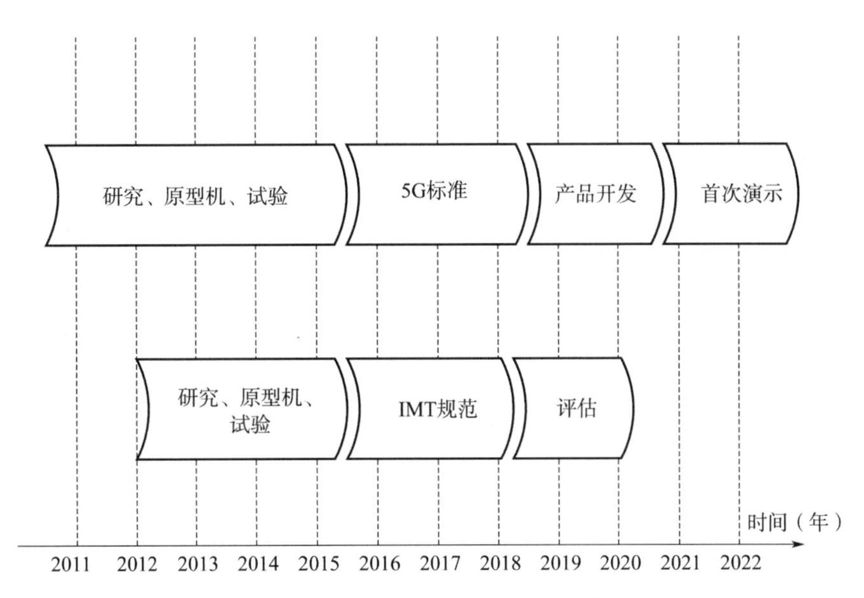

图 4－8　5G 标准化及产业化路线图

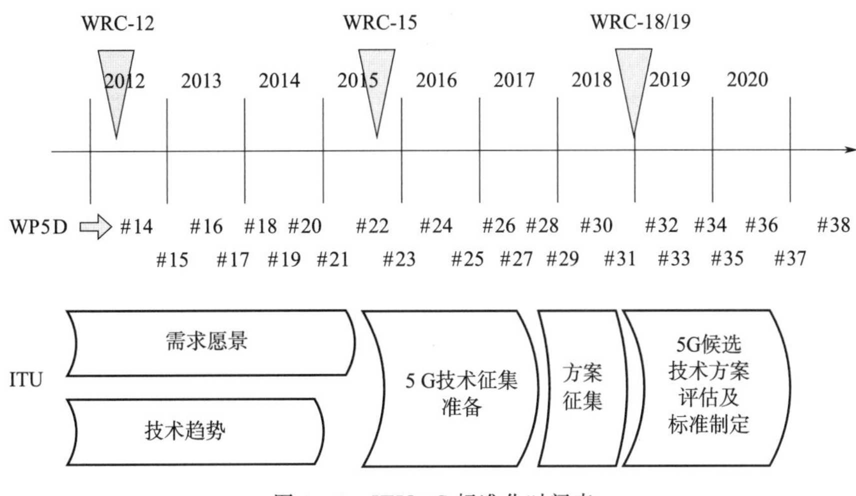

图 4－9　ITU 5G 标准化时间表

议上，提交详尽的技术规范文档。

NGMN 是于 2006 年在英国由七大运营商（中国移动、NTTDoCoMo、沃达丰、Orange、SprintNextel、T－Mobile、KPN）发起成立的一个机构，也是一个以市场为导向的、旨在推动下一代网络技术发展的开放技术标准平台。NGMN 于 2015 年 2 月发布了其关于 5G 的白皮书，展示了其对于 5G 的展望和发展路标，如图 4－12 所示。

4.2.2.4　5G 关键技术

有限的网络传送能力和日益增长的业务流量预测之间的差距，推动着学界和产业界积极探索对网络进行重新设计来支持额外流量需求。5G 将致力于提供大数据带宽、无线组

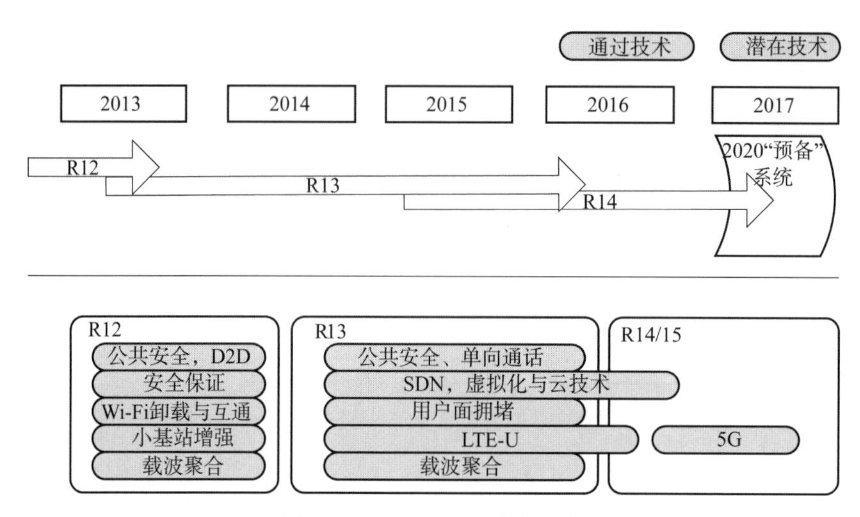

图 4-10　3GPP 5G 研究内容

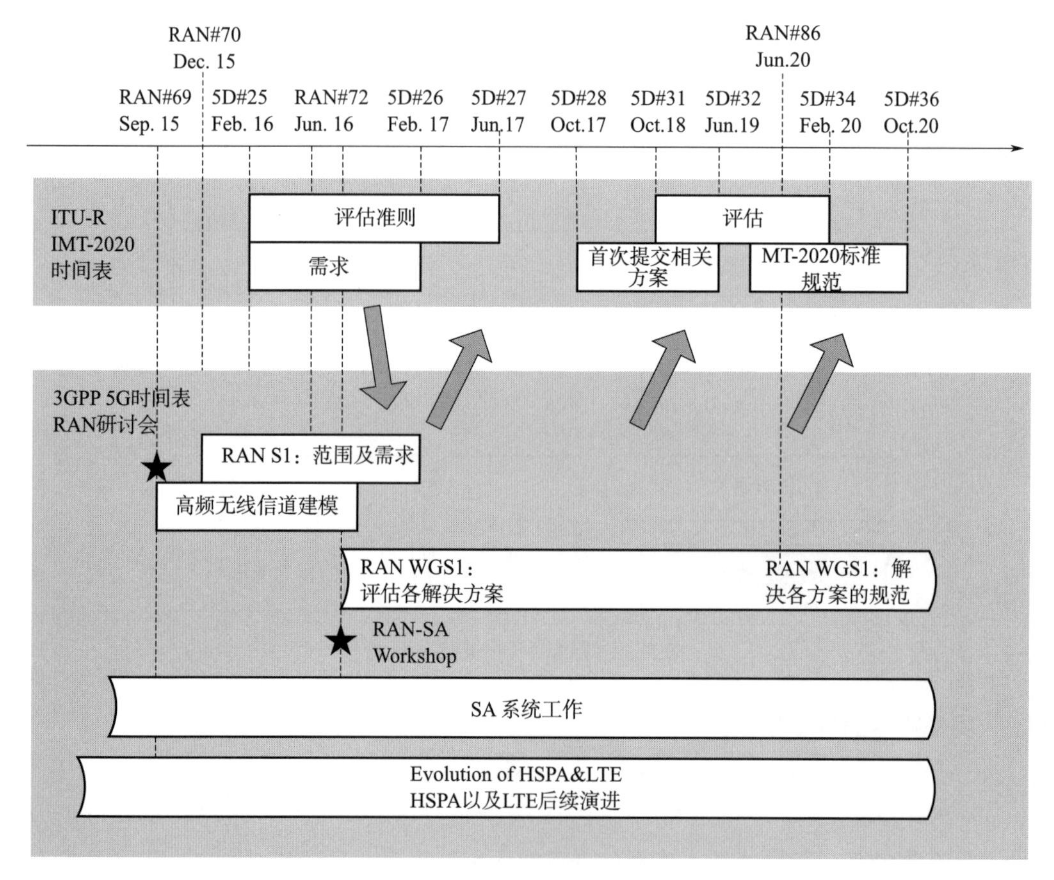

图 4-11　3GPP 5G 标准化时间表

网能力和信号增强覆盖，以及高质量的个性化用户服务。为了实现这一目标，5G 将创新性地整合多种先进技术，如图 4-13 所示。

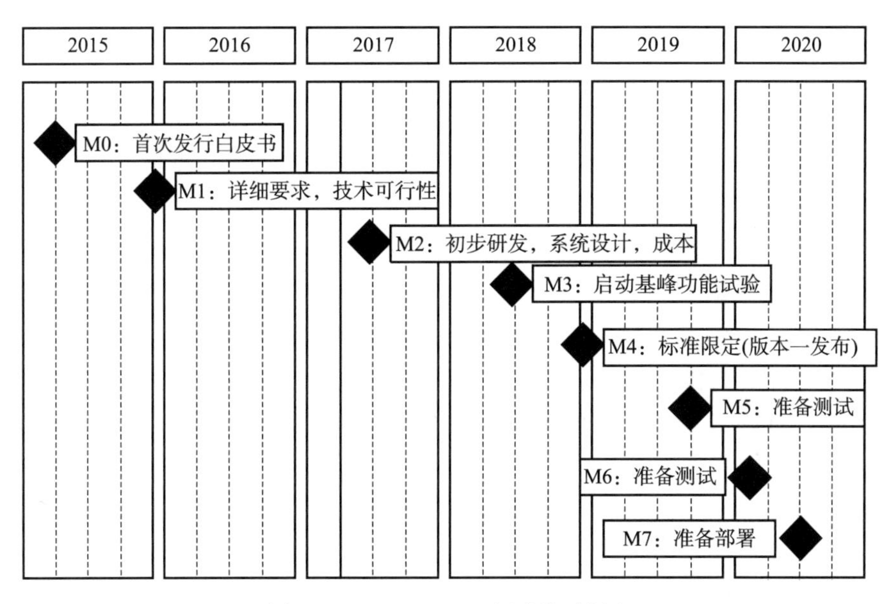

图 4 - 12　NGMN 5G 标准化时间表

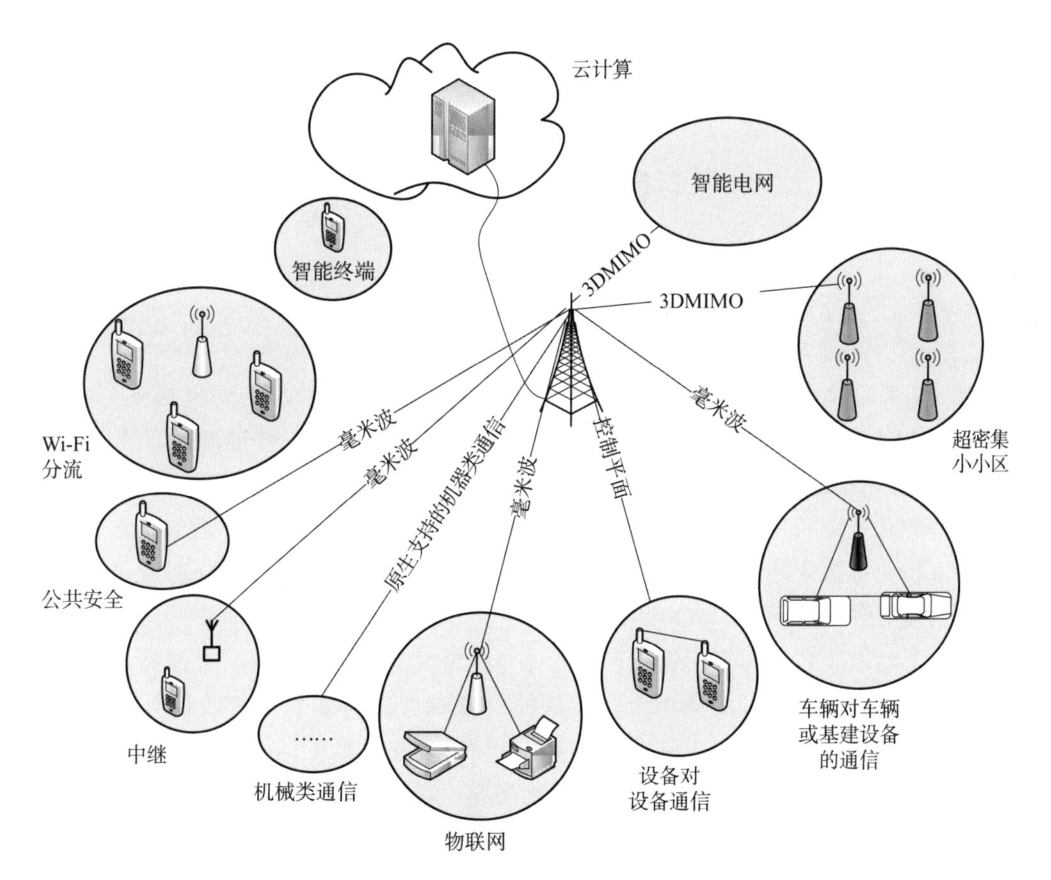

图 4 - 13　5G 的关键技术

（1）无线传输技术

传统的移动通信技术升级换代都是以多址技术为主线，从 1G 的 FDMA、2G 的 TDMA、3G 的 CDMA，到 4G 的 OFDMA，这些多址技术的共性特征是正交，不同用户使用相互正交的传输资源，彼此间没有相互干扰，这些多址技术均可称之为正交多址技术（OMA）。如图 4-14 所示，为了得到更高的峰值速率和频谱效率，5G 系统将采用新型多址接入复用方式，称之为非正交多址接入（NOMA）。在 OMA 中，只能为一个用户分配单一的无线资源，例如按频率分割或按时间分割，而 NOMA 方式可将一个资源分配给多个用户。与 OMA 相比，NOMA 在发送端采用非正交发送，主动引入干扰信息，在接收端通过串行干扰删除技术实现正确解调，虽然接收机复杂度有所提升，但可以获得更高的频谱效率，即：NOMA 的基本思想是利用复杂的接收机设计来换取更高的频谱效率。基于 NOMA 的 5G 无线传输技术创新将更加丰富，包括：新型双工技术、新型多载波技术、新型调制编码技术、毫米波技术、大规模天线技术等。

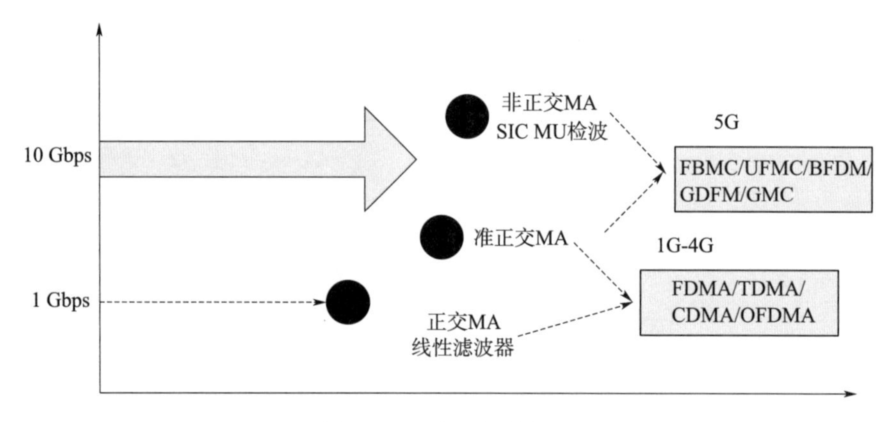

图 4-14　多址技术发展

围绕 5G 新的业务需求，业界提出了多种新型多载波技术，主要包括 F-OFDM、UFMC、FBMC、GFDM 等。这些技术主要使用滤波技术，降低频谱泄露，提高频谱效率。传统 LTE 系统的双工方式主要为 FDD 和 TDD 两种模式，其不足之处为：1）不能灵活地调整资源，资源利用率不高；2）难以满足 5G 的业务需求。未来移动流量将呈现多变特性，上下行业务需求随时间、地点而变化，现有系统固定的时频资源分配方式无法满足不断变化的业务需求。因此，5G 中提出了一些新型双工技术：同频全双工、灵活双工技术。其中：灵活双工技术，可根据上下行业务变化情况动态分配资源，以提高系统资源利用率；全双工技术，在相同的频谱上，通信的收发双方同时发射和接收信号，与传统的 TDD 和 FDD 双工方式相比，从理论上可使空口频谱效率提高 1 倍，但是需要具备极高的干扰消除能力，同时还存在相邻小区同频干扰问题，在多天线及组网场景下，全双工技术的应用难度更大。5G 中的调制编码技术发展的方向主要有两个：1）降低能耗；2）改进调制编码方法或提出新的调制编码方案，包括链路级调制编码、链路自适应、网络编码等。

传统 3 GHz 以下的频谱资源已逐渐被占用，且现有无线接入技术已逐渐接近了 Shannon 容量极限，使得厘米波和毫米波通信日益引起业界的关注。目前，5G 中主要研究 30～100 GHz 频段、3～10 mm 波长的毫米波技术，研究大多集中在几个“大气窗口频率”（35 GHz、45 GHz、94 GHz、140 GHz、220 GHz 频段）和 3 个“衰减峰”频率（60 GHz、120 GHz、180 GHz）上。5G 候选频段包括：28 GHz、38 GHz、45 GHz、60 GHz 和 72 GHz 等，除了 60 GHz 频段，其他都处于或接近大气窗口。5G 毫米波通信的主要优势包括：1）频谱资源丰富、可用频谱较多，如：在 60 GHz 频段就有 9 GHz 的非授权频谱，超大带宽的无线管道为新一代宽带移动通信奠定了应用基础；2）较小的天线尺寸（波长的一半）和天线间隔（波长的一半），使得数十根天线可被放置在 1 cm^2 空间内，从而在基站和终端侧均可在相对较小的空间里获得较大的波束赋形增益；3）结合智能相控阵天线，可充分利用无线信道的空间自由度（通过空分多址），从而提升系统容量；4）当移动至基站附近时，可自适应地调整波束赋形的权重使得天线波束总是指向基站。与之对应，其主要劣势有：1）通信频段高，使得路径传播损耗、植被损耗、降雨损耗和由建筑物引起的穿透损耗较大，不利于服务室内用户；2）电磁波趋向于视距（LOS）方向上传播，使得无线链路易被移动物体或行人等遮挡物影响。

大规模天线技术，作为 5G 系统最重要的物理层技术之一，是应对无线数据业务爆发式增长挑战的主要技术，能够很好地契合未来移动通信系统对频谱利用率与用户数量的巨大需求。目前，4G 中支持的多天线技术仅仅支持最大 8 端口的水平维度波束赋形技术，还有较大潜力可进一步大幅提升系统容量。Massive MIMO 和 3D MIMO 是下一代无线通信中 MIMO 演进的最主要的两种候选技术，前者主要特征是天线数目的大量增加，后者主要特征是在垂直维度和水平维度均具有很好的波束赋形的能力，二者研究的侧重点不一样，但在实际场景中往往会结合使用，存在一定的耦合性。3D MIMO 可算作是 Massive MIMO 的一种，因为随着天线数目的增多，3D 化是必然的。因此，二者可以看做是一种技术，在 3GPP 中称之为全维度 MIMO（FD - MIMO）。与传统的 2D MIMO 相比，3D MIMO 在其基础上，在垂直维度上增加了一维可利用的维度，对这一维度的信道信息加以有效利用，可以有效抑制小区间同频用户的干扰，从而提升边缘用户的性能乃至整个小区的平均吞吐量。

未来的 5G 网络与 4G 相比，网络架构将向更加扁平化的方向发展，控制和转发功能进一步分离，网络可以根据业务的需求灵活动态地组网，从而使网络的整体效率得到进一步提升。因此，5G 无线传输技术，不仅要提供更高的频谱效率、获得更高的传输速率和更可靠的通信质量，还要能够满足 5G 异构密集蜂窝部署的网络需求。

（2）密集蜂窝组网技术

面对全球指数级增长的移动数据业务，5G 系统的部署将遇到新的挑战，如：数据速率、移动性支持、体验质量（Quality of Experience，QoE）等。这种情况下，要获得“1000 倍容量增长”，需要网络在提供更快速、更经济高效的数据连接的同时最小化部署成本，即：为了满足预计的数据需求，将需要更多的频谱、更高的频率效率（bps/Hz/小区)、更高的小区密集度（每 km^2 中更多的小小区数量）。同时，新的基础设施（如：家庭基站或超微蜂窝基站、固定或移动中继)、认知无线电和分布式天线的大规模部署，使得未来的5G蜂窝系统和网络更加多样化。在新型的网络环境中，减小小区尺寸可使网络更靠近终端，从而提升网络能效并进一步缩小无线链路的功耗，因此，高密度小小区的部署、增强的小区间干扰管理技术及干扰消除技术的应用，将对5G系统的顺利商用打下良好的基础。

严格意义上的小小区的定义，指工作在授权频段上的低功率无线接入点。广义上讲，尽管密集部署在基于无线局域网（Wireless Local Area Networks，WLANs）的IEEE 802.11网络工作在非授权频段，且不确定是否在运营商或服务提供商的管控之下，但它们也可以归为小小区的范围内。现已成熟的LTE（Long - Term Evolution）网络中的小小区往往也包含了某些WiFi的功能。小小区增强是LTE R12版本的焦点议题，并且引入了新载波类型（也称为瘦载波）进行辅助。其基本原理是：通过宏小区提供更高效的控制面功能，通过小小区提供高容量和高频谱效率的数据面功能。

小小区的类型多种多样，从尺寸和发射功率最小的家庭基站到最大的微基站等，如表4-4所示。到目前为止，小小区部署主要集中在：1）扩展覆盖、数据分流、室内（住宅、公司）环境的信号渗透；2）通过室外和公共区域的小小区部署，解决密集城区中的业务阻塞和更高的QoE需求。当前小小区部署的重点在于：有效增强覆盖、数据分流和室内（居民、办公）环境的信号渗透。在美国和韩国，业务拥塞和密集城区对更高QoE的需求已经推动室外或公共小小区的部署，将广域覆盖区域内的密集部署小小区推向了一个新的阶段。

表4-4 小小区的类型

类型	典型部署	同时支持的用户个数	典型功率大小		覆盖区域
			室内	室外	
Femto	主要是住宅和公司场景	家庭4～8用户 公司16～32用户	10～100 mW	0.2～1 W	数十米
Pico	公共区域(室内室外:机场，购物中心,火车站)	64～128用户	100～250 mW	1～5 W	数十米
Micro	填补宏蜂窝覆盖空洞的城市区域	128～256用户	—	5～10 W	几百米
Metro	填补宏蜂窝覆盖空洞的城市区域	＞250用户	—	10～20 W	数百米
WiFi	住宅,办公室,公司环境	＜50用户	20～100 mW	0.2～1 W	小于数十米

干扰管理，是部署小小区中被讨论的最多和最广泛的技术挑战。面临室内小区干扰，4G系统引入并使用了小区间干扰协调（Inter - Cell Interference Coordination，ICIC）和增强的小区间干扰协调（Enhanced Inter - Cell Interference Coordination，EICIC）等技术。

网络密集化，是满足剧增的网络容量需求的主要方法之一，既可以通过小小区的密集部署来实现，也可以通过大规模MIMO或分布式天线系统（Distributed Antenna System,

DAS）等多天线系统实现。大规模 MIMO 是一种基于大规模天线阵列的多用户 MIMO，通过在站点中部署大量的天线单元来实现网络密集化，即：使用集中部署的多根天线（最多可以达到几百根）在相同时频上同时服务/空分复用多个用户。由于阵列孔径随着天线个数的增加而变大，阵列分辨率也会增加，这样可以有效地把发送功率集中到目标接收机，因此发送功率可以非常小，从而显著地减小（甚至完全消除）小区内和小区间干扰。

（3）异构虚拟网络技术

由于移动设备密度的增加和典型都市环境中各种无线技术的共存，在 4G 之后的下一代网络需要一种新的架构样式：异构网络（Heterogeneous Networks，HetNets）。HetNets 的基础是不同无线接入技术之间的无缝融合和互操作，目的是在运营商和用户两方面都可以提高系统性能和能量效率。小小区是异构网络的重要组成部分，其目标是提供更高的容量、增加频谱效率和改善用户体验，同时减少传输数据的每比特成本。然而，HetNets 的范围不仅包括小小区，也包括多重网络架构、多层级和多无线接入技术（Radio Access Technology，RAT）。HetNets 可以用来证明不同的通信技术（如：长距离、中距离、短距离）之间不是只有相互竞争的关系，它们也可以协同工作来减少运营商的能耗，同时为用户提供更好的服务质量（Quality of Service，QoS）和 QoE。因此，新一代宽带移动通信系统的演进需要部署基于分布式协作节点的异构密集网络。

传统蜂窝通信仍以集中管理的点到点通信架构为主导架构，为了最大化下行数据可用性、减轻网络侧传输负担，移动台到移动台、设备到设备（M2M、D2D）协作通信方式被采用：基于上下文组网方法的引入和发展，形成了超越 D2D 的所谓“设备—云”的通信模式，开启了云服务领域的新机会，也使得 5G 网络架构进一步走向分布式协作。云，是一个一般化的概念，表征互联网和云计算，通过将更多丰富的内容布置在云端，使客户端设备（PC、服务器、手机）变得轻量化。图 4－15 所示的抽象模型，将有助于服务提供商克服当前业务容量需求不断增长的压力，无须添加物理设备，仍然依靠共享的、虚拟化及分布的组网、计算处理和存储资源池来实现扩容，分布式部署在不同地理位置数据中心的云资源增加了网络冗余度和额外的服务扩展能力。

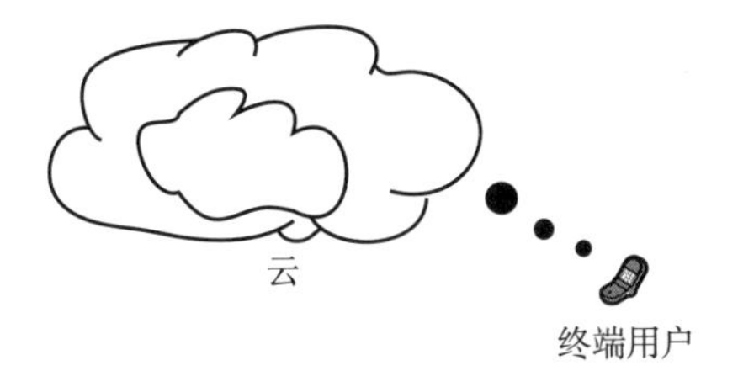

图 4－15　概要级云服务概念

如果说云服务的引入，将实现不同模型虚拟地部署在互联网上：那么加速引入软件定义网络（SDN）和网络功能虚拟化（NFV）技术，将为网络提供更大的灵活性和快速反应。SDN 技术要求将网络控制平面与数据平面解耦，使得通过控制与数据平面的逻辑分离、进而利用软件编程来动态重配置网络转发行为成为可能；NFV 技术实现多种不同逻辑网络功能的实例化，并使之运行在通用共享的物理基础设施之上，使得网络和服务运营商能够充分挖掘组网和处理资源池化的潜力，以虚拟化的方式创建所需的底层基础设施资源，而不需要部署物理的网络和服务器基础设施。

在 NFV 中，存储、处理业务的网络支持超出了现有云计算能力供应的范畴，从事实上将虚拟化的网络功能扩展到了网络边缘。为此，需要实现网络功能的软件化，并能够独立于底层服务器硬件运行，如图 4-16 所示。首先，在物理资源层，网络运营商出租自身的组网、计算和内存资源，这些硬件资源是一堆无组织、原始的计算和网络实体的聚合；接着，在虚拟基础层，通过资源预留接口，硬件资源可以通过虚拟化执行环境和对应的逻辑命令被请求，进而被映射到相应的物理设备，从而使得硬件资源可以逻辑地聚合成一台或几台虚拟机（用于功能存储和操作的虚拟计算实体）和虚拟网络（按不同路由和业务策略组织的虚拟机间所需的结构化的连接）；然后，在网络虚拟化功能层，通过虚拟化接口允许在虚拟机上部署不同的虚拟化功能。最后，运营商的核心硬件可以在名义上虚拟化成用于计算处理和组网的逻辑结构，不同的业务和功能都可以是虚拟化的。

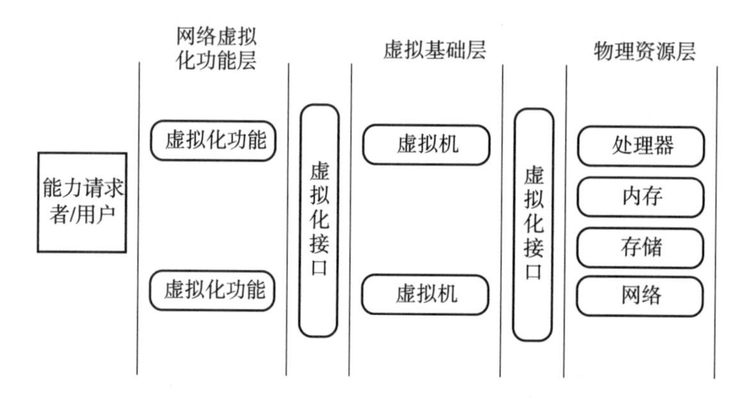

图 4-16 NFV 的基本概念

5G 多样化的业务场景对网络功能提出了多样化的需求，要求 5G 核心网应具备面向业务场景的适配能力，要求针对每种 5G 业务场景，能够提供恰到好处的网络控制功能和性能保证，从而实现按需组网的目标，网络切片技术是按需组网的一种实现方式，如图 4-17 所示。网络切片，是利用虚拟化技术将网络物理基础设施根据场景需求虚拟化为多个相互独立平行的虚拟子网络。每个网络切片按照业务场景的需要和话务模型进行网络功能的定制裁剪，以及相应网络资源的编排管理。一个网络切片可以看做是是一个实例化的 5G 核心网架构，运营商可在一个网络切片内进一步对虚拟资源进行灵活分割，并按需创建子网络。网络编排功能，实现对网络切片的创建、管理和撤销。运营商首先根据业务场景需求生成网络切片模板，切片模板包括了该业务场景所需的网络功能模块、各网络功能模块之间的接口，以及这些功能模块所需的网络资源，然后网络编排功能根据该切片模板申请网络资源，并在申请到的资源上进行实例化创建虚拟网络功能模块和接口。基于网络切片的按需组网，改变了传统网络规划、部署和运营维护模式，对 5G 网络的发展规划和运维提出了新的技术要求。

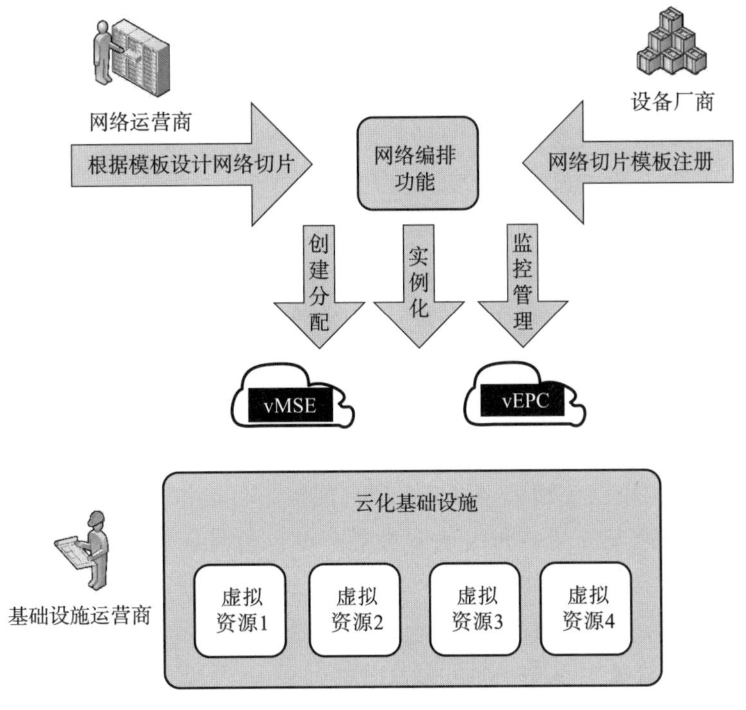

图 4-17　网络切片

网络异构融合、云化、虚拟化的趋势，使得未来通信网络基础设施不仅包括了传感网、互联网、热点、无线、核心网等，还将聚合更多的能力来满足极大增长的业务能力和宽带的要求；使得未来的互联网将不仅仅包括网络、云、存储、设备等，还将是智能应用、服务、交互、体验和数据的执行环境；也使得网络设计方案更节能，网络管理自组织更强，实现网内组网和基础设施共享的虚拟化技术和移动云计算需要的更全面的研究。

（4）自组织网络技术

目前，接近 80%的无线流量产生于室内，需要在家庭和小办公室区域中部署大量高密度的小小区，这意味着其安装和维护主要由用户而不是运营商完成。这些室内的小小区必须可自行配置，从而实现即插即用的安装。此外，需要通过自组织网络使小小区可自适应地最小化与邻区的小区间干扰（如：小小区可自治地与网络同步并智能调整其无线覆盖范围）。因此，随着小小区数量的增加，自组织网络能力成为 5G 的另一个重要组成部分。

自组织网络（Self-Organizing Network，SON），让网络以最少的人工介入来最小化网络运营开销，也让不同运营商的不同无线传输系统的共存需求得以实现。为了最小化系统部署、运营和维护成本，SON 最初作为 3GPP R8 的一系列内置属性提出。传统的 SON 方法使用配置管理（Configuration Management，CM）、性能管理（Performance Management，PM）数据，偶尔使用错误管理（Fault Management，FM），所有的这些都需要很多的处理过程，并且需要多个设备商的部署统一，或者针对跟踪信息进行大量的整理和解释，才能获得 SON 的决策值。在 5G 网络中，对 SON 的实现提出了一些新的要求：1）小小区和分簇技术被看作标准用例，在基于演进的小小区场景中，必须使用 SON

的自动干扰控制和负载均衡算法；2）5G 对 QoE 有着较高要求，要求 SON 能够快速执行网络感知、网络健康检查、算法处理和网络调整等过程，且需要一种更加分布式的 SON 方法，在小区簇和簇之间实现 SON 信息的收集和管理，使得 SON 算法可以在本地及时地被执行；3）5G 中的网络将变得更加分散，需要更多地从设备和用户的角度设计 SON 算法，从而使得网络行为更加符合用户满意度的需求。因此，随着 5G 新场景的出现，需要通过具有不同复杂度、容量和配置的宏小区和小小区来构建复杂的异构网络，SON 技术将不再仅仅是参与，而是一种强制性的需求，并将支持动态感知、接入和调整网络，以自动化的方式提供 5G 无缝的无线传输体验。3GPP 在 R12/R13 中提出的 SON 架构，可以解决不同 RAT 和网络层之间诸如乒乓切换这类的问题，而且可演进到一个更通用的混合 SON 系统，进而实现负载均衡、高能效、稳定、多设备商支持、自配置（即插即用）等能力。

移动运营商理想中的 5G 网络，可以实现自配置、自运作及自优化，可以在没有技术专家协助的情况下快速安装基站和快速配置基站运行所需参数，可以快速且自动发现邻区，可以在网络出现故障后自动实现重配置、可以根据无线信道的时变特性自动优化空口上的无线参数等。为了在 5G 系统中可以让用户随时随地地无缝接入互联网并体验看似无限的带宽资源，不可避免地需要一种更高复杂度的 SON 系统，该系统不仅需要提供基础的模块化功能，还需要以动态化的方式对这些功能进行收集、监控和管理，表 4－5 给出了为了实现灵活演进的 5GSON 架构体系所需要的功能和特性。

表 4－5　5G SON 演进需求

5G SON 架构需求	状态
标准化与网络中可用无线技术之间的 SON 3GPP 信息服务	在 3GPP 中推进，替代 LTE 并且需要适应 5G 无线接口
在网络设备提供商之间采用一致的 SON 3GPP 信息服务	需要演进，但是需要运营商在信息请求和报价请求等正常的采购流程中提供更多的支持
建立虚拟化的 SON 架构，使其更加公开、灵活、可升级、可拓展，即虚拟 SON	新内容
标准化 SON 应用、功能和算法的基本可用数据	新内容
使用 SON 的基本指令来增加、拓展和演进 SON 算法，结合其他可用数据：UE 数据（应用、网络、移动）、云采集信息（社交网络、交通、新闻、天气）	新内容
支持 V－SON 和网络功能虚拟化和软件定义网络之间互操作	新内容，可作为 SDN/NFV 研究的拓展
在基站/小小区中或附近部署虚拟机用于安装自配置和自优化的 V－SON 软件	新内容，可根据 SDN/NFV 的原理进行演进
定义通用 Metadata 协议，使得 V－SON 和其他 V－X 软件可以交换那些符合 SON 基本集合的 SON 原始和采集的数据	新内容
使用上面描述的 Metadata 方法把用户上下文 Metadata 传递到 SON 算法中，用来预测需求和优化	积极的研究

（5）协作通信技术

在 4G 演进无线技术中，低功耗的微基站（如：femto、pico、WiFi）被部署在宏基站（LTE、WiMAX）的覆盖范围之内，将业务负载分散到不同的基站中以获得更好的资源利用率的同时，利用低功率短距离的无线链路进一步提高网络能量效率，这种宏小区里的中、短距离通信形式进一步引出了节点协作的概念。在此背景下，协作通信在过去 10 年间受到了广泛的关注。

放大转发中继（Amplify - and - Forward，AF）和解码转发中继（Decode - and - Forward，DF）是协作通信中两种最主要的技术。其中 AF 是指中继节点只是把从源节点接收到的信息进行放大后转发到目的节点，被认为是协作通信中最简单的方式；DF 是指允许中继节点对接收到的信息进行解码，然后再转发到目的节点，这种策略提供给中继节点的解码转发能力对于 5G 传输中的协作自适应重传请求（Automatic Repeatre Quest，ARQ）尤为重要，此时若目的节点处发生数据接收失败，则已经正确接收原始信息的相邻中继节点会进行重传。另外，数据交换和双向通信也促进了新技术的产生，如：网络编码（Network Coding，NC）。不同于现有的信源编码、信道编码以及丢包/误包编码策略，NC 不仅限于端到端通信，其应用可以贯穿整个网络，数据恢复不再依赖于分组时延或接口连接丢失，而是依赖于能否接收足够的分组：同时，虽然 NC 通常采用 DF 策略在中继节点中解码和重编码数据，但是产生新编码分组的中间节点不需要对原有数据进行解码，甚至有限的分组线性子集也能进行编码，这样中间节点可以根据网络条件和拓扑发送分组组合，从而使得系统动态性更高、健壮性更好。

由于在 5G 系统中，多种无线接入共存且它们之间需要紧密的协作以保持其各自的优势，因此尽管协作通信技术已经在 4G 系统中广泛研究并应用，在 5G 系统中仍然需要联合考虑物理层和高层协议栈间的跨层优化设计，并且把协作通信技术应用到新的场景去解决新需求和新问题。

（6）M2M/D2D 通信技术

机器间通信（Machine to Machine，M2M），是一类新出现的应用，其一端或双端的用户均为机器。机器类通信将给网络带来两项主要挑战：1）需要连接的设备数量机器巨大；2）需要通过网络对移动设备进行实时和远程的控制。目前，业界对 M2M 的重点研究内容主要包括：1）分层调制技术；2）小数据包编码技术；3）网络接入和拥塞控制技术；4）频谱自适应技术；5）多址技术；6）异步通信技术；7）高效调制技术。

终端直通技术（Device to Device，D2D），是指邻近的终端可以在近距离范围内通过直连链路进行数据传输的方式，不需要通过中心节点（如：基站）进行转发。D2D 技术本身的短距离通信特点和直接通信方式，使其具有如下优势：1）较高的数据速率、较低的时延和功耗；2）可实现频谱资源的有效利用，获得资源空分复用增益；3）能够适应无线 P2P 等业务的本地数据共享需求，提供具有灵活适应能力的数据服务；4）能够利用网络中数量庞大且分布广泛的通信终端以扩展网络的覆盖范围。D2D 技术在实际应用中，将主要面临如下几方面的问题：1）链路建立概率较低；2）资源调度的复杂性和对复用系统小区用户的干扰等；3）实时性、可靠性及安全性。对 D2D 技术进行扩展，即为多用户间协同/合作通信技术（Multiple Users Cooperative Communication，MUCC），是指终端和基站之间的通信，可以通过其他终端进行转发的通信方式。因此，在未来的 5G 系统中，D2D 通信关键技术必然将以具有传统的蜂窝网不可比拟的优势，在实现大幅度的无线数据流量增长、功耗降低、实时性和可靠性增强等方面，起到不可忽视的作用。

5G 是面向以物为主的通信，包括车联网、物联网、新型智能终端、智慧城市等，物联网和车联网都是 M2M/D2D 技术发展的主要驱动力，为 5G 提供了广阔的应用前景。物联网（Internet of Things，IoT），是新一代信息技术的重要组成部分。作为物物相连的互联网，通过智能感知、识别技术与普适计算等通信感知技术，应用于 5G 网络的融合中。车联网（Internet of Vehicles，IoV），是由车辆位置、速度和路线等信息构成的信息交互网络。作为车车相连的互联网，通过 GPS、RFID、传感器、摄像头图像处理等装置，车辆可以完成自身环境和状态信息的采集：通过互联网技术，所有车辆可以将自身的各种信息传输汇聚到中央处理器；通过计算机技术，车辆的信息可以被分析和处理，从而计算出不同车辆的最佳路线、及时汇报路况和安排信号灯周期。自动驾驶，则是对车联网技术进一步的深入应用。由于车联网对安全性和可靠性的要求非常高，因此 5G 在提供高速通信的同时，还需要满足高可靠性的要求。

（7）其他

除了优化无线接入网外，5G 系统设计还包括以下几方面的考虑：1）重新设计回传链路以应对不断增长的小小区数量和用户流量；2）考虑提升能量效率的新方法、设计高能效的宽带移动通信系统，将有利于延长终端的电池寿命；3）将云计算用于无线接入网，通过虚拟的资源池管理用户，通过云使应用更靠近用户，从而减少通信时延，进而支持时延敏感的实时控制类应用；4）通过网络虚拟化从核心网向无线接入网的推进，使得多个运营商能够共享无线网络设施、降低资本性支出（Capex）和运维支出（Opex），使得有线网和无线网有效聚合，从而提升网络效率。

移动通信系统经历了第一代模拟蜂窝通信系统、第二代数字蜂窝通信系统、第三代宽带移动多媒体通信系统、第四代宽带接入和分布网络通信系统，现在正在向着第五代移动通信系统不断演进发展。虽然 5G 的关键技术和标准还不确定，但 5G 的需求和愿景是明确的，各厂商、运营商等正在对 5G 进行积极的研究和推进。相信随着 5G 技术的发展成熟和 5G 网络在将来逐渐规模化商用和普遍部署，人们实现“无处不在，万物互联”的未来移动通信愿景将变成可能，无人驾驶、车联网、移动高清视频通信等以超高速率、高可靠性通信为基础的新技术将逐渐普及，将给人们的生活带来极大的便利，同时也会极大地改变人们的生活方式。

4.2.2.5　5G 网络安全

（1）5G 安全非常严峻

无线网络的发展越来越重视网络安全，例如 2G 网络对空口的信令和数据进行了加密保护，并采用网络对用户的认证，但没有用户对网络的认证；而 3G 采用网络和用户的双向认证，3G 空口不仅进行加密而且还增加了完整性保护，核心网也有了安全保护；4G 不仅采用双向认证，而且使用独立的密钥保护不同层面（接入层和非接入层）的数据和信令，同时核心网也有网络域的安全保护。

尽管如此，由于电磁波开放式传播造成的无线链路的脆弱性，移动通信系统的安全性问题依然非常突出。随着 5G 将人与人的通信，扩展到人与机器、机器与机器的通信，5G 面临的安全威胁更加广泛而复杂，不仅面临传统安全威胁，而且面临功能强大的海量智能终端、多种异构无线网络的融合互通、更加开放的网络架构和更加丰富的 5G 业务等带来的新安全威胁。

(2) 5G 安全解决方案

5G 安全架构，可以从物理层安全、网络域安全去考虑，制定合理的 5G 安全解决方案。

(a) 物理层安全技术

其中物理层安全是从根本上解决无线通信的安全问题，在保证用户通信质量的同时防止信息被潜在的窃听者截获。传统的物理层安全采用两类方法：一类是采用信源加密来避免信息泄露；另一类是采用序列扩频/跳频、超宽带等调制解调技术，提高信号传输的隐蔽性和信息还原的复杂度。这两类技术一旦密钥或者调制解调参数被破解，则防护机制形同虚设。近来，利用无线信道在空时频域具有明显的多样性、时变性，设计安全传输方法成为近年来无线通信安全的研究热点。如 MassiveMIMO（大规模天线阵列）使得信道差异的空间分用率更高，高频段使得信道差异对位置更加敏感，丰富了信道特征的多样性和时变性。TDD 模式下信道的互易特性更加明显，且通信双方的信道特征具有一定的私有性等，通过充分利用无线物理层传输特性，研究安全传输、密钥生成、加密算法和接入认证技术，可以显著提升无线传输安全等级，增加黑客攻击的难度。

(b) 网络域安全机制

5G 的网络域安全，需要在终端接入隧道保护机制，增强双向认证机制，统一的鉴权认证机制上进行研究。5G 的网络需要对终端接入的隧道进行防护，将用户接入与加密协商过程也进行加密保护，确保所有与用户身份信息相关的消息都进行加密，提高通信系统的安全性。此外，为解决目前突出的伪基站问题，防止伪终端“透明转发”的攻击，需要将认证数据和无线传输链路进行强绑定，实现终端和核心网，以及终端和接入网之间的双向认证增强机制。由于 5G 是一种多接入多制式的网络系统，必然会引起密钥切换、算法协商问题，因此可能有多套接入认证系统，导致接入认证机制和加密算法各有不同，使得接入安全存在短板，就有必要在 5G 中采用与无线接入无关的统一接入认证机制。

4.2.3　6G 移动通信发展趋势初探

4.2.3.1　6G 愿景与挑战

(1) 进一步增强的移动宽带（FEMBB）

eMBB 代表着传统 LTE 的持续发展，传统 LTE 在有限的应用中实现了移动宽带。

eMBB 的速度是 4G 中的千兆位。在 5G 中，eMBB 得到了极大的增强。此外，据预测，包括 3D 扩展现实功能、3D 多媒体、IoE 在内的一系列激动人心的沉浸式应用程序将通过高质量的服务实现，这些服务的峰值将达到数十 Gbps。因此，6G 移动宽带速度必须进一步提高，超越 5G 的限制，并在 Tbps 级别提供移动宽带数据速率峰值。此外，由于最终用户将使用更多的高清内容，他们的移动数据速率也应提高到 Gbps 水平。

（2）地面无线与卫星通信集成的全连接世界

迈向太赫兹是为了不断提升网络容量和速率，但移动通信还有一个更伟大的目标——缩小数字鸿沟，实现无处不在、永远在线的全球网络覆盖。5G 是一个万物智联的世界，车联网、远程医疗等应用需要一个几乎无盲点的全覆盖网络，但“全覆盖”的目标不可能一蹴而就，将在 6G 时代得到更好的完善和补充。

（3）超大规模机器式通信

在 IoE 革命中，5G 通信有望支持数十亿设备的大规模机器式通信。连接和传输数据的能力高达每平方公里 100 万个传感器。此外，研究表明，IoE 世界中的物联网设备及其连通性将颠覆机器式通信的规模。令人惊讶的是，在 IoE 架构中，一万亿个传感器和执行器将被自动化，以来回发送数据。在如此大规模的网络中，当前的机器型通信体系结构将无法满足有效和高效的连接。然而，超过 5G 和/或 6G 的网络可能需要 umMTC 体系结构，该体系结构可以支持到大规模网络的可靠连接，例如万亿设备。因此，由于 IoE 新概念的普及，6G 中的连接密度将进一步提高。

（4）极低功耗通信

支持 Internet 的资源受限对象正在迅速增加，这些对象需要能够自供电的高效硬件。然而，研究表明，传统设备与大规模天线阵列（如 MIMO）集成，这将不可避免地带来高功耗。在 5G 网络中，有几种技术可用于促进 5G 通信网络的低功耗通信。例如，后向散射通信、模拟/数字混合预编码、基于透镜的波束域传输技术、稀疏阵列和稀疏射频链路设计。然而，这些方法可能无法完全控制环境问题，例如无线通信的性质，并且可能会消耗更多的功率。因此，6G 通信必须在保持高速传输的同时降低能耗。

（5）高频谱效率

6G 网络中的设备或智能对象数量将增长数倍。具体而言，在给定的立方米范围内，有数千个智能设备，包括机器、设备、传感器等。然而，诸如全息内容之类的超高清晰度视频流将需要毫米波频谱可能不支持的高带宽频谱。这将对区域效率造成难以管理的干扰，大量设备可能无法正确连接到当前网络。基于 THz 频段的新型网络将满足 THz 频段的应用需求，如 6G 频段将引领 THz 频段的应用。

（6）人工智能辅助极限通信

在未来的二十到三十年中，人工智能将渗透到通信的各个方面，并将大量用于通信目的。在这里，我们提出了一个术语 AI 辅助极限通信（AEC）。然而，到目前为止，4/5G 网络将无法处理如此大规模的设备、应用、异构标准和非标准实践、不同的利益相关者等。因此，6G 必须要求这样的 AEC。

4.2.3.2　6G 应用场景展望

6G 未来将以 5G 提出的三大应用场景（大带宽，海量连接，超低延迟）为基础，不断通过技术创新来提升性能和优化体验，并且进一步将服务的边界从物理世界延拓至虚拟世界，在人—机—物—境完美协作的基础上，探索新的应用场景、新的业务形态和新的商业模式。

（1）万物互联（Internet of Everything，IoE）

IoE 是物联网的扩展版本，包括物、数据、人员和流程。IoE 的主要概念是集成与“一切”相关的各种传感设备，以智能方式识别、监控状态和做出决策，创造新的前景。IoE 中的传感器能够获取许多参数，如速度、位置、光线、生物信号、压力和温度读数。这些传感器用于从医疗系统、智能城市、交通到工业领域的各种应用，以促进决策支持系统。

6G 有望成为 IoE 的关键使能器，有助于适应大规模机器型通信和传感器设备。6G 和 IoE 的集成将有助于改善与服务相关的物联网、医疗物联网、机器人、智能电网、智能城市、身体传感器网络和更多渠道。

还可以预测，IoE 和 6G 通信的融合将产生许多新的应用。然而，IoE 预计将依赖于 6G，因为它需要连接 N 个智能设备的能力，其中 N 个终端是可扩展的，可以达到数十亿。此外，IoE 还需要高数据速率来支持和促进 N 个具有低延迟的设备。因此，IoE 和 6G 一起可以促进业务流程，不仅可以创建大量数据，还可以通过改进和灵活的数据分析重新发明数字化。

（2）智能电网 2.0

智能电网 2.0 将智能决策系统与智能电表集成在一起，从而能够准确监控用电量。此外，智能电网 2.0 还包括检测停电、感知电能质量、需求响应和网络连接的目标，以满足不断增长的能源需求。

自智能电网开发开始以来，通信一直是挑战之一，因为需要连接大量设备，以便从远程位置监控电气设备。为了实现这种控制策略，系统需要高质量的传输、安全性和通信资源管理。为提供有效服务和可靠供电，需要检测和监控所有物理对象，如塔、变压器和其他组件。目前，5G 通信在设备数量有限的情况下满足了低延迟和高带宽的要求，以实现智能电网项目的商业化。然而，如果我们关注气候变化的多样化和影响，则需要 6G 通信系统来满足这一需求。例如，监测二氧化碳排放需要将传感器与机器学习等决策系统连接并集成，以便采取适当的负载平衡和分配措施。

（3）临场全息

HT 可以投射逼真的、全运动的、实时的远距离人和物体的三维（3D）图像，具有与物理存在相媲美的高逼真度。它可用于全动态、3D 视频会议和新闻广播或 TED. talk 类应用程序，在网络上传输的人和周围物体的压缩视频。随后，传输的信息在接收器端被解压缩，并借助激光束进行投影。HT 有助于将商务旅行成本降至最低，并允许人们同时出现在多个地点，而触觉和互动内容是吸引观众的关键因素。另一方面，在采用 HT 技术的道路上存在一些道路堵塞因素。超低延迟（1 ms）和 10 Gbps 的高数据速率是 5G 部分解决的一些核心挑战。对于完全沉浸式的不间断体验，需要6G，延迟为0.1 ms，数据速率为多Gbps。

(4) 无人机机动通信

无人机已广泛用于国防应用，如遥控飞机、无人驾驶飞机等。多年来，无人机在军事和民用领域的应用不断扩大。例如，无人机被提议用于救灾、农业植物保护、交通监控和环境探测。无人机预计也将成为未来无线技术（如6G）的一个重要模块，6G支持远程社区的高数据速率传输，这些社区面临地震、恐怖袭击等灾难情况，并且没有典型的蜂窝基础设施。与固定基础设施相比，无人机的主要特点是：易于部署、视线（LoS）连通性，最重要的是，可控制的机动性。无人机技术的快速发展将渗透到客运出租车、自动化物流和军事行动等新领域。随着6G和IoE的出现，研究人员探索了UAV to Everything（U2X）网络的使用，该网络通过将通信模式调整到其全部潜力来扩展传感应用的范例。将6G、IoE和无人机集成为U2X网络的关键挑战之一是无线资源管理的设计，以及实现无线资源管理的联合传输和传感协议。在应用方面，U2X网络最大的挑战是轨迹设计，这将是特定领域的。例如，客运出租车的轨道设计和蜂窝基础设施的提供将具有不同的动力，需要根据应用要求进行设计。

(5) 扩展现实XR

XR是一种新兴的沉浸式技术，融合了物理和虚拟世界，可穿戴设备和计算机在其中生成人机交互。AR、VR、MR、XR技术使用不同的传感器来收集有关位置、方向和加速度的数据。这需要强大的连接性、极高的数据速率、高分辨率和极低的延迟，而这正是6G的设想。

(6) 车辆自主互联

学术界和工业界对下一代交通系统，如自动驾驶、合作车辆网络、车辆互联网（IoV）、车辆自组网（VANET）、空对地网络和空地互联网络都产生了极大的兴趣。特别是，从这些与车辆相关的运营中受益的智能化未来车辆网络为未来6G智能运输系统（ITS）和智能V2X通信铺平了道路。CAV的出现是城市交通发生根本性转变的一个罕见的可能性。这样的创新可以促进城市的发展，使其更具生产力、更具可持续性和更环保。随着6G的出现，预计将有更多的公司投资于CAV，这必将在不久的将来带来真正的自主、可靠、安全和商业上可行的无人驾驶汽车。当这种情况发生时，新的生态系统将出现，如无司机出租车和无司机公共交通，这将使日常生活更加舒适。6G有望满足更严格的KPI，其中5G部分满足车辆通信的KPI，以释放CAV的全部容量，例如极高的可靠性、极低的延迟（0.1 ms）和极高的吞吐量。

(7) 工业5.0

工业5.0指的是人们与机器人和智能机器一起工作，为工业4.0的自动化和效率支柱增添了人性化的触感。与工业4.0类似，云/边缘计算、大数据、AI、6G和IoE预计将成为工业5.0的关键支持技术。特别是，工业5.0中的大量事物通过有线或无线技术连接起来，以提供各种应用程序和服务，这些应用程序和服务是通过云/边缘计算、大数据和人工智能的完全集成实现的。

（8）协作机器人

协作机器人（简称 COBOT）通过与人并肩工作直接与人协作。这些 COBOT 接管了繁琐、重复和危险的任务，以维护人类工人的健康和安全，并实现生产线的自动化。尽管 COBOT 可以提供各种好处，但在工业 5.0 中启用 COBOT 需要可靠性、安全性和信任的革命性解决方案。此外，COBOT 应该处理大量数据并实时做出决策，以支持新兴应用程序，但由于存储容量、计算和通信连接的限制，这在许多情况下并不实用。这项工作的动机是，处理单个源（如雷达、可穿戴设备和视觉设备）的数据效率不高，而多传感器融合技术可以在精度延迟权衡和人类合作机器人最小距离方面实现优异的性能。

（9）个性化身体区域网络

带有集成移动健康（mHealth）系统的身体区域网络（BAN）正朝着个性化健康监测和管理的方向发展。这种个性化的禁令可以从多个传感器收集健康信息，与环境动态交换这些信息，并与包括社交网络在内的网络服务交互。个性化禁令有着广泛的应用，涵盖医疗和非医疗领域。例如，个性化的禁令可以用来避免多导睡眠描记仪测试（也称为睡眠障碍诊断）中需要电缆布线。个性化禁令也出现在非医疗应用中，如情感检测、娱乐和安全认证应用。最近，纳米物联网（IoNT）和生物纳米物联网（IoBNT）已发展成为下一代医疗服务物联网。IoBNT 的概念是在生物化学领域内进行信息通信，同时通过电子领域连接到互联网。

（10）智能医疗

与从行业 1.0 到行业 5.0 的行业演变类似，医疗保健发展也发生了各种变化，随着数字健康的出现，现在已发展为医疗保健 5.0。AI 驱动的智能医疗将基于各种新方法开发，包括生活质量（QoL）、智能可穿戴设备（IWD）、IIoMT、H2H 服务和新的商业模式。由于可穿戴传感器和计算设备的最新进展，实时监测和测量健康数据成为可能。从可穿戴设备采集的传感数据可以由附近的边缘节点进行预处理，然后发送给医生进行远程诊断。此外，随着全息通信、触觉互联网和 6G 智能机器人的实现，医生可以远程进行手术。这种远程手术将消除现场手术的需要，并避免病毒传播造成的风险。

4.2.3.3　6G 关键技术趋势分析

（1）太赫兹通信技术

据估计，2016 年至 2021 年，无线数据流量的快速增长使移动数据流量增长了七倍。毫米波（高达 300GHz）等宽带无线电有望满足 5G 网络中的数据需求。然而，HT、BCI 和 XR 等应用预计需要 Tbps 范围内的数据速率，这对于毫米波系统来说是困难的。这需要探索太赫兹（THz）频段（0.1～10 THz）。对于这种超短距离内的低误码率通信研究将是一个重点。

（2）压缩感知技术

采样是现代数字信号处理的一个组成部分，是模拟（物理）和数字世界的接口。传统上，为了高效传输、灵活处理、抗噪性、安全性（使用加密和解密）、低成本等，使用了奈奎斯特采样定理。据此，对于带限信号，如果采样率大于该信号最高频率的两倍，则可以使用这些采样重构信号的精确副本。采样之后通常是压缩过程，其中对采样数据进行压缩，以保持某种可接受的质量水平。随着 5G 和未来 6G 移动网络传输带宽的增加，继续使用奈奎斯特采样技术将带来大量的挑战，如巨大的开销、巨大的复杂性和更高的功耗。在这种情况下，压缩感知被认为是一种有趣的解决方案，有可能克服传统采样带来的限制。压缩感知有时也称为压缩采样或稀疏采样，基本上是一种亚奈奎斯特采样框架，表示提供的信号具有稀疏性和非相干的特征，可以以小于奈奎斯特速率的速率对其进行采样，并且得到的（较小的）样本集足以重建原始信号。这是通过计算效率高的方式和寻找欠定线性系统的解来实现的。

（3）区块链技术

在运行/提供基于区块链的技术解决方案时，许多行业已经认识到区块链技术的实用性及其功效。金融和银行业、工业供应链和制造业、航运和运输业、医疗保健和病历、教育流程和认证就是其中一些业务部门的例子。移动通信领域也不例外。区块链可以在改善 1）干扰、资源、频谱和移动性管理方面的管理和协调，2）无蜂窝通信和 3D 网络方面的运营，以及 3）涉及基础设施提供商（INP）、网络租户、垂直行业、顶级（OTT）提供商和边缘提供商等各种利益相关者的分散和不可信数字市场的商业模式方面发挥重要作用。此外，区块链在加强移动网络现有服务领域以及为未来应用和 6G 用例奠定基础方面具有巨大潜力。

（4）零接触网络与服务管理技术

零接触网络和服务管理（Zero - touch network and Service Management，ZSM）是一个不断发展的概念，旨在提供一个构建全自动化网络管理的框架，主要由 ETSI 的倡议驱动。ZSM 的理念是赋予网络权力，使其能够在无需明确人工干预的情况下进行自我配置以实现自主配置，自我优化以更好地适应当前情况，自我修复以确保正确运行，自我监控以跟踪自身运行，自伸缩功能可根据需要动态地使用或分离资源。未来的 6G 网络将向具有多租户、多运营商和多（微）服务功能的异构网络发展。为了使这类网络以最佳状态和低成本运行，它们被设想为完全自动化。因此，ZSM 变得非常重要。

（5）高效能量转移和收集技术

当涉及为越来越多的连接设备提供能源的未来可持续方式时，能源收集一直是备受关注的研究领域。能量收集的目的是通过利用周围环境的能量来取代传统的设备和传感器供电方式。能源收集的两大类来源是自然来源和人造来源。自然资源包括可再生能源，如太阳能、机械振动、风能、热能、微生物燃料电池和人类活动动力。人工能量采集通过无线能量传输（WET）实现，其中使用专用功率信标将能量从源传输到目的地。有了通用通信系统的愿景，并为 IoE 提供了坚实的基础，未来的 6G 网络将随着大量连接设备的普及而发展。使用可充电或可更换电池为这些设备供电的传统方式在 6G 时代可能无法有效扩展。其原因是，一般来说，此类解决方案成本高、不方便、风险大，并且在设备在体内运行时会产生不利影响。因此，能量收集技术被认为是下一代移动网络的有效替代解决方案。在这种情况下，大部分的兴奋围绕着无线电信号可以同时传递能量和信息的想法。这有时被称为射频能量收集（RF－EH）。然而，要实际使用这些技术并获得最大效益，挑战在于无线信息传输和无线能量传输的有效集成，前提是它们的硬件和操作要求不同。其他开放性问题包括高移动性、多用户能量和信息调度、资源分配和干扰管理、健康问题和安全问题。

（6）面向 3D 网络的非地面网络技术（NTN）

在传统的以地面为中心的移动网络中，基站的功能被优化以主要满足地面使用的需要。此外，提供给地面基站天线的仰角聚焦于地面用户以获得更好的方向性，因此无法支持空中用户。这种移动网络允许边缘垂直移动（即地面上下），因此主要提供二维（2D）连接。NTN 通过将高度添加为第三维，扩展了二维连通性。通过无人机、卫星（特别是甚低地球轨道）、系留气球和高空平台（HAP）站的集成，NTN 能够在未提供服务或服务不足的区域提供覆盖、中继、回程和支持高速移动。3GPP Rel－17 促进了 NTN 中新无线电（NR）业务的协议和体系结构解决方案的开发，预计将在 Rel－18 和 Rel－19 中继续。3D 网络进一步扩展了 NTN 模式，通过将覆盖范围从地面扩展到空中，进而扩展到空间、地下和水下，使 6G 成为全球通信系统。

近年来，连接设备的数量呈指数级增长，未来这种趋势将继续以更高的速度增长。特别是，预计未来空中用户或空中连接设备将显著增加。各个领域的技术进步，如电子和传感器技术、高速链路、数据通信网络、航空技术等，为无人机（又称无人机）的强劲发展提供了必要的生态系统，从而扩展了无人机的应用范围。根据联邦航空管理局 FAA 的报告，到 2022 年，小型模型无人机（主要用于业余爱好者的娱乐目的）的数量预计将达到 138 万架，而小型非模型无人机（主要用于商业目的）的数量预计将达到 789 亿辆。因此，6G 移动网络有望为越来越多的空中用户提供所需的连接。为了实现这一期望，3D 网络模式将在 6G 中发挥关键的支持作用。

（7）量子通信技术

量子通信预计将在实现安全的 6G 通信中发挥关键作用。特别是量子纠缠的基本原理及其非局域性、叠加、不可剥夺定律和非克隆定理为强大的安全性铺平了道路。量子通信将越来越支持的下一代服务包括 HT、触觉互联网、BCI、超大规模智能通信。

4.2.3.4　世界各国 6G 研究进展

中国。中国已在国家层面正式启动 6G 研发。2019 年 11 月 3 日，中国成立国家 6G 技术研发推进工作组和总体专家组，标志着中国 6G 研发正式启动。目前涉及下一代宽带通信网络的相关技术研究主要包括大规模无线通信物理层基础理论与技术、太赫兹无线通信技术与系统、面向基站的大规模无线通信新型天线与射频技术、兼容 C 波段的毫米波一体化射频前端系统关键技术、基于第三代化合物半导体的射频前端系统技术等。

技术研发方面，中国华为公司已经开始着手研发 6G 技术，它将与 5G 技术并行推进。华为在加拿大渥太华成立了 6G 研发实验室，目前正处于研发早期理论交流的阶段。华为提出，6G 将拥有更宽的频谱和更高的速率，应该拓展到海陆空甚至水下空间。在硬件方面，天线将更为重要。在软件方面，人工智能在 6G 通信中将扮演重要角色。在太赫兹通信技术领域，中国华讯方舟、四创电子、亨通光电等公司也已开始布局。2019 年 4 月 26 日，毫米波太赫兹产业发展联盟在北京成立。

运营商方面，中国电信、中国移动和中国联通均已启动 6G 研发工作。中国移动和清华大学建立了战略合作关系，双方将面向 6G 通信网络和下一代互联网技术等重点领域进行科学研究合作。中国电信正在研究以毫米波为主频，太赫兹为次频的 6G 技术。中国联通开展了 6G 太赫兹通信技术研究。

美国。早在 2018 年，美国联邦通信委员会（FCC）官员就对 6G 系统进行了展望。2018 年 9 月，美国 FCC 官员首次在公开场合展望 6G 技术，提出 6G 将使用太赫兹频段，6G 基站容量将可达到 5G 基站的 1000 倍。美国现有的频谱分配机制将难以胜任 6G 时代对于频谱资源高效利用的需求，基于区块链的动态频谱共享技术将成为发展趋势。

2019 年，美国决定开放部分太赫兹频段，推动 6G 技术的研发实验。2019 年初，美国总统特朗普公开表示要加快美国 6G 技术的发展。2019 年 3 月，FCC 宣布开放 95 GHz～3 THz 频段作为实验频谱，未来可能用于 6G 服务。

技术研究方面，美国目前主要通过赞助高校开展相关研究项目，主要是开展早期的 6G 技术包含芯片的研究。纽约大学无线中心（NYUWireless）正开展使用太赫兹频率的信道传输速率达 100 Gbps 的无线技术。美国加州大学的 ComSenTer 研究中心获得了 2750 万美元的赞助，开展“融合太赫兹通信与传感”的研究。加州大学欧文分校纳米通信集成电路实验室研发了一种工作频率在 115 GHz 到 135 GHz 之间微型无线芯片，在 30 cm 的距离上能实现每秒 36 Gbps 的传输速率。弗吉尼亚理工大学的研究认为，6G 将会学习并适应人类用户，智能机时代将走向终结，人们将见证可穿戴设备的通信发展。

芬兰。6G 旗舰是一个专注于“6G 无线智能社会和生态系统”的研究项目，由芬兰科学院资助，为期 8 年。6G 旗舰旨在实现从 5G 标准到商业化阶段的 5G 网络，并为未来数字社会开发新的 6G 标准。它将针对无线连接、分布式智能计算、安全和隐私等领域，开发 6G 移动网络的关键技术组件。此外，对于人与人之间的交流，研究将侧重于设备、过程和对象之间的交流。这将有助于建立一个高度自动化、智能化的社会，它将渗透到未来生活的各个领域。最后，6G 旗舰项目还将在工业界和学术界的支持下，通过测试网络进行大型试点。

欧盟。Hexa - X 是欧盟委员会实现 B5G/6G 愿景和开发连接人类、物理和数字世界的智能技术支持结构的旗舰产品。Hexa - X 项目是第一个由欧盟委员会（EU）资助的 6G 项目。这是欧洲工业和学术机构之间的合作项目。Hexa - X 项目的目标是通过探索性研究为下一代无线网络铺平道路。它的愿景是通过 6G 关键使能技术将人类、物理和数字世界连接起来。

韩国。韩国科学和信息通信技术部（MSIT）正在制定雄心勃勃的计划，致力成为第一个推出 6G 网络的国家。韩国政府预计，在 2028 年至 2030 年期间，6G 服务将在韩国商业化。2028 年将首次部署 6G 网络，2030 年将进行大规模商业化部署。2021—2026 年期间，韩国政府将投资 2000 亿韩元（1.69 亿美元）资助这项研究以及与 6G 技术相关的开发。到 2026 年，初步启动五大战略领域（即数字医疗沉浸式内容、自驾汽车、智能城市和智能工厂）被确定用于这些试点项目。MSIT 还制定了“6G 研发战略”该委员会将负责 6G 相关项目的管理。该委员会由韩国三大移动网络运营商、小型和大型 sacele 设备制造商、政府机构和公立大学组成。

4.3　地面互联网面临的发展瓶颈

随着地面互联网技术的迅速发展，通信系统使用的无线电频率越来越高。从已经实现商用的 5G 的毫米波波段到 6G 拟采用的太赫兹波段，电磁波频率的提升是提高系统容量的有效途径。然而电磁波的频率越高，在空中传播的损耗也越大，这就导致了基站的覆盖范围会变小。为了实现广域的覆盖，势必需要建造更多的基站，这就带来了三方面的问题：一是成本问题。更高频率的基站需要采用更先进的技术，这会导致单个基站的建造成本居高不下；另外连接各个基站的核心网复杂度会随着基站数量增加呈指数上升，这也会导致建设成本的上涨。二是覆盖问题。对于许多欠发达国家和地区，由于政治经济或地理方面的限制，建造地面基站的动机欠缺；此外诸如空中高速上网、全城应急通信、深海远洋通信等应用场景依靠地面网络是难以实现的；上述情况都是地面网络不易覆盖的情形。三是能耗问题。5G 基站单站功耗大约是 4G 基站的 2.5～3.5 倍，单站的满载功率接近 3.7 kW。随着建造基站数量的大幅上升，地面通信网络会消耗大量的电能，这会导致地面网络的运营成本上升，且不利于环保。

业界有观点认为，未来的网络一定是天地一体的网络。即未来的网络会是地面网络和卫星通信网络的有效集成。原因在于卫星通信网络解决了限制地面通信网络的三个问题。首先在成本上，随着卫星研制技术的发展以及制造卫星数量的上升，规模效应会导致单个卫星的制造成本大幅下降。其次在覆盖范围上，卫星通信具备天然的广覆盖优势：卫星通信网络涵盖通信、导航、遥感遥测等各个领域，能实现空天海地一体化的全球连接，将优化陆（现有陆地蜂窝、非蜂窝网络设施等）、海（海上及海下通信设备、海洋岛屿网络设施等）、空（各类飞行器及设备等）、天（各类卫星、地球站、空间飞行器等）基础设施，实现太空、空中、陆地、海洋等全要素覆盖。最后在能耗上，卫星通信网络的主要能耗在于卫星的发射，一旦卫星成功入轨，则可依靠太阳能供电自主运行，仅需建造少量地面操控站即可实现对星座的管控，因此在能耗方面远低于地面网络。综上所述，集成了卫星通信的天地一体网络将具备广阔的发展前景，拥有巨大的发展潜力。

4.4　本章小结

本章针对地面通信网络及技术进行了概述和分析。首先对地面互联网中的 TCP/IP 协议进行了介绍，由背景出发讨论标准化协议的发展，并介绍了协议各层级内容。然后对地面移动通信系统技术进行概述，从介绍已发展成熟的1G～4G系统，到描述5G系统的关键技术，进而探讨6G系统发展的趋势。最后讨论了地面互联网发展面临的瓶颈，描绘了卫星通信网络的广阔发展前景。

由本章内容可知，卫星网络不是针对地面互联网的简单迁移，传统的TCP/IP以地面通信网络为基础设计，未考虑卫星通信大时延等特点，故直接迁移的卫星网络性能较差。因此卫星网络需要结合卫星通信的特点对TCP/IP协议进行相关的改进，才能满足使用的需求。此外，卫星通信网络天然地克服了地面移动通信系统固有的缺陷（如覆盖范围小、运营成本高、难以满足应急通信需求等），并能结合地面移动通信形成天地一体网络，从而更好地服务各类用户。综上所述，发展卫星通信网络将是未来通信网络发展的必然趋势。

第5章　天地融合的网络体系

5.1　天地深度融合的需求分析

近年来，人们对于普适系统、漫游计算和泛在计算等的需求越来越迫切，希望能够在任何地方和任何时间使用互联网技术、计算机技术和移动通信技术。这些需求概括如下：

1）能够接入并享受任何类型的远程通信服务；

2）通过单一设备实现多种网络的通信；

3）只拥有单一的号码或者 IP 地址；

4）通过同一个账单为所有服务付费；

5）在单一或多个网络失效的情况下仍然能够可靠接入。

这些需求使得当前通过垂直网络提供单一服务向通过水平网络提供综合服务转变，如图 5－1 所示。

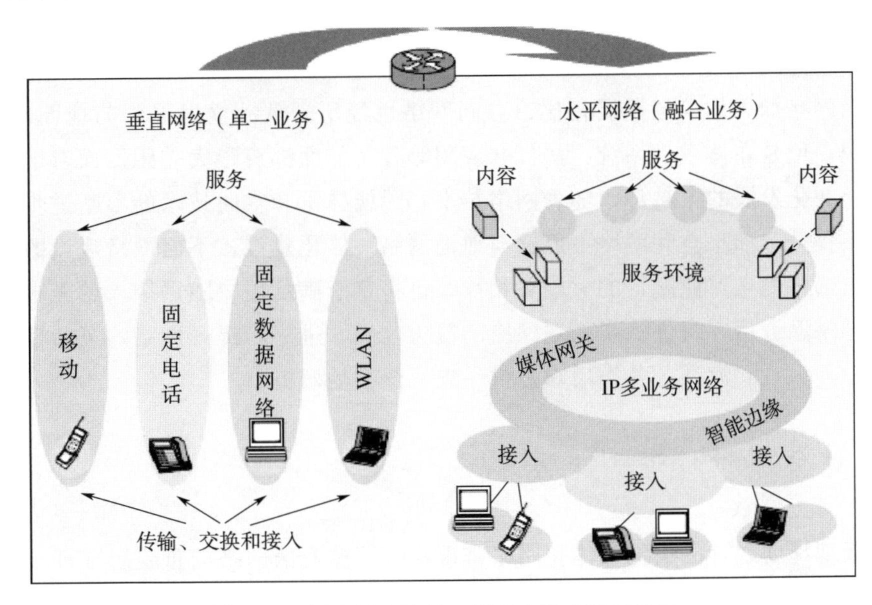

图 5－1　用户需求从单一服务向综合服务发展

根据国际电信联盟描述，“网络融合”就是“通过互联、互操作、无缝融合的网络资源，构成一个具有统一接入和应用界面的高效网络，使人类能在任何时间和地点，以一种可以接受的费用和质量，安全地享受多种（形式）方式的信息应用”。因此，为了能够实现陆地、空中、太空和海洋等各类用户需求的信息共享、资源整合、互联互通和随遇接入，未来一体化网络需要将 WLAN、3G/4G、卫星通信等地面和空间网络技术协调调用并有机融合，实现网络的异构融合和泛在化发展。

地面网络通过互联网和无线移动网络满足了绝大多数用户固定和移动覆盖需求，但是在农村和遥远的边区，仍然有 20%的人口需要通信的覆盖。这时，针对地面网络覆盖盲区，空间网络广域的覆盖特性就显得尤为突出。同时，对于地面网络无法覆盖的空中、海洋和太空，只有通过空间网络的参与，才能为用户提供综合网络服务保障。图 5-2 给出了空天地一体化网络业务环境场景。

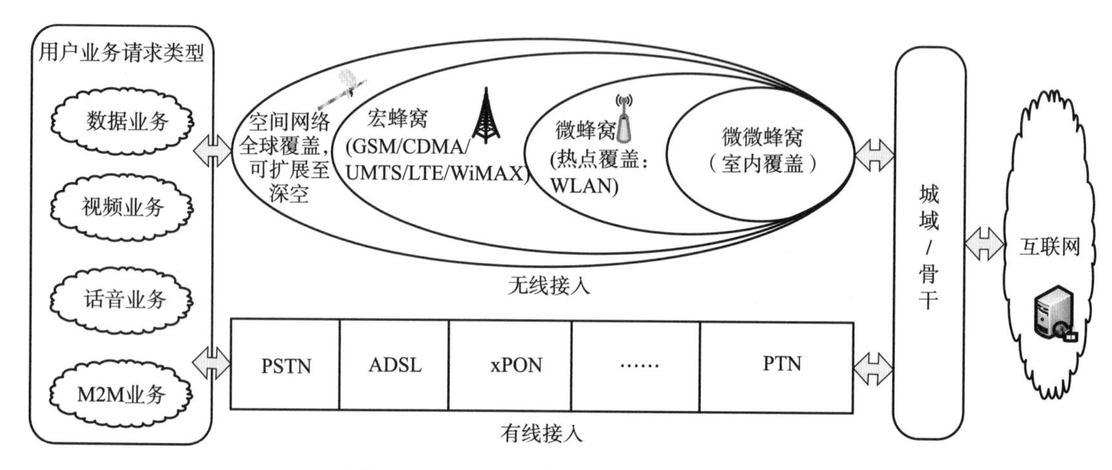

图 5-2 空天地一体化网络业务环境场景

与地面网络如火如荼的发展相比，空间网络也经历着从独立发展到与地面网络互联、融合的过程，但是在体系、系统、协议、应用等各个方面都有很大差距。面对地面网络异构融合和泛在化发展的大趋势，随着网络技术、无线技术和空间技术的不断进步以及用户需求的不断提升，如果空间网络不能够与地面网络一体化建设，不但网络建设的差距将继续拉大，与通信信息产业融合的大趋势相悖，也将难于满足用户随遇接入的需求。地面网络与空间网络融合后，将进一步拓展网络的覆盖范围，进一步提升网络的灵活性，从而向陆地、空中、太空和海洋等各类用户提供一致、泛在的服务。

5.2 网络体系设计理论与方法

基于天地深度融合的天地一体化网络是现代化信息通信网络的重要组成部分，涵盖了卫星通信与组网、高空平台、地面移动通信网、地面互联网等多个组成部分，涉及的服务对象众多，覆盖范围广。同时，由于卫星节点组网具有网络拓扑高动态变化、链路资源稀缺、节点存储受限等特性，使得网络体系结构设计不能直接照搬地面静态网络建模与分析方法，本章节主要介绍可应用于天地一体化网络建模与理论分析的图论、复杂网络理论，以及时变图理论。

5.2.1　图论

随着近年来关于复杂网络（Complex network）理论及其应用研究的不断深入，人们开始尝试运用这种新的理论工具来研究现实世界中的各种大型复杂系统。其中复杂系统的结构以及系统结构与系统功能之间的关系是人们关注的热点问题。要研究这些复杂系统在结构和功能上的特点，就需要用一种统一的工具描述这些复杂系统，在复杂网络理论中，这种工具就是图论。

5.2.1.1　图论的基本理论

(1) 图及其分类

在实际的生产和生活中，为了反映事物之间的联系，常常用点和线绘制出各种各样的示意图。

定义 1：一个图是由点集 $\boldsymbol{V}=\{v_i\}$ 以及 V 中元素无序对的一个集合 $\boldsymbol{E}=\{e_k\}$ 所构成的二元组，记为 $G=(V, E)$，V 中的元素 v_i 称为节点，E 中的元素 e_k 称为边。

当 V、E 为有限集合时，G 称为有限图，否则称为无限图。

在图 5-3 中，有 $V=\{v_1, v_2, v_3, v_4, v_5\}$，$E=\{e_1, e_2, e_3, e_4, e_5, e_6\}$。其中，$e_1=(v_1, v_1)$，$e_2=(v_1, v_2)$，$e_3=(v_1, v_3)$，$e_4=(v_2, v_3)$，$e_5=(v_2, v_3)$，$e_6=(v_3, v_4)$。

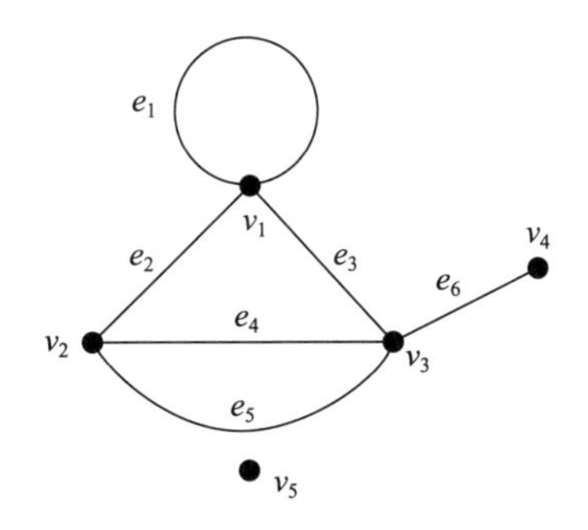

图 5-3　五个节点的图

两个点 $u, v \in V$，如果边 $(u, v) \in E$，则称 u、v 两点相邻。u、v 称为边 (u, v) 的端点。

两条边 $e_i, e_j \in E$，如果它们有一个公共端点 u，则称 e_i 和 e_j 相邻。边 e_i 和 e_j 称为点 u 的关联边。

用 $m(G)=|E|$ 表示图 G 中的边数，用 $n(G)=|V|$ 表示图 G 的节点个数，图 G 中节点的个数也称为图 G 的阶数。

在一般情况下，图中点的相对位置如何，点与点之间连线的长短曲直，对于反应对象之间的关系并不重要。

在图 G 中，对于任一条边 $(v_i, v_j) \in \boldsymbol{E}$，如果边 (v_i, v_j) 端点无序，则它是无向边，此时图 G 称为无向图，对象（节点）之间的关系具有“对称性”。如果边 (v_i, v_j) 的端点有序，即它表示以 v_i 为始点、v_j 为终点的有向边（或称弧），这时图 G 称为有向图，对象之间的“关系”具有“非对称性”。

一条边的两个端点如果相同，则称此边为环（自回路），如图 5-3 中的 e_1 。

两个点之间多于一条边的，称为多重边，如图 5-3 中的 e_4，e_5 。

定义 2：不含环和多重边的图称为简单图，含有多重边的图称为多重图。

定义 3：每一对节点间都有边相连的无向简单图称为完全图。有 n 个节点的无向完全图记为 K_n 。

有向完全图则是指每一对节点间有且仅有一条有向边的简单图。

定义 4：图 $G=(V, E)$ 的点集 V 可以分为两个非空子集 X，Y，即 $X \cup Y=V$，$X \cap Y=\phi$，使得 E 中每条边的两个端点必有一个端点属于 X，另一个端点属于 Y，则称 G 为二部图（偶图），有时记为 $G=(X, Y, E)$。

（2）节点的次（度）

定义 5：以点 v 为端点的边数称为点 v 的次，也称为度（Degree），记为 $\deg(v)$，简记为 $d(v)$ 。

如上图中点 v_1 的次 $d(v_1)=4$，因为边 e_1 为环，要计算两次。点 v_3 的次 $d(v_3)=4$，点 v_4 的次 $d(v_4)=1$。

次为 1 的点称为悬挂点，连接悬挂点的边称为悬挂边。如图 5-3 中 v_4 为悬挂点，e_6 为悬挂边。次为零的点称为孤立点，如图 5-3 中的点 v_5 。次为奇数的点称为奇点，次数为偶数的点称为偶点。

定理 1：任何图中，节点次数的总和等于边数的 2 倍，且次数为奇数的节点必为偶数个。

定义 6：在有向图中，以 v_i 为始点的边数称为点 v_i 的出次，用 $d^+(v_i)$ 表示；以 v_i 为终点的边数称为点 v_i 的入次，用 $d^-(v_i)$ 表示。v_i 点的出次与入次之和就是该点的次。

（3）子图

定义 7：图 $G=(V, E)$，若 E' 是 E 的子集，V' 是 V 的子集，且 E' 中的边仅与 V' 中的节点相关联，则称 $G'=(V', E')$ 是 G 的一个子图。特别的，若 $V'=V$，则称 G' 为 G 的生成子图（Spanning sub-graph），也称支撑子图。

（4）连通图

定义 8：无向图 $G=(V, E)$，若图 G 中某些点与边的交替序列可以排成 $(v_{i0}, e_{i1}, v_{i1}, e_{i2}, \cdots, e_{ik}, v_{ik})$ 的形式，且 $e_{it}=(v_{it-1}, v_{it})$，$t=1, \cdots, k$，则称这个点边序列为连接 v_{i0} 与 v_{ik} 的一条链，链长为 k 。

若图 G 为有向图，对于有向边 $e_{it}=(v_{it-1}, v_{it})$，始终有 v_{it-1} 是起点，v_{it} 是终点，则这个点边序列称为连接 v_{i0} 与 v_{ik} 的一条道路。显然对于无向图来说，链和道路是一回事，对于有向图来说，链上边的方向不一定一致，但道路上边的方向一定一致。

各边相异的道路称为迹（Trace），或称为简单路径（Simple path）；各节点相异的道路称为轨（Track），亦称为基本路径（Essential path）。起点与终点重合的道路称为回路

(Circuit)，否则成为开路（Open circuit)；闭的迹称为简单回路（Simple circuit)，闭的轨称为基本回路（Essential circuit)；图中含有所有节点的轨称为 Hamilton 轨，闭的 Hamilton 轨称为 Hamilton 圈；含有 Hamilton 圈的图称为 Hamilton 图。

定义9：一个图中任意两点之间至少有一条道路相连，则称此图为连通图。任何一个不连通图都可以分为若干个连通子图，每一个子图称为原图的一个分图。

(5) 图的矩阵表示

定义10：赋权图 $G=(V, E)$，其边 (v_i, v_j) 有权 w_{ij}，构造矩阵 $\mathbf{A}=(a_{ij})_n$，其中

$$a_{ij}=\begin{cases} w_{ij},(v_i v_j)\in E \\ 0,\text{其他} \end{cases} \tag{5-1}$$

称矩阵 $\mathbf{A}$ 为赋权图 G 的邻接矩阵。

以图5-4为例，所示赋权图的邻接矩阵为

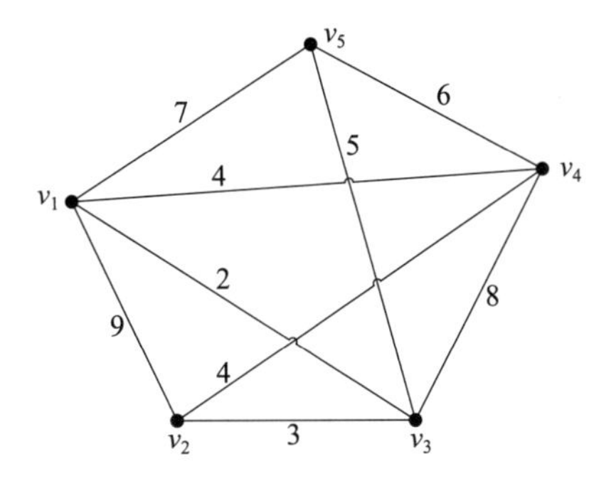

图5-4　赋权图

$$\mathbf{A}=\begin{bmatrix} 0 & 9 & 2 & 4 & 7 \\ 9 & 0 & 3 & 4 & 0 \\ 2 & 3 & 0 & 8 & 5 \\ 4 & 4 & 8 & 0 & 6 \\ 7 & 0 & 5 & 6 & 0 \end{bmatrix}$$

定义11：对于非赋权图 $G=(V, E)$，$|V|=n$，构造一个矩阵 $\mathbf{A}=(a_{ij})_n$，其中

$$a_{ij}=\begin{cases} 1,(v_i v_j)\in E \\ 0,\text{其他} \end{cases} \tag{5-2}$$

则称矩阵 $\mathbf{A}$ 为非赋权图 G 的邻接矩阵，如图5-5所示。

以图5-5为例，所示非赋权有向图的邻接矩阵为

$$\mathbf{A}=\begin{bmatrix} 0 & 1 & 1 & 0 & 0 & 0 \\ 0 & 0 & 1 & 0 & 0 & 0 \\ 0 & 1 & 0 & 0 & 1 & 0 \\ 0 & 1 & 0 & 0 & 0 & 1 \\ 0 & 1 & 0 & 1 & 0 & 1 \\ 0 & 0 & 0 & 0 & 1 & 0 \end{bmatrix} \tag{5-3}$$

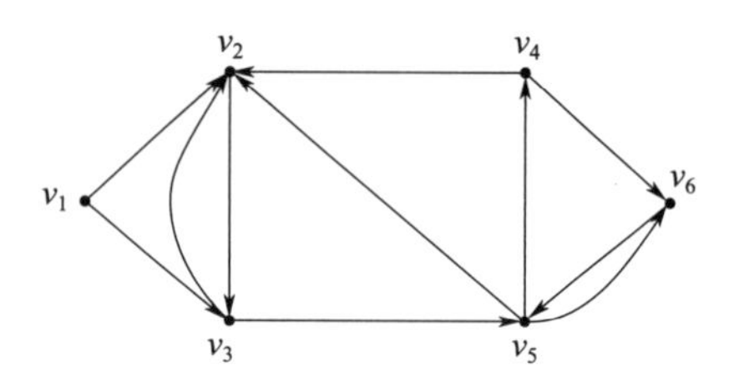

图 5－5　非赋权有向图

5.2.1.2　最小生成树问题

定义 12：连通且不含圈的无向图称为树（Tree）。树中次为 1 的点称为树叶，次大于 1 的点称为分支点。

定理 2：图 $T=(V, E)$，$|V|=n$，$|E|=m$，下列关于树的说法是等价的。

1）T 是一个树。

2）T 无圈，且 $m=n-1$。

3）T 连通，且 $m=n-1$。

4）T 无圈，但每加一新边即得唯一一个圈。

5）T 连通，但任意舍去一边就不连通。

6）T 中任意两点，有唯一道路相连。

定义 13：若图 $G=(V, E)$ 的生成子图是一棵树，则称该树为图 G 的生成树（Spanning tree），也称支撑树，简称为图 G 的树。图 G 中属于生成树的边称为树枝（Branch）。

定义 14：连通图 $G=(V, E)$，每条边上有非负权 $L(e)$。一棵生成树所有数值上权的总和，称为这个生成树的权。具有最小权的生成树称为最小生成树（Minimum spanning tree），也称最小支撑树，简称最小树。

许多网络问题都可以归纳为最小生成树问题。例如交通系统中设计长度最小的公路网，并且把若干城市联系起来；通信系统中用最小成本把计算机系统和设备连接到局域网等。

下面介绍两种最小生成树算法。

算法 1：Prim 算法

给定连通赋权图 $G=(V, E, \boldsymbol{W})$，其中 $\boldsymbol{W}$ 为邻接矩阵，构造它的最小生成树。设置两个集合 $\boldsymbol{P}$ 和 $\boldsymbol{Q}$，其中 $\boldsymbol{P}$ 用于存放最小生成树的节点，$\boldsymbol{Q}$ 存放 G 的最小生成树中的边。令集合 $\boldsymbol{P}$ 的初值 $\boldsymbol{P}=\{v_1\}$（假设构造最小生成树时，从节点 v_1 出发），集合 $\boldsymbol{Q}$ 的初值为 $\boldsymbol{Q}=\Phi$。

Prim 算法的思想是，从所有 $p \in \boldsymbol{P}$，$v \in V-\boldsymbol{P}$ 的边中，选取具有最小权值的边 p_v，将节点 v 加入集合 $\boldsymbol{P}$ 中，将边 p_v 加入集合 $\boldsymbol{Q}$ 中，如此不断重复，直到 $\boldsymbol{P}=V$ 时，最小生成树构造完毕，这时集合 $\boldsymbol{Q}$ 中包含了最小生成树的所有边。

Prim 算法如下：

1) $\boldsymbol{P} = \{v_1\}$, $\boldsymbol{Q} = \Phi$

2) while $\boldsymbol{P} \sim= V$

找最小边 p_v ，其中 $p \in \boldsymbol{P}$，$v \in V - \boldsymbol{P}$

$\boldsymbol{P} = \boldsymbol{P} + \{v\}$

$\boldsymbol{Q} = \boldsymbol{Q} + \{p_v\}$

end

算法 2：Kruskal 算法

1) 选 $e_1 \in E(G)$ ，使得 $w(e_1) = \min$(选 e_1 的权值最小)。

2) 若 e_1，e_2，…，e_i 已选好，则从 $E(G) - \{e_1, e_2, \cdots, e_i\}$ 中选取 $e_i + 1$，使得 $G[\{e_1, e_2, \cdots, e_i, e_i + 1\}]$ 中无圈，且 $w(e_i + 1) = \min$ 。

3) 直到选得 $e_n - 1$ 为止。

5.2.1.3　最短路径问题

最短路径问题（Shortest path problem）是网络理论中应用最广泛的问题之一，许多优化问题可以使用最短路径模型。

最短路径问题的一般提法如下：设 $G = (V, E)$ 为连通图，图中各边 (v_i, v_j) 有权 l_{ij}（$l_{ij} = \infty$ 表示 v_i 和 v_j 间无边），v_s 、v_t 为图中任意两点。求一条路径 μ ，使它在从 v_s 到 v_t 的所有路径中总权最小，即 $L(\mu) = \sum_{(v_i, v_i) \in \mu} l_{ij}$ 最小。

有些最短路径问题也可以是求网络中某指定点到其余所有节点的最短路径，或求网络中任一两点间的最短路径。

(1) Dijkstra 算法

Dijkstra 算法由狄杰柯斯特（Dijkstra）于 1959 年提出，可用于求解指定两点 v_s 、v_t 间的最短路径，或从指定点 v_s 到其余各点的最短路径，目前被认为是求非赋权网络最短路径问题的最好算法。算法的基本思路基于以下原理：若序列 $\{v_s, v_1, \cdots, v_{n-1}, v_n\}$ 是从 v_s 到 v_n 的最短路径，则序列 $\{v_s, v_1, \cdots, v_{n-1}\}$ 必为从 v_s 到 v_{n-1} 的最短路径。

Dijkstra 算法思想采用标号法。可用两种标号：T 标号与 P 标号。T 标号为试探性标号（Tentative label）；P 标号为永久标号（Permanent label）。给 v_i 点一个 P 标号表示从 v_s 到 v_i 点的最短路径权，v_i 点的标号不再改变；给 v_i 点一个 T 标号时，是从 v_s 到 v_i 点的估计最短路径权的上界，是一种临时标号，凡没有得到 P 标号的点都有 T 标号。算法每一步都把某一点的 T 标号改为 P 标号，当终点 v_t 得到 P 标号时，全部计算结束。对于有 n 个节点的图，最多经 $n - 1$ 步就可以得到从始点到终点的最短路径。

需要注意的是，当权值有负数时，该算法失效。

算法基本步骤：

a) 给 v_s 以 P 标号，$P(v_s) = 0$，$d(v_s) = 0$，表明该节点是起点，其余各点均给 T 标号，$T(v_i) = +\infty$ 。

b) 若 v_i 点为刚得到 P 标号的点，考虑这样的点 v_j：$(v_i, v_j) \in E$ ，且 v_j 为 T 标号。对 v_j 的 T 标号进行如下的更改：

$$T(v_j)=\min[T(v_j),P(v_i)+l_{ij}] \tag{5-4}$$

当 v_j 的 T 标号发生变化时，修改记录前驱节点的标号 $\lambda(v_j)=k$ 。

c）比较所有具有 T 标号的点，把最小者改为 P 标号，即

$$P(v_k)=\min[T(v_j)] \tag{5-5}$$

记录 k ，当存在两个以上最小者时，可同时改为 P 标号。若全部点均为 P 标号则停止。否则用 v_k 代替 v_i 返回 b)。

（2）Floyd 算法

在某些问题中，要求网络上任意两点间的最短路径。这类问题虽然可以用 Dijkstra 算法计算，但需要依次改变起点重复计算，比较繁琐。Floyd 算法（1962 年）可直接求出网络中任意两点间的最短路径。

令网络的邻接矩阵为 $\boldsymbol{D}=(d_{ij})_w$ ，l_{ij} 为 v_i 到 v_j 的距离。其中

$$d_{ij}=\begin{cases} l_{ij},(v_i,v_j)\in E \\ \infty,\text{其他} \end{cases} \tag{5-6}$$

算法基本步骤：

a）输入权矩阵 $\boldsymbol{D}^{(0)}=\boldsymbol{D}$ 。

b）计算 $\boldsymbol{D}^{(k)}=(d_{ij}^{(k)})n\times n$，$k=1$，2，…，$n$ ，其中

$$d_{ij}^{(k)}=\min[d_{ij}^{(k-1)},d_{ik}^{(k-1)}+d_{kj}^{(k-1)}] \tag{5-7}$$

c）$(L_{ij}^{(n)})n\times n$ 中的元素 $d_{ij}^{(n)}$ 就是 v_i 到 v_j 的最短路径。

5.2.2　复杂网络理论

基于复杂网络的研究方法，顾名思义，复杂网络中的“复杂”是相对于简单网络而言的，复杂网络的节点和边的数量上要远超过简单网络。复杂网络能很好地描述自然科学、社会科学、管理科学和工程技术等领域的相互关联的复杂模型。它以数学、统计物理学、计算机等科学为分析工具，以复杂系统为研究目标。复杂网络是 21 世纪发展较快的一门交叉学科，然而到目前为止，在网络科学的研究中，复杂网络是高度发达的网络，很难给出一个严格的定义。钱学森给出了一个描述性的定义：具有自组织、自相似、吸引子、小世界、无标度中部分或全部性质的网络称为复杂网络。维基百科中将复杂网络定义为由数量巨大的节点和节点之间错综复杂的关系共同构成的网络结构，就是说其是一个有着足够复杂的拓扑结构特征的图。

5.2.2.1　复杂网络的特性

大多数复杂网络的复杂性表现在如下几个方面：

1）网络规模庞大。网络节点数可以有成百上千，甚至更多，但大规模的网络行为具有统计特性。

2）连接结构的复杂性。网络连接结构既非完全规则也非完全随机，但却具有其内在的自组织规律，网络结构可呈现多种不同的特性。

3）节点的复杂性。首先表现为节点的动力学复杂性，即各个节点本身可以是各种非

线性系统（可以由离散和连续微分方程描述），具有分叉和混沌等非线性动力学行为；其次表现为节点的多样性，复杂网络中的节点可以代表任何事物，而且一个复杂网络中可能出现各种不同类型的节点。

4）网络时空演化过程复杂。复杂网络具有空间和时间的演化复杂性，可展示出丰富的复杂行为，特别是网络节点之间的不同类型的同步化运动（包括出现周期、非周期、混沌、非混沌和阵发行为等运动）。

5）网络连接的稀疏性。一个有 N 个节点的具有全局耦合结构的网络的连接数目为 $O(N^2)$，而实际大型网络的连接数目通常为 $O(N)$。

6）多重复杂性融合。若以上多重复杂性相互影响，将导致更为难以预料的结果。例如，设计一个电力供应网络需要考虑此网络的进化过程，其进化过程决定网络的拓扑结构。当两个节点之间频繁地进行能量传输时，它们之间的连接权重会随之增加，通过不断的学习与记忆可逐步改善网络性能。

除了复杂性，复杂网络一般还具有以下三大特性：

1）小世界特性。大多数网络尽管规模很大，但任意两个节点间却有一条相当短的路径。

2）无标度特性。人们发现一些复杂网络的节点的度分布具有幂指数函数的规律。因为幂指数函数在双对数坐标中是一条直线，这个分布与系统特征长度无关，所以该特性被称为无标度性质。无标度特性反映了网络中度分布的不均匀性，只有很少数的节点与其他节点有较多的连接，成为“中心节点”，而大多数节点度都很小。

3）超家族特性。2004年，Sheffer和Alon等人在《Science》上发表文章，比较了许多已有网络的局部结构和拓扑特性，观测到有一些不同类型的网络的特性在一定条件下具有相似性。尽管网络不同，只要组成网络的基本单元（最小子图）相同，它们拓扑性质的重大轮廓外形就可能具有相似性，这种现象被他们称为超家族特性。顾名思义，不同的网络之间存在与某个家族的“血缘”相近联系，而出现与该家族相似的特性，究其原因在于它们拥有相同的或相似的网络“基因”。目前，对于超家族特性在研究理论方法和技术上都有待进一步改进和发展，需要更多的不同网络的实证研究和严格的理论证明。

5.2.2.2　复杂网络的统计描述

(1) 网络的基本静态几何特征

(a) 节点的度

节点 v_i 的度 k_i 定义为与该节点连接的边数。直观上看，一个节点的度越大，这个节点在某种意义上越“重要”。

定义1：网络中所有节点 v_i 的度 k_i 的平均值称为网络的平均度，记为 $<k>$，即

$$<k>=\frac{1}{N}\sum_{i=1}^{N}k_i \tag{5-8}$$

无向无权图的邻接矩阵 $\mathbf{A}$ 与节点 v_i 的度 k_i 的函数关系很简单：邻接矩阵二次幂 $\mathbf{A}^2$ 的对角元素 $a_{ii}^{(2)}$ 就等于节点 v_i 的度，即

$$k_i = a_{ii}^{(2)} \tag{5-9}$$

实际上，无向无权图的邻接矩阵 $\mathbf{A}$ 的第 i 行或第 i 列元素之和也是度，从而无向无权网络的平均度就是 $\mathbf{A}^2$ 对角线元素之和除以节点数，即

$$k = \mathrm{tr}(\mathbf{A}^2)/N \tag{5-10}$$

式中，$\mathrm{tr}(A^2)$ 表示矩阵 $\mathbf{A}^2$ 的迹（Trace)，即对角线元素之和。

（b）平均路径长度

网络中两个节点 v_i 和 v_j 之间的距离 d_{ij} 定义为连接着两个节点的最短路径上的边数，它的倒数 $1/d_{ij}$ 称为节点 v_i 和 v_j 之间的效率，记为 ε_{ij} 。通常效率用来度量节点间的信息传递速度。当 v_i 和 v_j 之间没有路径连通时，$d_{ij}=\infty$ ，而 $\varepsilon_{ij}=0$。

网络中任意两个节点之间的距离的最大值称为网络的直径，记为 D ，即

$$D = \max_{1\leqslant i<j\leqslant N} d_{ij} \tag{5-11}$$

式中　N ——网络节点数。

定义 2：网络的平均路径长度 L 则定义为任意两个节点之间的距离的平均值，即

$$L = \frac{1}{C_N^2} \sum_{1\leqslant i<j\leqslant N} d_{ij} \tag{5-12}$$

一个含有 N 个节点和 M 条边的网络的平均路径长度可以用时间量级 $O(MN)$ 的广度优先搜索算法来确定。

（2）无向网络的静态特征

（a）联合度分布

节点 v_i 的度 k_i 是指节点关联的边数，对网络中所有节点的度求平均值可得到网络的平均度 $<k>$ ，而度为 k 的节点在整个网络中所占的比例就是度分布 $P(k)$ 。显然，度分布满足

$$\sum_{k=0}^{k_{\max}} P(k) = 1 \tag{5-13}$$

而且平均度与度分布具有关系式

$$<k> = \sum_{k=0}^{k_{\max}} kP(k) \tag{5-14}$$

式中　$k_{\max}$ ——所有节点度值中的最大度值。

定义 3：联合度分布（Joint degree distribution）定义为从无向网络中随机选择一条边，该边的两个节点的度值分别为 k_1 和 k_2 的概率，即

$$P(k_1,k_2) = M(k_1,k_2)/M \tag{5-15}$$

式中　$M(k_1, k_2)$ ——度值为 k_1 的节点和度值为 k_2 的节点相连的总边数；

　　M ——网络总边数。

从联合度分布可以得出度分布：

$$P(k) = \sum_{k_2} \frac{P(k,k_2)}{2-\delta_{kk_2}} \tag{5-16}$$

其中

$$\delta_{kk_2}=\begin{cases}1,k=k_2\\0,k\neq k_2\end{cases}\tag{5-17}$$

(b) 连通度

连通图 G 的连通程度通常叫做连通度（Connectivity）。连通度有两种，一种是点连通度，另一种是边连通度。通常一个图的连通度越好，它所代表的网络越稳定。

定义 4：连通图 G 的点连通度定义为

$$\kappa(G)=\min_{S\subset V}\{|S|,\omega(G-S)\geqslant 2 \text{ 或 } G-S \text{ 为平凡图}\}\tag{5-18}$$

式中　V ——图 G 的节点集合；

S —— V 的真子集；

$\omega(G-S)$ ——从图 G 中删除点集 S 后得到的子图 $G-S$ 的连通分支数。

这里 $G-S$ 是指删除 S 中每一个节点以及图 G 中与之关联的所有边。

由此可见，点连通度就是使 G 不连通或成为平凡图（只有一个节点没有边的图）所必须删除的最少节点个数。对于不连通图或平凡图，定义 $\kappa(G)=0$；若 G 为 N 个节点的完全图，则 $\kappa(G)=N-1$。

定义 5：连通图 G 的边连通度定义为

$$\lambda(G)=\min_{T\subset E}\{|T|,\omega'(G-T)\geqslant 2\}\tag{5-19}$$

式中　E ——图 G 的边集合；

T —— E 的真子集；

$\omega'(G-T)$ ——从图 G 中删除边集 T 后得到的子图 $G-T$ 的连通分支数。

这里 $G-T$ 是指删除 T 中每一条边，而 G 中所有节点全部保留下来。

由此可见，边连通度就是使得 G 不连通所必须删除的最少边数。定义不连通图或平凡图的边连通度为 0。若 G 为 N 个节点的完全图，$\lambda(G)=N-1$。并且，同一个图的点连通度和边连通度满足 $\kappa(G)\leqslant\lambda(G)$。

(3) 赋权网络的静态特征

无权网络只能给出节点之间是否存在相互作用，但在很多情况下，节点之间相互作用的强度的差异起着至关重要的作用。赋权网络在实际中是普遍存在的，无权网络完全可以作为赋权网络的一种特例。

(a) 边权、点权、单位权和权重分布差异性

①边权

网络中每条边可以有相同或者不同的权值，其被称之为边权，在实际网络中边权往往代表着两个节点的距离、运输耗费、影响程度等物理意义。

②点权

与边权相对照的一个概念是点权，也叫点强度（Vertex strength），它是无权网络中节点度的自然推广。

定义 6：节点 v_i 的点权 S_i 定义为与它关联的边权之和，即

$$S_i=\sum_{j\in N_i}w_{ij}\tag{5-20}$$

式中 N_i ——节点 v_i 的邻点集合；

w_{ij} ——连接节点 v_i 和节点 v_j 的边的权重。

若节点 v_i 和节点 v_j 无连接，则认为 $w_{ij}=0$，则有：

$$S_i=\sum_{j=1}^{N}w_{ij} \tag{5-21}$$

式中 N ——节点个数。

③单位权

定义 7：单位权表示节点连接的平均权重，它定义为节点 v_i 的点权 S_i 与其节点度 k_i 的比值，即：

$$U_i=S_i/k_i \tag{5-22}$$

④权重分布的差异性

定义 8：节点 v_i 的权重分布差异性 Y_i 表示与节点 v_i 相连的边权分布的离散程度，定义为：

$$Y_i=\sum_{j\in N_i}(w_{ij}/S_i)^2 \tag{5-23}$$

拥有相同点权与单位权的两个节点相比，差异性越大，离散程度越大。容易理解差异性与度有如下关系：

1）如果与节点 v_i 关联的边的权重值差别不大，则 $Y_i \propto 1/k_i$ 。

2）如果权值相差较大，例如只有一条边的权重起主要作用，则 $Y_i \approx 1$。

（b）距离分布和平均距离

对于无权网络来说，平均距离是途径的平均边数量（每条边的长度是 1）。对于赋权网络来说，平均距离不再是简单地计算经历的边数量，而应该考虑每条边的权重。赋权网络中的距离不再满足"三角不等式"，即"两边权重之和不一定大于第三条边的权重"，边数最少不一定距离最短。可以用两两节点之间的距离度量由于赋权带来的节点之间的亲密程度的不同。

定义 9：无向连通简单赋权网络的平均距离 L 定义为所有节点对之间距离的平均值，即：

$$L=\frac{2}{N(N-1)}\sum_{i<j}d_{ij} \tag{5-24}$$

式中 d_{ij} ——节点 v_i 到节点 v_j 之间的距离。

在天地深入融合的网络架构设计方面，网络可靠性可以从网络抗毁性、链路稳定性和业务传输稳定性三个方面进行分析。其中，网络抗毁性分析可以借鉴节点的度以及平均度的相关理论，通过节点的度来反映网络的复杂性，从而衡量网络的抗毁性强弱。

5.2.3 时变图理论

5.2.3.1 静态图的局限性

天基网络属于空间信息网络的范畴，这类网络具有拓扑动态变化、链路资源稀缺、节点存储受限、业务种类繁多、QoS 需求相异等特性，使得传统连通网络的静态图模型和静态图论理论无法直接适用于空间信息网络的建模与分析；传统的快照图模型不能准确描述快照之间的关系，无法充分利用断续连通的链路资源；传统的时间扩展图模型节点存储量大、算法复杂度高，空间网络的承载能力难以最大化利用。

传统组网协议与算法以静态图论为设计依据，在时变网络环境中，制约了资源的利用率，限制了时变网络的吞吐量、时延等性能。如图 5－6 所示，假定链路 AB、BC 的容量均为 50 Mbps。在 T1 时段，链路 BC 的资源被某些业务占用，可用容量为 20 Mbps；在 T2 时段，链路 AB 的资源被某些业务占用，可用容量为 20 Mbps。最新互联网协议 OSPFv3、RIPng 依托静态图论，将时变网络看做分时段的静态网络，据此，源节点 A 到目的节点 C 的最大容量为 20 Mbps。若将该网络看做时变网络，假定 T1 时段与 T2 时段相等，且均为 1 s，T1 时段，链路 AB 以满负荷 50 Mbps 运行，其中 20 Mbps 的业务流通过链路 BC 传输，其余 30 Mbps 业务流暂存与节点 B；在 T2 时段，链路 AB 以20 Mbps 运行，链路 BC 以满负荷 50 Mbps 运行，转发来自链路 AB 及缓存于节点 B 的业务。基于此，源节点 A 到目的节点 C 的容量达到 35 Mbps。与基于静态图论的路由算法相比，路径吞吐量提升了 75％。可以预见，依托时变图理论，设计天地一体化的组网协议，将有效提升网络资源利用率，提升网络对业务的保障能力。

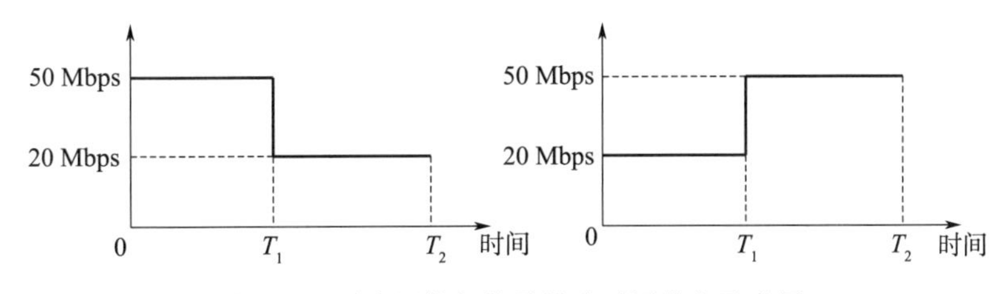

图 5－6　时变网络拓扑及链路可用带宽示意图

作为刻画网络拓扑演进过程的一种有效工具，近年来时变图理论在时延容忍网络（Delay Tolerant Network，DTN）中得到广泛的应用。

5.2.3.2　时变图衍生及模型

时变图模型是时变网络组网资源及其关系的数学表征，是时变网络协议与算法设计的理论基础。模型的优劣主要考虑以下两个因素：一是精准度，即能否精准表征组网资源随时间的变化关系及资源之间的相互制约关系；二是高效性，包括模型所占存储资源的大小和基于该模型分析网络性能算法的高效性。

传统静态图仅表征了链路资源及节点的连接关系，如图 5－7 所示。时变图需表征节点存储资源、链路资源、节点连接关系的时变性，经历了静态图、时间扩展图、时间聚合图、存储时间聚合图的发展历程。

（1）快照图

快照图（静态图序列）将时变拓扑在时间维度上进行离散化，每一个快照子图均为静态图，实现动态网络向静态网络的转化，如图 5－8 所示。尽管快照序列图（以及演进图）

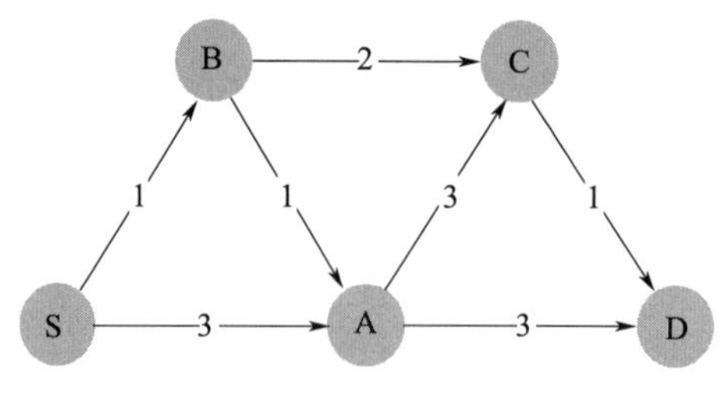

图 5-7 静态图

能够通过离散时间点上静态图描述网络拓扑的动态演进过程，却无法刻画各个快照间的联系以及网络拓扑变化对数据传输过程的影响，从而导致静态图中的理论工具（如最大流最小割定理、最短路由算法等）无法有效地应用在动态网络中。例如，通过使用 Dijkstra 等算法可以很方便地求解每个快照内的端到端最短路由，但是如果需要求解跨越多个快照的端到端路径则需要为其设计较为复杂的算法。因此，快照序列图比较适合用在类似铱星系统等网络拓扑规则、快照数目少、绝大多数分组能够在一个快照时间内到达目的节点的准静态网络，而不适用于网络稀疏且间歇性连通、多数分组需要经历多个快照才能抵达目的节点的高动态网络。并且，快照图割裂了快照之间的联系，无法表征存储—托管—转发机制，表征精准度低，导致资源浪费。快照图的快照子图数量与时间长度成正比，存储开销大；基于快照图的路由算法在所有的快照子图内重复寻找，路由算法效率低。

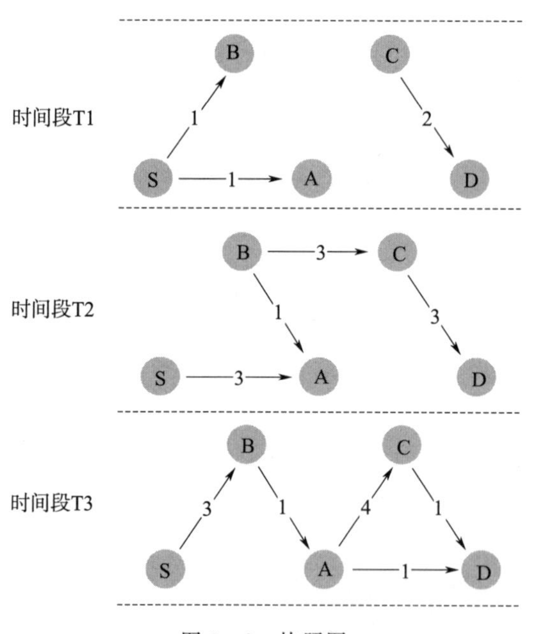

图 5-8 快照图

（2）时间扩展图

为了建模网络拓扑变化对数据传输的影响，福克森（Fulkerson）等人提出时间扩展图（Time-Expanded Graph），通过引入存储弧将离散的时间快照连接起来，从而实现从时、空两个维度对网络拓扑演进过程的建模。如图 5 - 9 所示，时间扩展图是一个分层有向图，图中每一层对应网络的一个时间间隔，层内拓扑即为该时间间隔内的网络快照。时间扩展图中的顶点为网络节点在不同时间间隔内的副本，图中的弧分为两类：链路弧和存储弧。链路弧用来表示各个时间间隔内存在的链路，其容量为该链路在对应时间间隔内能传输的数据量的最大值；存储弧用来建模节点通过自身存储空间携带数据的能力，其容量为对应节点存储空间的大小。

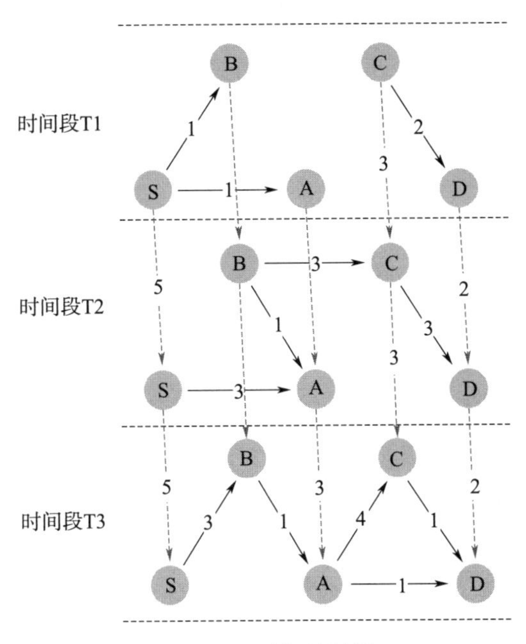

图 5 - 9　时间扩展图

可以看出，时间扩展图在本质上是动态网络在时间轴上的延展，存储弧的引入使其具有建模跨越多个快照的数据传输过程的能力，从而实现了动态网络的静态化表征。在此基础上，动态网络中的最短路由、最大吞吐等问题都可以直接转换成静态图中的流问题，而且静态图中的理论工具都可以直接应用在时间扩展图中。由于时间扩展图的上述优势，其被广泛应用在时延容忍网络（例如卫星网络、车载网以及传感器网络等）的性能分析和高效链路调度、路由算法设计等领域的研究中。例如，马兰德里诺（Malandrino）等使用时间扩展图建模车辆运动轨迹可预测的车载网络，并将该网络中最大吞吐量的内容分发问题建模成图中的网络流问题，通过优化得到了最优的内容分发策略；黄（Huang）等基于时间扩展图模型设计了一种传感器网络中能够保障给定时段内连通性的低开销链路调度方法；爱斯菲狄思（Iosifidis）等通过将时延容忍网络中数据的存储传输策略建模成时间扩展图中的网络流问题，来分析网络中节点存储容量大小对吞吐量、时延等性能的影响；福莱诺（Fraire）等将时延容忍网络中的最短时延路径问题转化为时间扩展图中的最短路由问题，并在此基础上提出了网络中最小化端到端路由时延的连接规划方法。

时间扩展图将快照子图中的对应节点用存储链路相连，可以表征存储—托管—转发机制，表征精准度高；但是，当快照子图较多、网络规模较大时，时间扩展图占用的存储空间大，路由计算复杂度高。

（3）时间聚合图

时间聚合图将快照图聚合到一起，用链路权重序列表征链路的不同时段的权重，如图5－10所示。例如，当权重为链路容量时，链路权重序列即为表征不同时段的链路容量。时间聚合图模型无需节点复制，模型存储量小，存储高效；一次路由计算，可计算出时间扩展图中的多条路径，路由算法复杂度低。由于缺乏分时段链路与缓存之间制约关系的表征，时间聚合图无法求解网络最大流，原因在于该模型的精准度低。

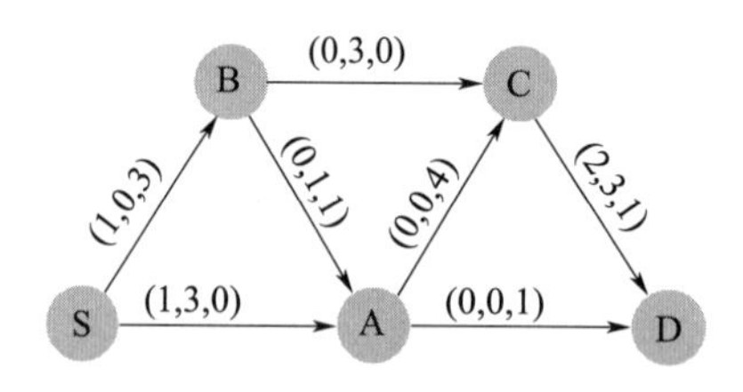

图5－10　时间聚合图

基于已有的时间聚合图，有学者提出缓存受限时间聚合图（Buffer－limited Time Aggregated Graph，BTAG），可以用来描述缓存受限的时延容忍网络（DTN），$BLAG=\{(V，E，T，C_T^{u,v}，N_T^v，Buf^v)\mid v\in V，(u，v)\in E\}$。其中$C_T^{u,v}$表示边$(u，v)$的容量时间序列，$C_T^{u,v}=(c_{\tau_1}^{u,v}，\cdots，c_{\tau_q}^{u,v}，\cdots，c_{\tau_k}^{u,v})$，其中

$$c_{\tau_q}^{u,v}=\int_{\tau_q}W_{u,v}(t)\mathrm{d}t \tag{5-25}$$

$c_{\tau_q}^{u,v}$为边$(u，v)$在时间段$\tau_q=(t_{q-1}，t_q)$内的总容量，$W_{u,v}(t)$为时刻$t\in\tau_q$时边的容量；N_T^v表示节点v的双向缓存转移序列，$N_T^v=[n_{\tau_1,\tau_1}^v，\cdots，n_{t_{0-1},t_0}^v，\cdots，n_{t_{k-1},t_k}^v]$，其中，$n_{\tau_{q-1},\tau_q}^v$为相邻时间段$\tau_{q-1}$与$\tau_q$之间所转移的存储数据量，且$N_T^v$中所有元素初始化为0。

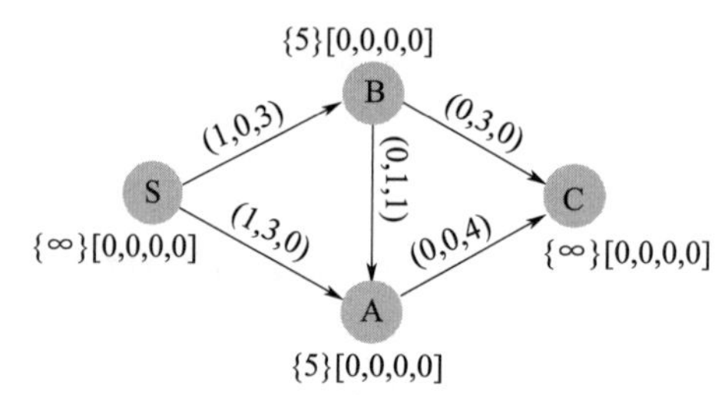

图5－11　缓存受限时间聚合图

如图5－11所示，描述了一个缓存受限时间聚合图，其中给定的时间范围T被分割成5个时间段，每一条边$(u，v)$标有容量时间序列$C_T^{u,v}$（如$C_5^{S,A}=(7，0，6，0，0)$）。每个节点v设定缓存大小（如$Buf^A=\{5\}$，假设源节点和目的节点不限制缓存的大小，记

为 ∞）。每个节点 v 都标有双向的缓存转移序列 N_T^v（如 $N_5^B=[0, 0, 0, 0]$）。

在 BTAG 中，节点数据的存储过程被描述成相邻时间段内数据的转移过程，例如 m 个数据在时间段 τ_q 内到达节点 v 且被全部储存，直到下一个时间段 τ_{q+1} 才全部离开，整个存储过程用存储转移来描述，即 $n_{\tau_q, \tau_{q+1}}^v=m$ 。

缓存受限时间聚合图在时间聚合图的节点上增加节点存储资源转移时间序列，设计了存储资源转移关系，精确表征了分时段链路之间的制约关系，获取了时变网络最大流，其精准度和高效性均优于时间聚合图。

5.3　基于天地深度融合的网络体系架构

作为一种无线接入手段，空间网络不但具有对地覆盖面积大，在覆盖区域内无通信盲区，对地形和距离不敏感，不受地理环境、气候条件和时间的限制等优点，而且还可以扩展至深空，为空间用户提供服务。因此，如图 5 - 12 所示，空间网络由于其广播性和广域覆盖的独特竞争优势，不仅是地面无线网络的补充（A 区域，补充地面无线网络的覆盖盲区）和延伸（B 区域和 C 区域，地面网络无法覆盖的边远地面区域通信以及空域），而且具有不可替代性（D 区域和 E 区域，远离地面网络覆盖的海域和空域）。

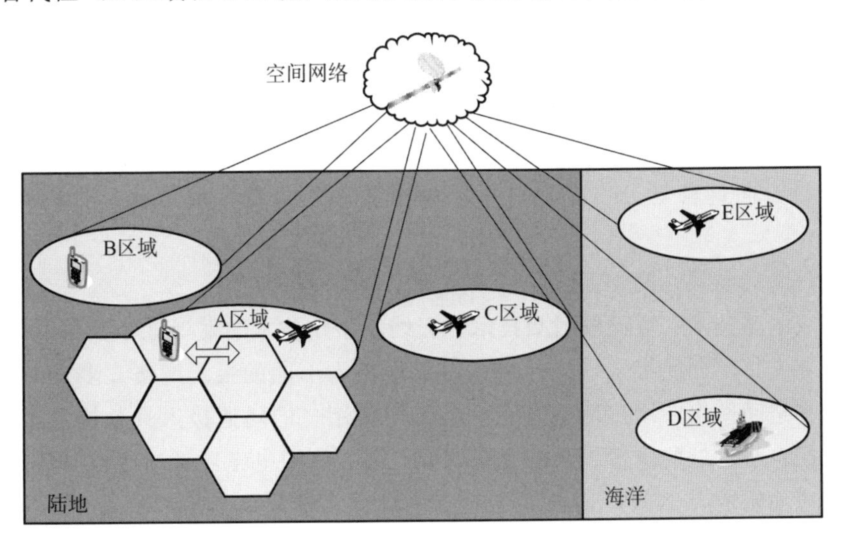

图 5 - 12　空间网络的能力定位

从一体化组网的角度来看，对于地面网络无法覆盖的区域（区域 B、C、D、E），空间网络即可以作为用户的直接接入网络，也可以作为地面网络的接入中继点，实现地面网络在区域上的拓展。

从异构网络融合的角度，对于与地面无线网络重叠覆盖的区域（区域 A），空间网络需要与之智能地融合在一起，利用多模终端智能化的接入手段，使移动用户随时随地地无线接入到多种不同类型的网络中，从而构成异构无线网络。

上述两种情况下，地面网络和空间网络融合组网指的都是地面无线网络与空间网络的融合。地面蜂窝无线移动网络为代表的远距离无线接入、WLAN 为代表的短距离无线接入以及以卫星通信和平流层通信等为代表的空间网络相辅相成，构成一个多重叠多交叉的无线异构网络覆盖从而向网络用户提供无缝服务。

不过，前一种方式下，由于空间网络覆盖的区域不存在地面网络，因此，核心问题是如何实现空间网络与地面网络的互联互通、信息共享。后一种方式下，由于空间网络是地面网络的补充，它将作为一种与地面网络等同的接入网络出现。因此，天地网络融合的方案是在考虑空间网络特点的情况下，实现与地面网络间的资源优化与数据分流，达到资源整合、随遇接入。

在技术路线选择中，前一种方式可称为天地网络互联，后一种方式可称为天地网络融合。下面将分别介绍两种技术路线中，天地深度融合网络体系架构的设计的总体思想。

(1) 用户终端不融合，接入网侧不融合，核心网侧实现互联互通

此种方式下，用户采用单模终端，无线接入侧采用空间网络特有的协议接口和无线接入技术满足空间链路需要，然后在核心网侧通过网关等附加设备完成协议的转换，或采用一致的网络构架和协议接口，就可以实现与地面网络的互联互通。

这种网络构架只是在核心网侧实现了互联互通，接入侧没有融合，导致用户需要利用特殊的终端才能完成网络的接入，使得用户群体受限。另一方面，空间网络用户在地面网络条件允许的范围内，也无法利用地面通信网络，造成了空间网络有限资源的消耗和拥塞。并且，由于需要在空间网络与地面网络相联的接入控制器完成协议的转化，造成额外的系统支出。此外，这种网络构建一般通过频谱划分的方式，实现地面网络与空间网络之间的互不干扰，而这种划分方式，造成了频谱效率的降低，也导致了目前频谱资源的紧张。

(2) 用户终端与核心网侧融合，接入网协作

随着集成电路技术、宽频段射频技术、天线小型化技术的发展，小型化、低成本的用户终端将能够支持不同的接入模式，可以可靠地接入不同的接入网络。多模终端的引入，将地面网络和空间网络在用户侧融合在一起，使得用户的随遇接入具备技术实现的基础。用户可以根据自身所处的位置、所需要获取的业务、周围电磁环境的特点以及网络本身的状态来自适应地选取合适的接入方式。对于用户而言，只有其最终获取到的业务是可见的，而至于由哪个接入网络提供服务是透明的。对于网络而言，一方面通过不同的接入网络平衡了接入侧的网络负载，另一方面通过多种接入方式的协同可以更好地发挥不同接入网络的优势。而业务分组化保证了核心网侧的融合，基于全 IP 的核心网可以支持单一业务在不同接入网间和同一接入网内的平滑切换和并行接入。

此外，地面网络在不断推出革新化技术，而空间网络也在不断推进空天网络的发展。为此，有必要研究面向未来发展的网络体系架构解决方案。

5.3.1 空间网络与地面网络互联体系架构

在空间网络与地面网络互联的场景下，空间网络的直接用户以及通过空间网络进行连

接的接入用户（可以是有线接入或无线接入）可通过空间网络互联互通，并通过地面信关站的协议转换实现与地面互联网和无线移动网络的互联互通，如图5-13所示。

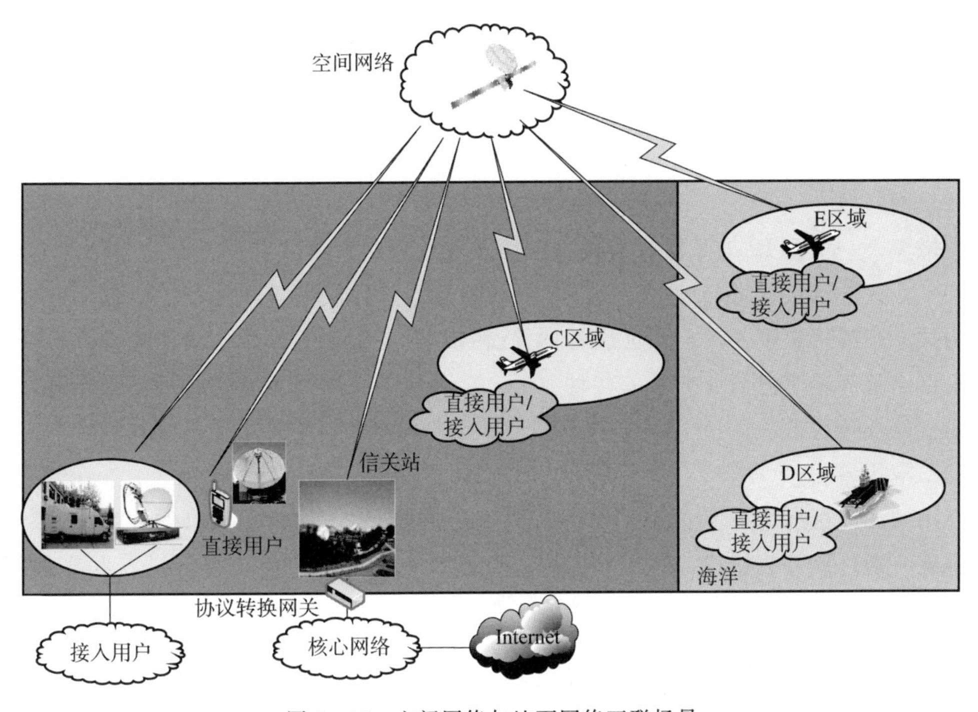

图5-13 空间网络与地面网络互联场景

在网络发展和融合的进程中，目前业界已经形成了向全IP化演进的共识，即实现业务IP化、终端IP化与承载IP化。在空间网络与地面网络互联情况下，总体网络体系架构如图5-14所示。

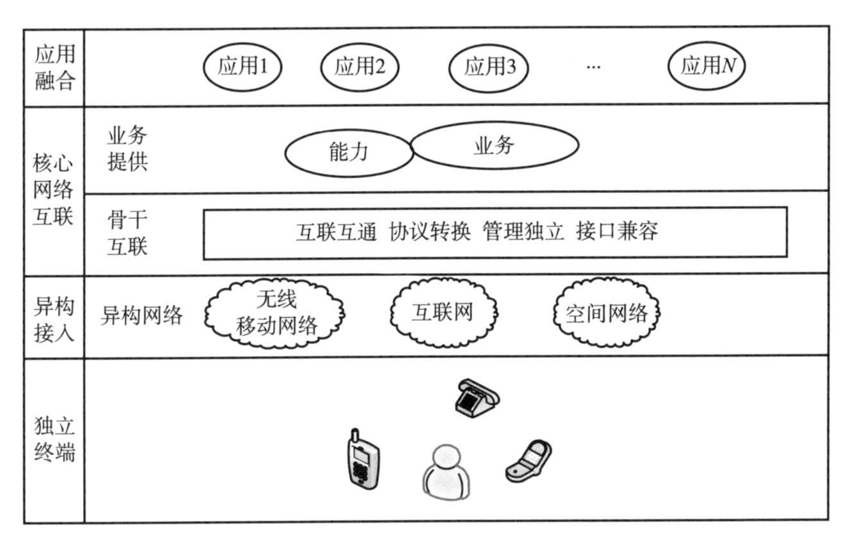

图5-14 空间网络与地面网络互联体系架构

除采用独立终端的用户域外，空间网络与地面网络互联体系架构沿用了接入域、网络域（核心层、业务层）和应用域的设计。

（1）接入域

系统整体架构基于 IP 协议，通过接入点无线接入类型的扩展，系统可支持多种异构网的接入。对于 WLAN、LTE、2G/3G 等地面无线网络，可以直接接入；对于空间网络，需要通过协议转换网关接入。

（2）网络域

网络域是一个全 IP 的系统，可提供电信业务域、互联网域以及企业网域的网络业务。网络域中，核心层负责终端的信令交互、会话管理、媒体交换等功能，主要设备包括协议转换网关、归属用户服务器、认证服务器等设备；业务层则提供基本语音业务、云计算业务、集群业务等基于电信业务域的各种业务。接入域接入网络域后，通过接入点可以直接接入相应的业务层。

（3）应用域

应用域面向最终用户。业务层对外提供统一的接口，该接口也可以作为系统的端到端应用扩展。通过该开放接口，可以将海洋、陆地、空间的一些应用资源进行共享和整合，通过互联互通的方式实现多网络应用的统一服务。

5.3.2 空间网络与地面网络融合体系架构

在空间网络与地面网络融合的场景下，在地面网络的覆盖盲区，终端可以接入空间网络而获得业务服务（这时，用户终端一般都是多模的，需要在地面网络和空间网络直接进行切换）。此外，空间网络还可以利用其广域覆盖和多播的特点，实现与地面基站间业务的互通，甚至是业务的直接推送，如图 5 - 15 所示。

天地深度融合网络包括业务层的融合、网络架构的融合以及设备的融合。

从业务层看，业务融合更具有广泛性。新的业务实现需要结合网络分层结构的思想，整合多个网络提供商的业务资源统一提供业务，使得业务资源及通用功能可以为多种不同的应用所重用，并且为所有业务建立统一的互联关系，屏蔽网络底层的异构性，为用户提供异构统一的业务，构建统一的业务平台，满足陆地、空中、太空和海洋等用户应用的信息共享、资源整合。

从网络架构上看，网络的融合指的是接入网络异构协同，上层核心网络承载融合。由于目前整个网络向全 IP 化的方向发展，并将 IP 的使用范围最终扩展到所有的承载及控制层面。因此天地一体化融合网络将是基于 IP 分组的通信网络，并随着接入网和核心网带宽的提高不断加速其 IP 化的进程。

对于网络设备，融合网络的处理方式是提供开放统一的业务接口，使设备间可以进行信息的互通和功能的调用，最终实现设备级的融合；对于终端设备，其发展趋势是将各种不同的功能集成到同一设备上，向用户提供更为丰富的新型业务。

为了实现地面互联网和无线移动网络与空间网络的一体化，网络之间需要融合，定义

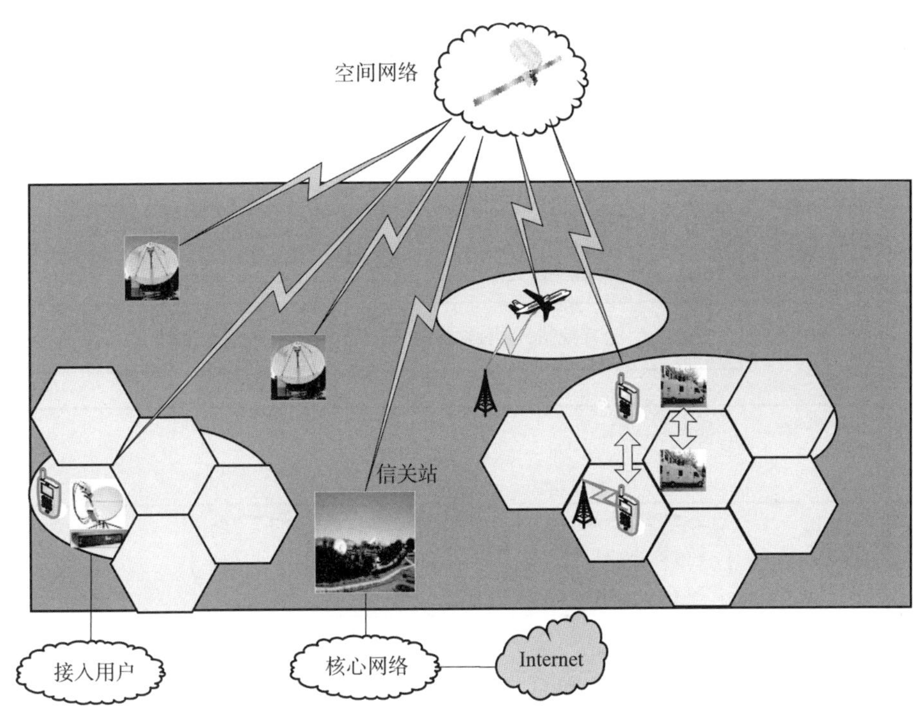

图 5-15　空间网络与地面网络融合场景

统一的接口和标准协议，实现网络分层和功能分离。各种接入技术对于融合的核心网均处于同等的地位，通过构建一个透明（融合网络对外部终端和业务提供是透明的）、协同（融合网络内部中两种网络之间是协同的）的网络融合架构，采用基于异构网络中资源的联合控制和管理的紧耦合融合及密切协作方法，解决不同网络间的互相作用，使得用户可以自由接入到不同的业务提供商，支持通用移动性，实现天地一体化通信，并循序引入 IPv6，实现网络平滑演进。

图 5-16 为天地深度融合网络的一种网络体系架构，是潜在的异构组合网络，集现有的通信技术于一身，并且提供一个连接这些网络的公共平台，即网络中的所有部分都通过基于 IP 的核心网络汇聚其连接功能，通过核心网络中使用的信令互联，不同网络可以由其他的网络补充业务。接入网络在采用 IP 协议体系架构的基础上，通过系统间相互融合的方式发挥各自的优势。

除采用融合终端的用户域外，空间网络与地面网络融合体系架构同样沿用了接入域、网络域和应用域的设计。

（1）融合终端

虚拟终端和多模终端都可以称之为终端融合的实现方式。

融合终端可以接收来自网络的多网路由策略，并可以根据自身获得的无线信号发送路由策略给网络。同时，根据网络下发的路由策略，决定具体业务流从哪个接入网络进行发送和接收。实现中，对于上行数据流，终端根据网络下发的路由策略选择指定的接入网进行发送；对于下行数据流，通过路由策略匹配，为匹配成功的用户业务流选择指定的接入

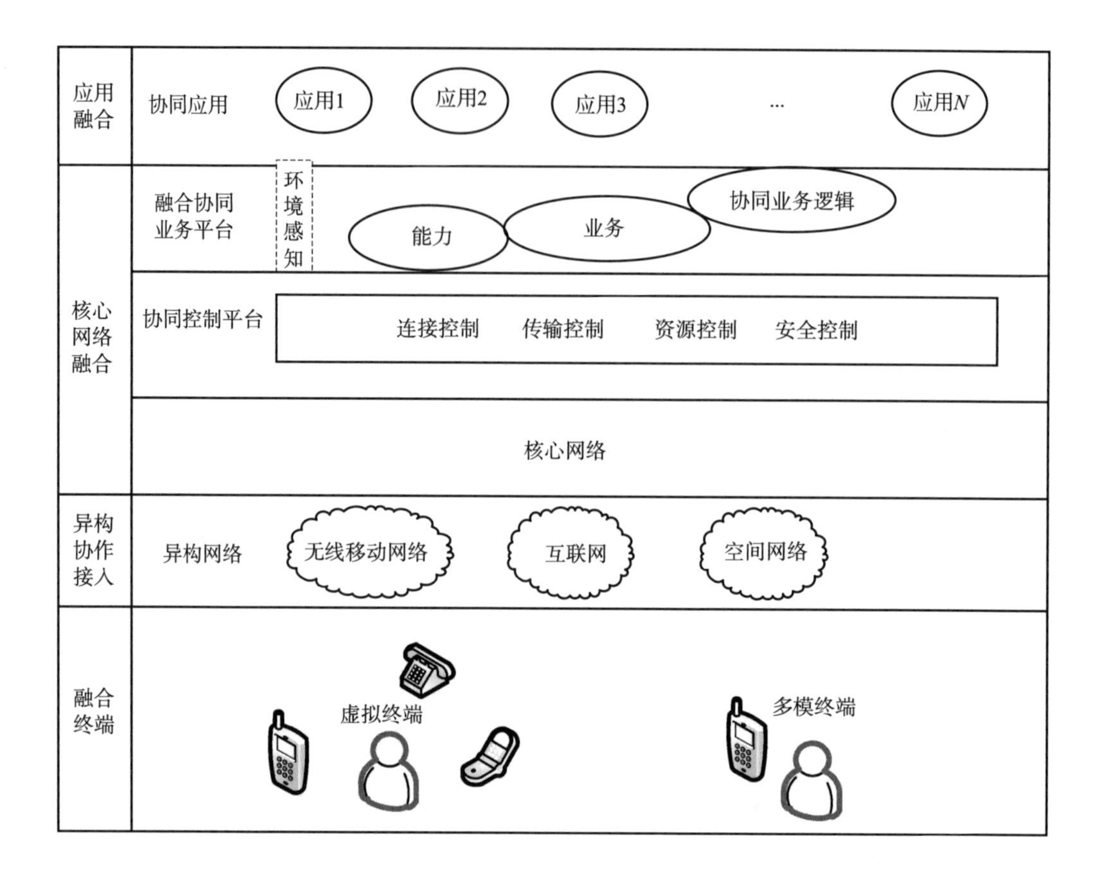

图 5-16　空间网络与地面网络融合体系架构

网络进行转发。

融合终端可以同时发起到不同网络的连接，从而聚合网络的带宽，为大流量的多个应用程序服务。网络通过配置的策略，自动指导用户终端将多个应用的业务流分流到不同的接入网络，保证每个接入网络的负荷都是均匀的。实现中，通过位于用户终端的客户端软件，可以进行无线链路聚合，为用户维护一个 IP 地址。所有业务流通过 IP 层后，由客户端软件分流 IP 数据流从多个无线通道进行发送。同时，网络侧下发的数据流也是通过多个无线通道进行接收，最终在 IP 层合成多个应用业务数据流。

（2）接入网络异构

系统整体架构基于 IP 协议，通过接入点无线接入类型的扩展，可支持多种异构网的接入。

（3）核心网络融合

通过核心网络融合，可以对无线网络的网络环境、业务环境、用户状态等数据资源感知，智能地决策不同用户、不同业务的承载模式和并发形态，使网络中的系统资源（包括不同的接入网络形式、时间、频率、空间等）得到联合优化；实现复杂网络下的动态资源管理和控制；解决异构网络在接入、控制和业务层面上的差异性。这时，用户和网络的连接不再是位于接入网的尽力而为的接入，而是通过网络的不同层面互相协调提供的融合业务。

图5-17为以LTE核心网络为基础，空间网络与地面蜂窝网络和WLAN融合的网络功能实体连接框图。

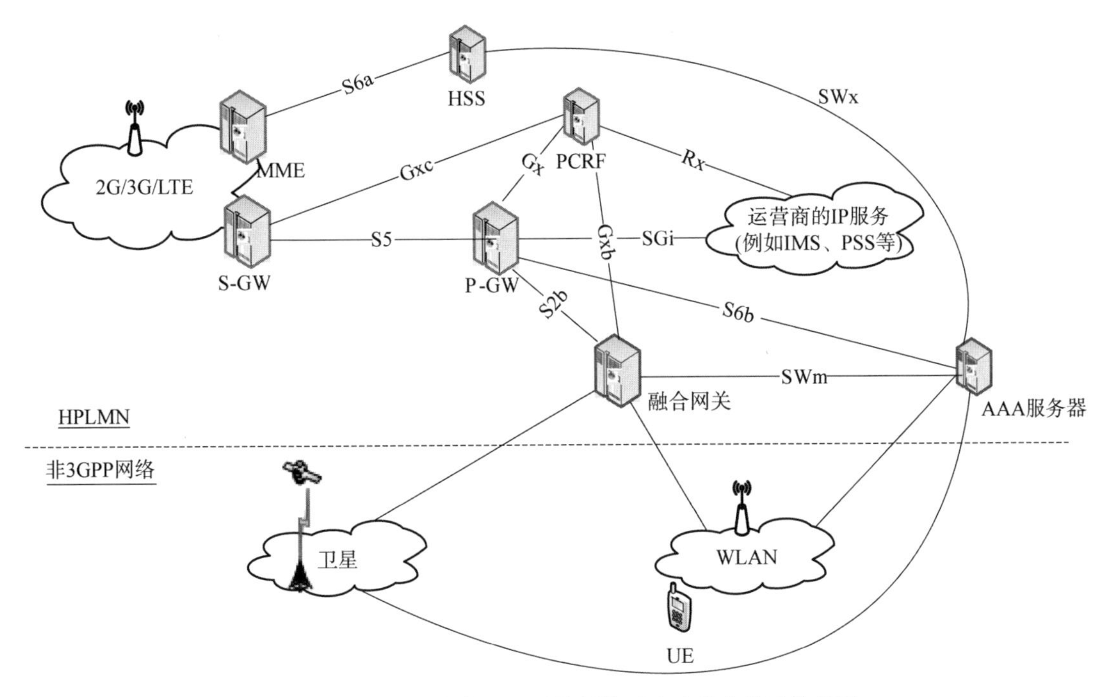

图5-17　空间网络与地面无线网络融合功能实体连接框图

在上述层次结构下，可以从技术层面上实现在异构的网络环境中提供逻辑上统一的业务环境。

首先，LTE网络采用统一的分组核心网EPC进行控制，融合支持多种无线接入技术。

其次，从网元的角度，天地融合网络中将增加一个融合网关，定义标准的接口和协议，实现融合接入。融合网关可以根据不同异构网络间负载均衡以及用户不同需求，动态地选择和切换地面无线移动网络以获得好的服务质量，或者通过WLAN以获得高数据传输速率和较低的成本，或者利用空间网络来解决终端高速移动情况下以及较高安全要求下的通信问题。

再次，天地融合网络中将实现统一鉴权认证和管理。用户在互联网、无线移动网络和空间网络等不同接入模式下，使用统一号码和标识访问业务，融合网络基于统一的用户身份信息实现接入认证和业务认证，并解决统一计费难题。

最后，带宽控制策略可以通过PCRF下发给融合网关，融合网关根据下发的带宽控制，对转发的用户具体业务流执行具体接入网络下的带宽流量限制。通过动态策略实时地调整用户业务流在不同网络中带宽的使用量，让运营商的网络资源可以更加公平合理的得到多数用户的使用。

(4) 应用域

应用域面向最终用户。业务层对外提供统一的接口，该接口也可以作为系统的端到端应用扩展。通过该开放接口，可以将海洋、陆地、空间的一些应用资源进行共享和整合，通过互联互通的方式实现多网络应用的统一服务。

5.3.3 面向未来发展的天地深度融合网络体系架构解决方案

在地面无线移动网络和空间网络相互融合的空天地一体化架构中，SDN 和网络功能虚拟化（NFV）技术将是未来融合网络架构的核心，将带来个人和企业获取业务能力的全新商业模式。

SDN 技术是目前学术界最热门的研究话题之一，它是新一代网络发展的目标，是现代网络技术的新未来。SDN 源起于美国斯坦福大学提出的 OpenFlow，后来经过各个领域对它的研究推动，发展早已不仅限于原有的意义。该技术在谷歌、威瑞森等企业得到了试用，它的表现与潜力已经得到学术界和工业界的一致认可。

SDN 技术的发展正在加速我们设计、构建和运营网络的过程，以更好地支持网络的增长、灵活性和创新。SDN 主要是将控制层和数据层面剥离开来，实现两个层面相对独立管理，这样的抽象以比以往更灵活的方式调度网络，针对传统网络的问题带来新的解决思路。比如，网络可虚拟化能更方便地调度网络资源，提高资源的利用率，掌握全局视图有利于网络细粒度的控制，它的可编程特性使网络管理简单化、集中化，更有利于网络的创新。

SDN 技术的核心思想是：1）将控制层面和数据层面抽象分开，实现集中化的控制；2）对外提供可控接口，以灵活实现业务需求；3）实现网络配置和管理的自动化。

NFV 技术同样是当前国际热点技术，尚在研究的起步阶段。NFV 利用 IT 标准化的虚拟化技术，将许多网络设备类型统一放置在工业标准的大容量服务器、交换机和存储器中。NFV 与 SDN 是相互高度补充关系，依靠 SDN 可以增强 NFV 性能，简化现有部署的兼容性以及使得操作和维护流程都变得更加容易。通过将 NFV 和 SDN 两种技术的特性有机结合，将 IT 领域的关键技术创造性地应用到通信领域，重构空天地一体化融合网络体系结构，研究和设计基于网络虚拟化和 SDN 技术的新型端到端的一体化融合网络关键技术和组网方案，构建更加良好的移动互联网生态环境，是未来网络技术的发展热点。

随着万物互联时代的到来，网络中传输的数据业务剧增，卫星网络虽然与地面移动网络相比具有不可比拟的优势，但在设备资源、维护更新、配置管理等方面都远不如地面网络，并且卫星造价较高，如果空中的卫星发生故障，不仅仅是网络性能受到影响，卫星的修理与替代都会耗费巨大的人力、物力和财力。面对日益剧增的数据流，卫星节点有限的处理资源难以负载繁重的业务。将 SDN 和 NFV 技术融入未来的天地深度融合网络体系中成为了一种有效的解决方法。

图 5-18 为一种基于 SDN 技术的天地融合网络架构。

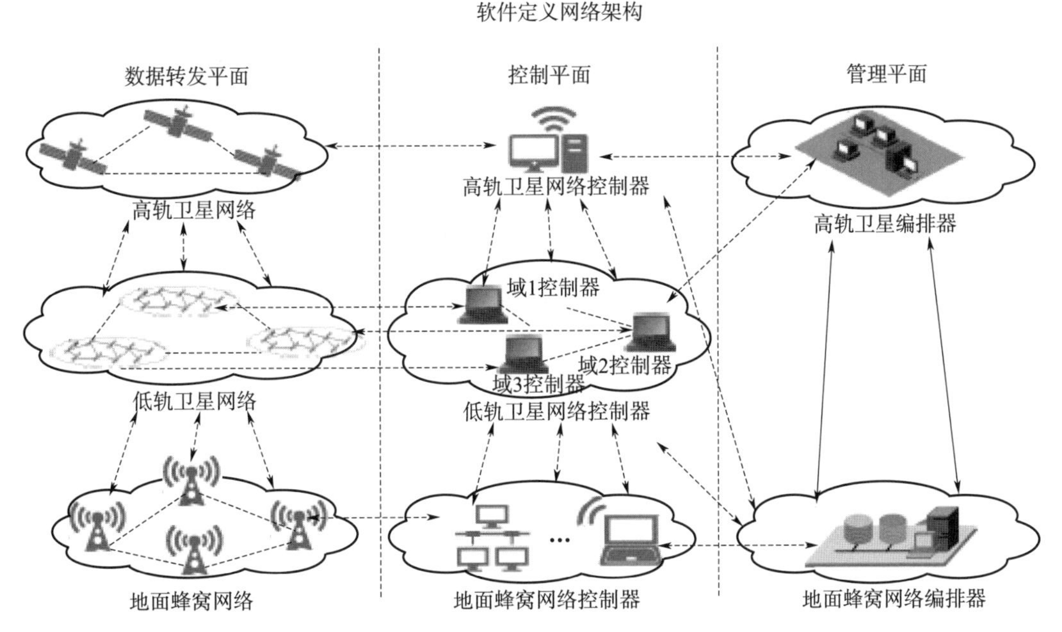

图 5-18　一种基于 SDN 的天地融合网络架构

将 SDN 架构引入卫星网络后，能够通过控制器集中收集卫星节点和链路的实时状态，获取网络的全局视图，掌握整个网络的变化情况。从以下三个方面可以描述 SDN 技术对未来卫星网络的改变：

1）在用户接入方面，未来地面蜂窝网络作为主要的接入网络可以采用分布式云计算和虚拟化两个关键技术，实现“软件与业务的解耦”。分布式的泛在接入模式彻底抛弃了过去传统烟囱式的业务垂直系统；通过虚拟化技术，资源共享大大提升了资源的利用率和资源使用的弹性，从而大大提升业务部署速度和处理能力。云计算环境下的网络实现虚拟化及虚拟机迁移的关键是 SDN。基于 SDN 的构架，可以便捷实现转发路径优化以及负载均衡，从而使得数据交换更加迅速，便于实现计算资源和网络资源的协调和整合。

2）在数据传输方面，面对海量信息的传送，未来地面蜂窝网络需要实现可管可控的智能化管道，做到超带宽、可视化、可运维及低成本。因此，基于全网 IP 的多网协同融合以及自组织运维是最重要的技术。全网的 IP 化已经成为业界共识，并已经取得了长足的进展。IP 技术作为一个与业务无关的技术，成为接入网、城域网、骨干网等共同的技术，成为下一代网络的核心，IP 以其开放性、统计复用的高效率成为降低网络成本的关键。未来的高轨卫星网络作为控制器和卫星交换节点间的中介，负责搜集覆盖范围下的低轨卫星信息和链路信息，上报给地面控制器。同时也负责将地面控制器下发的数据信息（流表项或者分段路由指令）和卫星网络节点控制信息等下发至低轨卫星。而未来低轨卫星网络只负责用户数据的转发，这样做的优点是大大降低了底层卫星节点的计算压力，减少了网络中的信令交换开销。

3）在业务方面，分布式云计算技术进一步促进了网络业务的不断融合。所有的业务软件共享所有的计算和存储资源，从而促进数据中心“云化”和业务“云化”。各种业务（如通信、短信、彩信、IPTV、Appstore、网管、BOSS 等）运行在虚拟的云计算数据中心上，向分布式计算的模式迁移。而目前我国的民用卫星受限于星上的处理能力，业务主要还是通信与导航，而一旦成熟的分布式云计算技术应用在卫星网络中，卫星上可处理的业务种类会有极大的提升。

此外，由于空间网络中的卫星系统也在逐渐向实时获取、传输和处理空间信息的网络方向演进，而空间网络独具的大时空跨度网络体系结构、动态网络环境下的高速信息传输、稀疏观测数据的连续反演与高时效应用等问题将极大影响面向未来发展的空天地一体化网络体系架构。

5.4　本章小结

本章从天基深度融合的需求出发，根据空间网络和地面网络各自的特性，提出了空天地一体化网络业务环境场景，特别是利用空间网络广域的覆盖特性解决地面网络覆盖盲区，为用户提供全球无缝、综合一致的网络服务保障；其次，针对空间网络体系设计的理论和方法进行初步分析，包括经典的复杂网络理论、图论等，也包括基于空间链路动态刻画空间网络拓扑演进的时变图理论，为分析、研究空间信息网络提供了一定的理论研究基础；最后，面向天地深度融合的发展趋势，介绍了 SDN，NFV 等现代网络新技术，从互联体系架构、融合体系架构、融合网络技术解决方案三个层面提出了天地深度融合的技术途径和关键技术发展建议。

第6章　卫星通信与5G融合

地面移动通信系统以约每10年一代的速度高速发展，技术创新层出不穷，自20世纪80年代第一代移动通信系统（1G）诞生至今，第五代移动通信系统（5G）已成功商用，地面蜂窝网络的传输速率与频谱效率不断攀升，人类通信实现了从模拟话音业务到文本与中低速多媒体业务，再到移动互联网与万物互联的飞跃。与此同时，卫星通信也在蓬勃发展，传统的同步轨道卫星不断向大容量、高带宽方向演进，高通量卫星研制成为国际宇航企业新一轮的竞争高地。除此之外，以O3b、Starlink为代表的中低轨互联网卫星也开始进入商业运营，形成多层立体天基通信网络。

在过去的发展中，卫星与地面移动网络呈相对独立的态势，然而随着技术发展与新型业务的涌现，人们对通信网络的能力也提出了更高的要求，实现真正的泛在通信与万物智联成为下一代通信系统建设的迫切需求。因此，目前业界较为普遍的观点是卫星通信与地面移动通信不应再相对独立发展，卫星通信与地面移动通信开始走向融合。地面蜂窝网络能够为陆地尤其是人口相对聚集的区域提供强大的接入能力，超高的数据传输速率，但在人迹罕至的乡村、海洋等区域，由于地面网络铺设难度大，维护成本高，地面移动网络难以提供高效覆盖。目前陆地蜂窝移动通信系统的人口覆盖率约为70%，陆地表面覆盖率约为20%，与全球无缝覆盖的泛在无线通信网络相去甚远。而卫星具有覆盖范围广、覆盖波束大、组网灵活和通信不受地理环境限制等优点，可在偏远山区、空中、沙漠、海洋等地区提供有效服务，弥补地面5G网络因技术或经济因素造成的覆盖不足。因此，与5G融合的卫星通信网络可以突破地形限制，为个人与行业用户提供全球无缝泛在的高速业务体验。面向个人用户，融合网络扩大了地面通信网络覆盖范围，提供低成本的泛在接入，为用户提供多样化的语音和数据业务；面向行业客户，融合网络传输覆盖广、时延抖动小、可靠性高的特性则能够为行业客户提供专网服务，实现大时空尺度下的确定性服务与连续业务接入。另一方面，由于地面移动通信网络的长期深度发展，已形成了完备的通信体制协议与复杂的协议栈，保证了其可靠的通信与优质的用户体验，而卫星通信由早期的广播业务及固定站业务而来，后续出现的移动及动中通等业务也发展较为缓慢，其通信体制协议的完备性及有效性较地面移动仍有较大的差距。卫星与5G的融合也有助于借助快速发展的地面网络产业，吸纳5G先进的技术与设计思想，带动卫星产业做大做强，推动统一的体制协议的发展与统一基带芯片的设计开发。卫星与地面移动通信网络的充分融合、优势互补，将为未来通信发展带来新的机遇。

目前国内外各研究单位已从融合架构、标准体系、演示验证等方面对卫星与5G融合的通信技术展开了研究，卫星与地面移动通信融合的网络的标准化工作也在稳步推进。国际电信联盟（International Telecommunication Union，ITU）先后提出了ITU - RM. 2176 - 1、

ITU－RM. 2047－0、ITU－R M. 2083、ITU－R M. 2460 等一系列报告与建议书，制定了卫星无线接口的要求与详细指标，定义了卫星与下一代通信技术结合需具备的核心能力，包括多播支持、智能路由支持等，并提出了融合网络中继到站、小区回传等四种典型应用场景。3GPP 早在 R14 的研究中就明确将卫星接入列为 5G 的多个接入技术之一，并在 TS38. 811 中明确提出了非地面网络（Non－Terrestrial Networks，NTN）。3GPP 在后续的 R16 研究中相继分析了卫星对 5G 架构的影响以及 NTN 对 5G 物理层的影响，并探讨了支持卫星接入的 5G 网络的典型应用场景与需求。在当前 R17 的标准化工作中共有 3 个 NTN 项目，分别讨论面向弯管卫星通信的 5G 无线空口标准规范、卫星接入对 5G 系统架构的影响及窄带物联网（Narrow Band Internet of Things，NB－IoT）系统在卫星通信下的标准化影响。

在工程实践方面，商业公司参与卫星 5G 融合的热情高涨，各类卫星通信产业参与者快速发展，地面移动通信厂商也有向卫星通信进军趋势。2019 年韩国 KT Sat 公司成功进行了全球首次通过卫星的 5G 数据传输，2020 年吉莱特公司利用 5G 蜂窝回程解决方案成功开展了 5G 通信演示，联发科与国际海事卫星组织开展了 5G 卫星物联网数据连接测试，由欧盟支持的 Sat5G 项目则完成了基于 Pre－5G 测试平台的卫星与 3GPP 架构的融合、通过模拟 GEO 卫星链路连接飞机内部和外部地面数据网络等一系列演示，验证了卫星在提供蜂窝基站回程、向网络边缘传递内容等方面的优势。卫星通信与 5G 融合已成为当前研究与产业界的热点，将为未来通信技术发展与应用提供广阔的创新空间。

尽管卫星通信与 5G 融合研究已成为国内外各研究机构的研究热点，工程厂商也已开展工程探索，但目前卫星通信与 5G 融合的内涵与层次仍有待分析与明确，卫星通信场景的特性与 5G 技术难点也有待进一步挖掘。

6.1 卫星通信与 5G 融合路径

5G 作为地面最新一代移动通信技术，卫星通信与 5G 融合的一种内涵即是卫星通信借鉴 5G 先进技术，实现卫星通信技术的快速发展与应用，此类技术借鉴并未涉及网络架构的融合，并不在本文的讨论范畴之中。唯有互相融入对方的网络架构，才能形成面向未来的星地一体网络。

当前卫星通信主要使用星上透明转发的模式，其网络架构如图 6－1 所示。卫星终端将信息发送给卫星，透明卫星不对信息进行任何处理，仅做频率搬移，将信息转发至地面信关站，信关站与卫星网络运行中心相连，由网络运行中心执行信息处理与网络控制，并最终与外部数据网络进行数据交换。5G 则基本继承了地面移动通信“接入网-承载网-核心网”的网络架构，如图 6－2 所示。

卫星通信具有明显的覆盖优势和大时空尺度通信优势，可以帮助运营商提供低成本的普遍服务及扩展现有的通信服务，实现收入增长；但另一方面，卫星通信场景的动态拓扑连接、长距离、大时延等特性，造成技术实现较地面系统难度大。为实现空天地一体化通

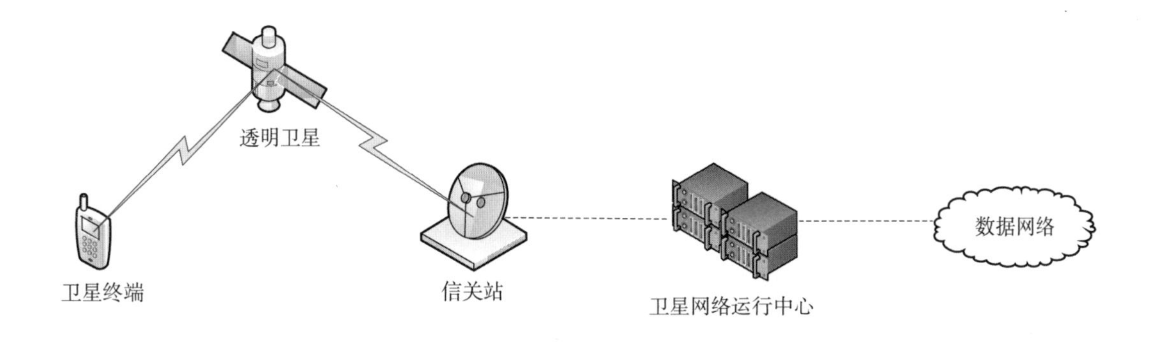

图 6－1　透明转发卫星网络架构

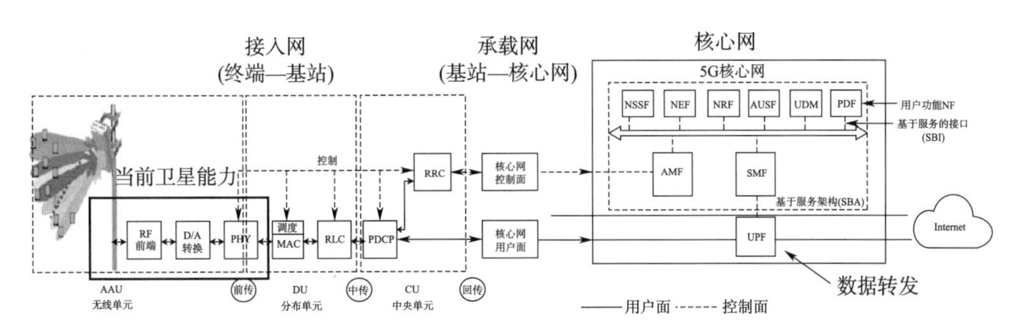

图 6－2　5G 通信网络架构

信网络的终极目标，保证融合系统的稳步推进与平滑过渡，卫星通信与地面移动通信系统应经历由浅入深、分步骤分阶段融合，逐项突破关键技术几个阶段，如图 6－3 所示。当前阶段，卫星通信通信系统一般有自己的独立的网络架构，一般分为空间段、地面段、用户段，通过自身的核心网可以与地面通信网络互联互通，当前阶段可以认为卫星通信与地面网络并无融合。进入融合阶段后，依据融合技术难度与发展趋势，在最顶层按照承载网融合、核心网融合、接入网融合的网络融合步骤研究，逐步实现更深层次的融合，最终形成资源共享、随遇接入的一体化网络。

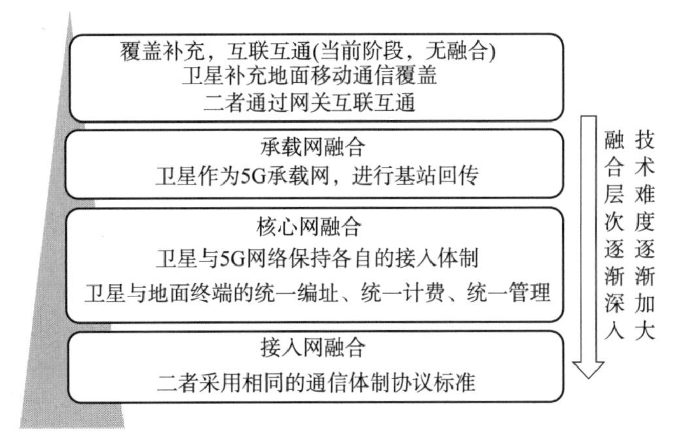

图 6－3　卫星通信与 5G/6G 融合网络发展路线

6.2 承载网融合

承载网融合是一种较为松散的融合方式，技术难度小，松耦合。卫星通信网络作为承载网，可以实现5G基站的信息回传，如图6-4所示。5G基站的回传可以根据需求在地面承载网与卫星承载网间进行切换，而基站与用户终端仍为地面5G系统的基站与终端，用户无需改变终端。此方式将是应用范围最为广泛的一种融合方式，目前也已有部分厂商开展工程应用探索。

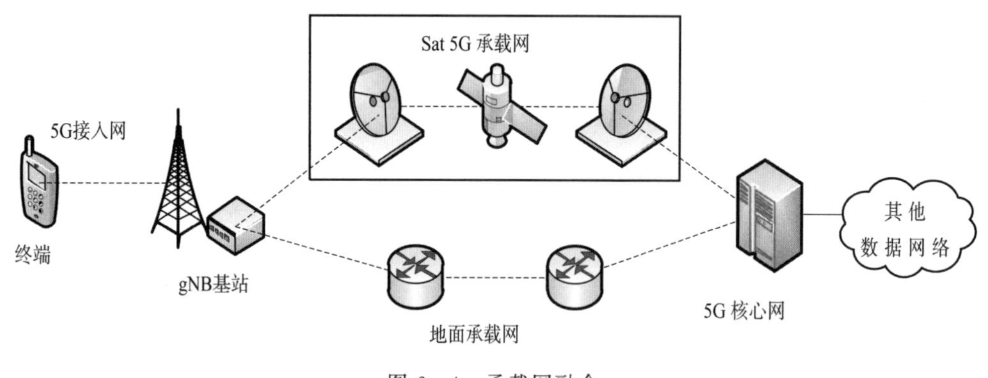

图6-4　承载网融合

6.2.1　挑战

当前5G承载网主要指标要求为：传输带宽方面，4G基站承载网带宽仅为200 Mbps量级，典型5G低频单基站的峰值带宽为5 Gbps量级，高频单基站的峰值带宽为15 Gbps量级。时延方面，eMBB业务要求用户面和控制面的时延分别低于4 ms和10 ms；uRLLC业务要求用户面和控制面的时延分别低于0.5 ms和10 ms。5G承载网的高速传输和低时延对卫星通信提出了更高的要求，需通过更高频段、更窄波束等技术满足。当前卫星能力无法满足城市大流量的5G基站回传需求，以当前的卫星能力，可通过建立临时5G基站的回传链路、拓展5G网络覆盖范围、在郊区等人烟稀少地区或者在应急条件下为5G基站提供降级回传服务等方式解决。

6.2.2　关键技术

高通量卫星与低轨卫星系统可以作为支撑卫星与5G承载网融合的关键技术，实现5G承载网对大容量、低时延的回传链路的需求。

（1）高通量卫星系统

为满足5G增强宽带带来的高速大容量承载网的需求，现有在轨的及正在快速发展的高轨高通量卫星通信系统可较好地满足要求。目前中星16可形成26个用户点波束，卫星通信总容量达20 Gbps以上，实践二十号卫星则将卫星通信频段拓展至Q/V频段。高通量卫星系统的实现，主要依赖以下几项关键技术。

1）多波束天线技术。高增益多波束天线是保障高通量卫星实现高数据吞吐量的关键，通过空间隔离来实现多次频率复用和极化复用，从而成倍地提高通信卫星吞吐量，具体包括星载反射面多波束天线、星载相控阵多波束天线等。

2）毫米波通信技术。毫米波频段频谱范围宽，频率资源丰富，且毫米波方向性好，干扰少，非常适合用于高速大容量的卫星通信。此外，毫米波有源相控阵天线相比于传统天线重量轻、波束速度快、可靠性高，能够大幅提升卫星通信能力，便于建立大容量 5G 天基回传通路。

3）高功率载波聚合技术。利用相控阵天线馈电网络实现，在保证波束电平总和不变的情况下，调整多个波束内信号的大小，实现功率在不同波束间的灵活动态调配，可有效提升星上资源利用效率，能实现与 5G 相近的广播传输能力（单信道 300 Mbps 以上）。

（2）低轨系统

低轨卫星通信系统因其轨道位置低，传输时延小，能量利用效率高等特点，对承载高可靠低时延以及海量低功耗业务具有天然的优势。2014 年起，以 OneWeb、SpaceX 为代表的大规模低轨互联网星座迅速发展，得到了产业界资本、运营商的广泛关注，印度 Vestaspace 星座实现了小于 34 ms 的延迟、速度超过 400 Mbps 的直播高清视频数据传输。为满足 5G 对承载网低时延高可靠的要求，低轨系统应重点攻克以下关键技术。

1）低时延组网技术。设计星间组网体制协议，利用星间激光链路完成数据转发与交换，构建 5G 卫星承载网，对数据分组与光融合进行统一协调、统一管理，减少路由跳数，实现最短路径传播低轨星座，可在大空间尺度通信中取得比地面或海底光缆承载更短的信息传输时延。

2）高精度同步技术。5G 承载网中对时间同步精度有着非常苛刻的规定，为实现相关标准，时间精度控制在纳秒的量级。可利用低轨星座通导融合技术，在低轨通信卫星上完成高精度静态误差的监测与锁定，将星载终端的运行精度从 20～25 ns 提升到 10～15 ns 的水平上，切实保障 5G 卫星承载网的运行时间精度在最小的误差内。

6.3　核心网融合

核心网融合是卫星通信与 5G 融合的第二阶段。核心网融合实现卫星通信终端与地面移动通信终端的统一编址、统一认证、统一计费、统一管理等功能，网络按需选择利用卫星或者地面网络提供服务，而接入网部分仍保留各自的空口体制协议。

与 4G 核心网不同，5G 核心网（5GC）采用了基于服务的架构（Service Based Architecture，SBA），传统的网元功能被拆解为多个网络功能服务（Network Function Service，NFS），其中最重要的为移动管理功能（Access and Mobililty Management Function，AMF）、用户平面功能（User Plane Function，UPF）和会话管理功能（Session Management Function，SMF）。UPF 负责分组数据的监测及路由转发、用户平面部分的

策略执行等，AMF 负责非接入层信令的处理、接入层安全控制、移动性管理等，SMF 则负责会话管理、用户 IP 地址的分配管理、下行数据到达指示等。当前，卫星网络主要作为地面移动网络的补充，提供偏远山区及沙漠海洋的覆盖，二者并无融合，如图 6-5 所示。一个透明处理类卫星通常需要信关站和网络运行中心实现地面接入网与核心网的功能，以完成与外部数据网络的通信。在这样的架构下，卫星与地面移动网络无法互通有无，数据传输效率低，灵活性弱，亟需开展卫星与地面移动网络的融合研究，实现二者互联互通，建立高效灵活的天地一体网络。

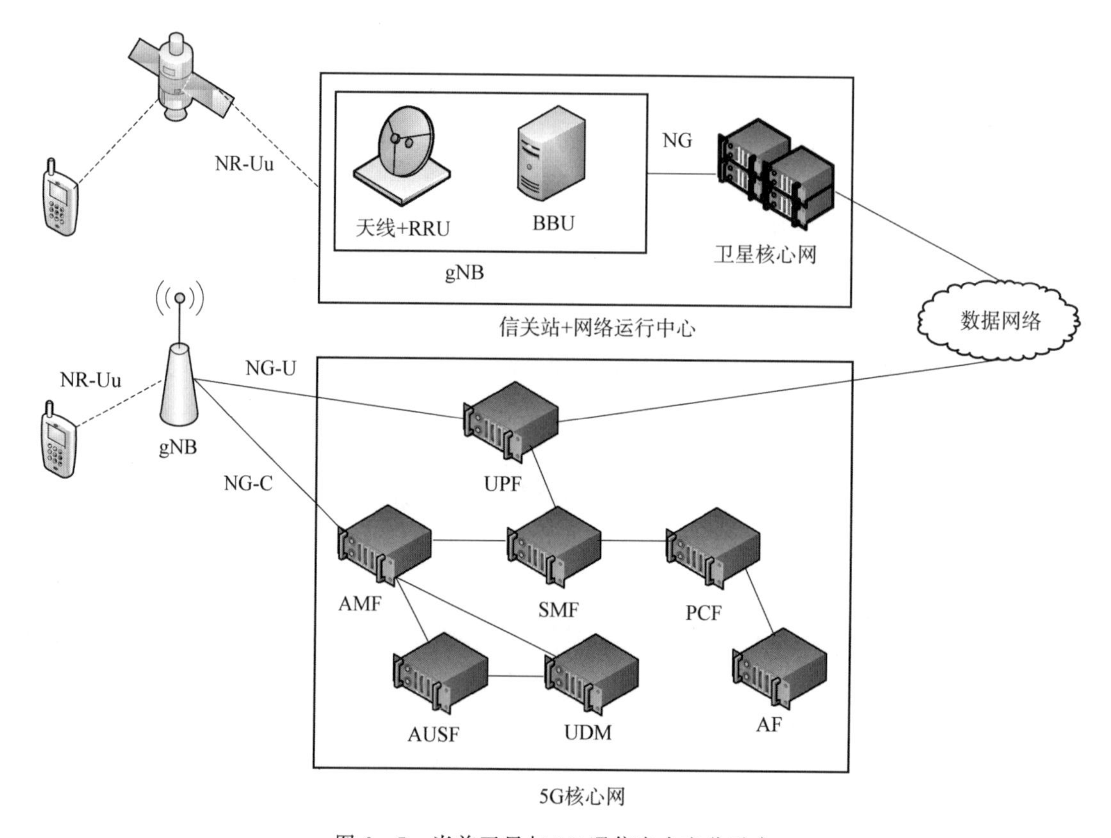

图 6-5　当前卫星与 5G 通信尚未充分融合

5G 核心网中，每个 NFS 独立自治、但又服从统一管理。卫星与 5G 网络的核心网融合架构如图 6-6 所示，基于 SBA 架构，一方面，5G 核心网成为一个开放的平台，可基于服务对外提供统一的接口。另一方面，5G 核心网实现了控制面和用户面的彻底分离。然而，卫星通信系统与地面移动通信系统在部署环境、信道传播特征等方面存在很多差异，为两者的核心网融合以及在卫星网络中支撑 5G 服务能力带来了许多挑战，需要在卫星与 5G 融合的系统设计过程中加以考虑。

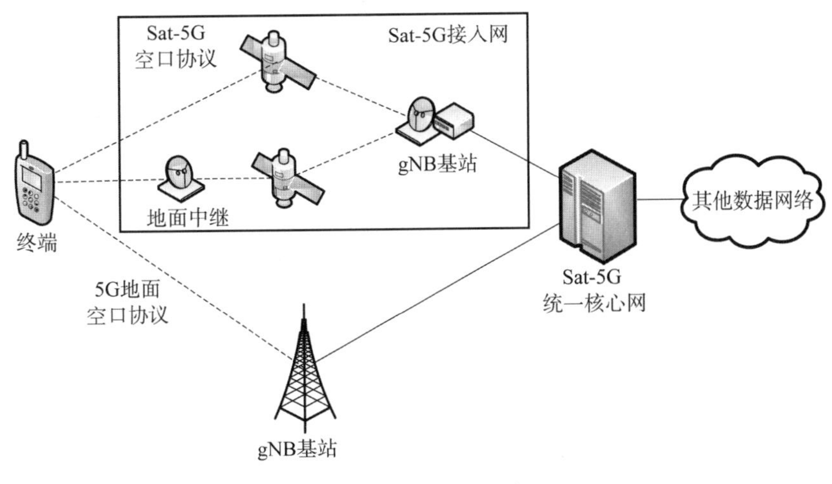

图6-6　核心网融合

6.3.1　挑战

卫星网络的高动态、空间大时延特性会对核心网的控制面协议和用户转发面功能产生影响，在统一卫星与5G的网络架构时，需要将卫星通信基于地面5G核心网进行统一管理，现有的位置更新与切换等过程上无法与卫星网络的信道环境特性相匹配。

（1）位置更新

在地面蜂窝网络中，终端驻留在小区中，该小区在无线接入网中具有唯一标识，只要终端停留的注册区不变，就不需要更新位置。如果出现指向该终端的通信请求，核心网中的接入与移动性管理功能（Access and mobility Management Function，AMF）会尝试在该注册区的所有小区上寻呼用户设备（User Equipment，UE）。而在非同步轨道卫星接入网中，随着卫星的移动，终端会随着时间的推移而驻留在不同的波束和不同的卫星上，地面上的小区和卫星波束之间没有对应关系。因此，在入网初始注册时，网络将无法基于波束和接收到注册请求的卫星向AMF提供跟踪区信息，当终端发生移动时无法顺利执行位置更新，如果出现指向该终端的通信请求，将无法顺利实现寻呼。

（2）切换

由于卫星或者终端移动带来的切换主要有两种，其一是卫星系统内的切换，对于低轨卫星系统，其相对地面位置快速变化，终端被同一颗卫星连续覆盖的时间只有十几分钟，对于采用多波束的低轨卫星，同一波束连续覆盖终端的时间只有几分钟，因此卫星间或波束间切换必须快速执行，并防止切换过程中数据丢失。其二是终端在地面5G网络与卫星网络之间的切换，网络间的切换过程需要考虑多方面因素：同时支持星上处理和弯管透明转发架构；切换准备与切换失败处理；时间同步；测量对象协调；无损切换的支持。除此之外，切换的方向不同，触发条件也不一样，例如，当地面蜂窝网信号强度足够的时候，终端由卫星网络切换到地面网络；只有当蜂窝网信号非常弱的时候，终端才会离开蜂窝网。波束及卫星切换等移动性管理过程对核心网融合提出了严峻挑战。

6.3.2 关键技术

为了实现核心网的统一高效管理，一方面可以增强现有5G核心网功能，匹配卫星通信特性，另一方面还可以将卫星核心网功能进一步下沉，实现控制与转发功能的分离，支持融合网络的高速率传输与灵活调度。

（1）增加核心网网元或升级网元功能

目前，由于星地网络不同的通信体制与巨大的通信链路差异，5G核心网在参数配置及网元功能设置上无法兼容卫星通信网络，使得二者无法互联互通。为了打通地面与卫星通信的核心网，可沿两条技术路线进行。

1）增加核心网网元。在现有核心网中增加专门用于支持卫星及其他制式的通信网络的非3GPP互连功能（N3IWF），卫星移动通信业务通过N3IWF与5G核心网的UPF与AMF相连，完成卫星终端与UPF间的上下行用户面数据包与AMF控制信令的转发，还可负责用户终端的加密与安全保障。

2）升级网元功能。不改变现有核心网架构，评估随机接入、位置更新等物理层过程及卫星与地面网络功能分割方案的系统技术指标，如业务时延，阻塞率及定时机制的影响，更新核心网参数设置，使其能够适配卫星通信网络，或增加现有网元功能，如通过网络切片选择功能（Network Slice Selection Function，NSSF）建立用于卫星接入的功能切片，使得卫星网络能够顺利接入融合核心网。

（2）核心网功能上星

5G核心网的核心设计目标之一即为实现控制平面与用户平面的完全分离，通过部分核心网功能下沉的分布式，使用户摆脱集中式网络的桎梏，大大节省了信令开销与业务时延。在低轨卫星星座中，用户信息通过星间链路转发至目的节点，但传统卫星网络的核心网功能部署在信关站中，卫星接收到的用户数据需下传至信关站方能建立用户业务与UPF的连接，进而获得转发策略，接入卫星从信关站处获得路由信息后才能选择正确的星间链路将用户数据转发至下一跳卫星。卫星与信关站间的交互过程极大地增加了用户业务的传输时延，因此，低轨卫星也可借鉴核心网下沉的思想，将UPF上星，使得用户在接入卫星后即可建立UPF连接，获得必要的转发策略，避免卫星与信关站的频繁交互。

6.4 接入网融合

5G与卫星融合的最终形态是空中接口融合，卫星网络与地面网络采用相同的架构、传输和交换技术，用户终端、关口站或者卫星载荷可大量采用地面网技术成果。卫星接入网应支持地面5G终端的无感接入，即在不改变终端空口协议栈的前提下，基于地面空口协议，对卫星接入网空口协议进行适应性修改，以适配星地无线环境。最终，星地构成一个整体，为用户提供无感的一致服务，采用协同的资源调度、一致的服务质量、星地无缝的漫游。在空中接口融合过程中，一方面随着星载计算存储能力的提升，接入网的功能逐渐上星，以减小网络时延；另一方面，卫星通信与地面移动通信的通信体制协议将逐渐合并统一。

地面移动通信的核心即是通信协议，而基带芯片则是通信协议的具体承载。若需要卫星通信融入 5G 通信产业链，则必须将卫星通信模式加入到手机基带芯片所支持的模式中。卫星通信尽可能多地采用 5G 的技术，尽量与 5G 通信保持一致的协议栈及通信协议，则卫星通信模式与地面通信模式可更多地共享基带芯片硬件资源，利于 5G 通信芯片将卫星通信模式融入手机中，而不改变终端形态。

在接入网融合的网络体系下，根据卫星的功能强弱，其在网络中可承担不同的角色。当卫星不具备处理功能时，卫星在网络中只起到中继作用；当卫星具备有限的处理能力时，可实现基站的分布式单元（Distributed Unit，DU）的部分功能；当卫星具备较强的处理能力时，卫星可实现基站的全部功能。根据卫星功能与角色的不同，可形成不同的网络架构。

在星上部署透明转发载荷的场景下，卫星有效载荷在上行和下行方向完成变频和射频放大，即卫星只作为一个模拟射频中继器，如图 6－7 所示。因此，卫星将 NR－Uu 空口传输内容从馈电链路（在 NTN 网关和卫星之间）转发到服务链路（在卫星和终端之间），反之亦然。馈电链路上的卫星空中接口（Satellite Radio Interface，SRI）是 NR－Uu。换句话说，卫星不终止 NR－Uu。信关站（NTN－GW）支持转发 NR－Uu 接口信号所需的所有功能，不同的透明卫星可以连接到地面上的同一基站（gNB）上。

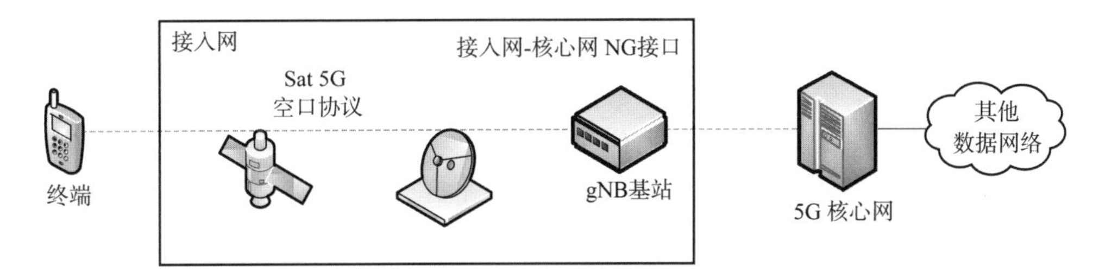

图 6－7　卫星进行透明转发

考虑卫星有效载荷实现基站 DU 功能的场景，可基于地面 5G 接入网提出的 CU/DU 拆分的逻辑架构实现星地融合组网，如图 6－8 所示。此时，卫星和 UE 之间业务链路上的空口为 NR－Uu，NTN 信关站和卫星之间馈电链路上的空口为 SRI，SRI 传输 F1 协议。此外，卫星有效载荷还支持星间链路（Inter－Satellite Link，ISL）。NTN 信关站应作为一个传输网络层节点，支持所有必要的传输协议。不同卫星上的 DU 单元可以连接到地面上的同一个 CU 单元。如果卫星承载多个 DU，同一 SRI 将传输所有相应的 F1 接口实例。

对于星上实现 gNB 全部处理功能的场景，终端和卫星之间业务链路上的空口为 NR－Uu，NTN 信关站和卫星之间馈电链路上的空口为 SRI，如图 6－9 所示。卫星有效载荷还可支持星间链路，ISL 可能是无线接口或光接口。NTN 信关站应是一个传输网络层节点，支持所有必要的传输协议。卫星 gNB 服务的 UE 可以通过 ISL 接入 5GCN。不同卫星上的 gNB 可以连接到地面上的同一个 5GCN。如果卫星承载多个 gNB 的功能，则同一个 SRI

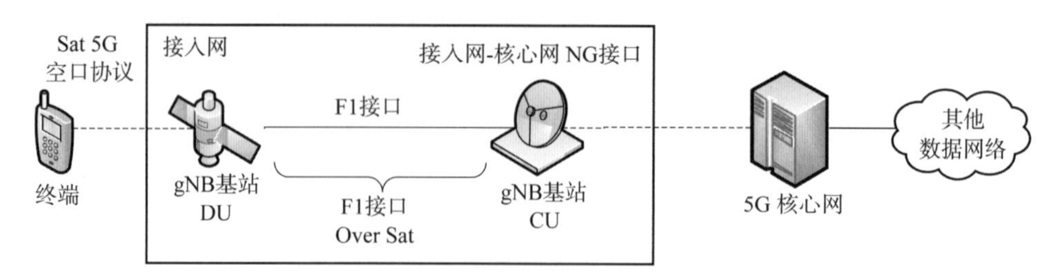

图 6－8　星载 gNB 基站 DU

将传输所有相应的 NG 接口实例。

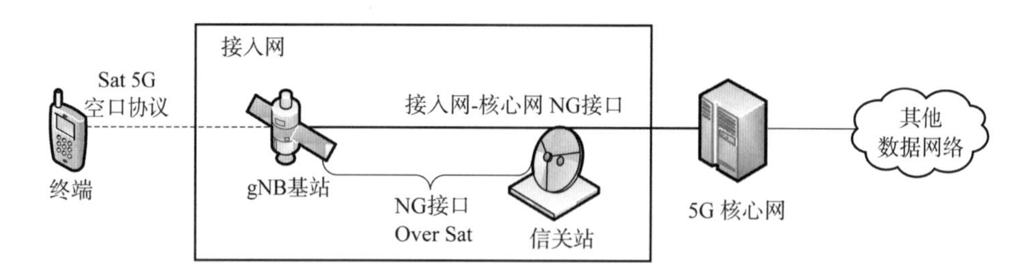

图 6－9　星载 gNB 基站全部功能

6.4.1　挑战

在接入网的融合过程中，一方面随着星载计算存储能力的提升，接入网的功能逐渐上星，以减小网络时延；另一方面，卫星通信与地面移动通信的通信体制协议将逐渐合并统一。然而，卫星通信系统与地面移动通信系统在部署环境、信道传播特征等方面存在很多差异，为两者的接入网融合带来了许多挑战，需要在卫星与 5G 融合的系统设计过程中加以考虑。卫星通信信道特点和地面通信相比差别很大。地面 5G/6G 通信系统针对地面无线信道环境设计，难以直接应用于星地链路，需要分析星地链路和地面无线信道的差异。具体的挑战包括：

（1）多普勒频移

地面移动通信网络基础设施基本固定，基站与终端的相对位置变化主要由终端的移动性产生；对于卫星网络来说，不止终端具有移动特征，卫星也沿其轨道处于高速运动状态。可见，对于卫星通信系统来说，特别是非同步轨道卫星，多普勒频移带来的影响不容忽视。5G 在传输体制上采用多载波 OFDM，其子载波间隔设计没有考虑到多普勒频移的影响，无法满足卫星系统的需要（主要是低轨道卫星），尤其是在 Ka 或 Ku 等高频段，多普勒频移将带来子载波间的干扰。

（2）频率管理与干扰

目前卫星通信系统可用的频率资源较为有限，包括 S 频段的 2×15 MHz（上下行）和 Ka 频段的 2×2500 MHz（上下行）。为提高系统容量，一般通过多色复用提高频率资源的利用率，在系统设计中需要考虑消除小区间干扰。另外，卫星网络与地面网络之间的干扰、在赤道地区同步轨道卫星与非同步轨道卫星系统间的干扰也是制约系统性能的主要因素。

(3) 功率受限

不同于陆地蜂窝网，卫星上的功率资源有限，为了能在给定发射功率条件下最大化吞吐量，功放要工作在邻近饱和点的状态。5G 的下行链路使用 CP - OFDM 波形，具有较高的峰均比，在卫星的下行链路直接使用 5G 信号波形会降低功放效率，并带来散热等问题。因此在保证较高的频带利用率的同时降低信号峰均比是 5G 与卫星通信融合信号体制设计中需要解决的重要问题。

(4) 定时提前

对于非同步轨道卫星来说，高速运动导致无线链路传输延时快速变化，可能需要动态更新终端的各个定时提前（Time Advance，TA），以确保所有上行链路传输在 gNB 接收点处同步。另外，卫星链路的延迟远远超过了 5G 新空口（new radio，NR）设的 TTI，可能需要适当的 TA 索引值来解决这一问题。

6.4.2 关键技术

接入网融合的核心在于统一的空口体制设计以保证天地网络间无缝漫游与平滑切换，为了解决接入网融合所带来的各项挑战，需要大力发展新型信道编码技术及多址技术等，攻克接入网融合难题，实现星地网络融合的终极形态。

(1) 低峰均比多载波技术

目前，5G 的一系列新空口波形优化设计仍基于 OFDM 方案，无法规避 OFDM 高峰均比（Peak to Average Power Ratio，PAPR）的缺点。然而在上行，卫星通信系统为功率受限系统；在下行，高 PAPR 信号要求前端采样器具有较大的采样范围和采样精度，这增加了卫星成本。为了提升融合网络的传输效率，需要突破低峰均比的新型多载波波形技术。为实现这一目标，可从脉冲成形滤波器着手，在当前主流的 OFDM 调制系统的框架下，寻找满足所期望的波形性能的滤波器形式，在此基础上，针对系统的带外干扰，对滤波器的系数进行优化设计，使其取得最佳的滤波器系数。同时在多用户传输场景下，通过对新型波形的传输模型进行建模，对应的设计系统接收机，消除系统的码间干扰（Inter Symbol Interference，ISI）和多用户干扰，进一步提升新型波形整体系统性能。

(2) 低复杂度极化码信道编码技术

5G 的业务特性及能力要求为新空口设计更加高效的新型信道编码方案，极化码（Polar 码）因具备优异的性能已被确定为 5G 的信道编码方案之一，卫星信道也可借鉴 Polar 码技术以提升卫星通信的传输可靠性。但在进行卫星通信系统 Polar 编码方案设计时，需要结合星地信道的特点，即：

1) 卫星飞行高度较高，因此星地通信距离较远，在通信过程中会发生大尺度衰落；

2) 星地通信过程中，信号的传送会受到来源于天然和人为的各种电磁波的干扰，在电磁干扰下会严重影响接收信号的幅度与频率；

3）星地通信过程中，卫星星下点轨迹会随时间而变化，而信号传播过程中地形地貌都会随之发生变化，因此信道模型的建立应反映信道的实时状态；

4）星地通信过程中由于卫星飞行速度快，信号载波频率高，因此存在较大的多普勒频移，并且随着飞行速度的变化，相应的最大多普勒频移也会发生变化。

此外，由于星上处理能力有限，新型极化码在充分考虑星地信道特点进行编码方案设计的同时还应具有较低的复杂度，以保证星上应用的可行性。

（3）多普勒频移估计与补偿

多普勒效应造成的子载波干扰是低轨卫星星座系统中不可忽略的挑战，为了弥补由于低轨卫星快速移动带来的多普勒频移，可采用多普勒频移估计与补偿策略。在下行，卫星以预补偿的方式发送同步信号，接收端根据收到的同步信号进行频偏估计，利用参考信号进行细频偏估计，并进行基于位置的补偿。在上行，卫星终端以预补偿方式发送随机接入导频信号，卫星基于上行参考信号进一步进行频率估计与补偿[15]。

（4）非正交多址技术（NOMA）

与正交频分多址接入（Orthogonal Frequency Division Multiple Access，OFDMA）相比，非正交接入在时间、频率和空间等物理资源基础上，引入了功率域、码域维度，进一步提高了用户的连接数和信道容量。低轨星座与地面系统在卫星信道环境方面有类似的多径特点，而且载荷功率受限，从这点来说非正交接入更适合低轨卫星。在星地融合空中接口上，功率域方案不易实施，码域方案是较为可行的实现途径。码域的稀疏码多址接入（Sparse Code Multiple Access，SCMA）包含两大关键技术：低密度扩频技术和多维/高维调制技术。SCMA 和 Polar 码在 F-OFDM 的基础上，进一步提升了连接数、可靠性和频谱效率。目前针对非正交多址接入的研究还不够全面深入，由于低轨星座的多普勒是地面的几十倍，在低轨卫星上使用更需要考虑卫星的多普勒影响。由于星上处理能力有限，低复杂度多址算法设计是需要突破的主要技术问题。

6.5　与 5G 融合的卫星通信技术

5G 通信带来了网络切片、SDN/NFV、Massive MIMO、先进调制编码、移动边缘计算等先进技术，这些技术将对卫星通信产生深远影响，提升卫星通信效能，降低卫星通信成本。本节分析 5G 可应用于卫星通信的关键技术及其发展趋势，研究 5G 对通信卫星的形态功能造成的影响。

6.5.1　新空口技术

6.5.1.1　Polar 码信道编码技术

5G 的业务特性及能力要求为新空口（new radio，NR）设计更加高效的新型信道编码方案，极化码（Polar 码）因具备优异的性能已被确定为 5G 增强移动宽带 eMBB 场景控制信道的编码方案。

Polar 码构建的关键是编码结构的设计。为提升译码性能、减少译码复杂度及控制信道盲检测的次数，3GPP 建议采用基于循环冗余校验（cyclic redundancy check，CRC）辅助 Polar 码方案进行码构建，具体编码结构为“$J+J'+$基本 Polar 码”，其中 J 表示 24 位 CRC 比特，主要用于错误检测及辅助译码；J' 表示额外的 CRC/奇偶比特，主要用于辅助译码，针对不同物理信道可采用不同的值。CRC 辅助（CRC assisted，CA）Polar 码的编码和译码流程如图 6－10 所示。

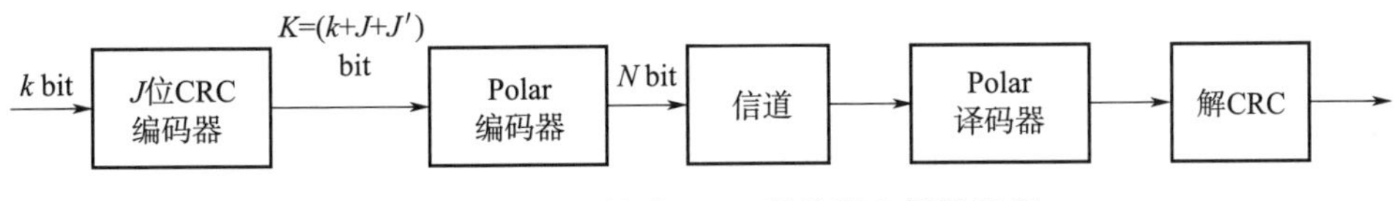

图 6－10　CRC 辅助 Polar 码编码和译码流程

在静止和移动场景性能测试中，使用 Polar 码同时实现了短包和长包场景中稳定的性能增益，使现有蜂窝网络的频谱效率提升 10%，与毫米波结合达到 27 Gbps 的速率，实测结果证明 Polar 码可以同时满足 ITU 的超高速率、低时延、大连接的移动互联网和物联网三大类应用场景需求。

6.5.1.2　多载波波形技术

5G 无线电接入将支持各种应用（eMBB，URLLC，mMTC）、广泛的频率范围（从小于 1 GHz 到 100 GHz）、多种部署和各种链路类型（上行链路、下行链路、设备到设备链路、回程链路）。对于不同的场景，波形设计也具有不同的要求。

eMBB 对吞吐量、用户密度和低延迟有很高的要求。对于下行传输，高频谱效率和 MIMO 的最大利用率是 NR 波形的关键要求。对于大小区部署中的上行传输，小区边缘用户可能受到功率限制，可能无法实现高频谱效率。在这种情况下，需要波形具有较高的功率效率。

对于 URLLC 服务，为了达到非常低的延迟，波形应该被限制在一个低处理延迟的时域内。对于快速上行访问，波形应该能够有效地支持异步访问。重传机制对于提高链路的可靠性非常重要。为了减少由于 HARQ 引起的延迟，波形应该有效地支持短 TTI。

mMTC 数据流量可以采用短数据爆发的形式。因此，mMTC 的波形设计要求是高功率效率（上行）、低复杂度的收发器处理、对短脉冲持续时间的适应性和对大量用户的多路复用能力。

综上，NR 波形设计的主要性能指标包括：频谱效率、MIMO 兼容、低 PAPR、信道时间选择性的鲁棒性、信道频率选择性的鲁棒性、相位噪声的鲁棒性、非线性功放的鲁棒性、收发基带复杂性、时间本地化、OOB 泄漏/频率定位、灵活性与可伸缩性。

为满足上述性能指标需求，5G NR 的波形优化方案可以概括为循环扩展 OFDM（CP－OFDM）、加窗 OFDM（W－OFDM）、滤波 OFDM（F－OFDM）、通用滤波 OFDM（UF－OFDM）以及单载波 DFT 扩展 OFDM（DFTS－OFDM）。此外，还包括引入原型滤波器的方案，如 FBMC－OQAM，FBMC－QAM 等。然而，所有多载波波形的一个共同缺点是它们的高 PAPR 和低功率效率。上述几种波形的 PAPR 性能对比如图 6-11 所示，除了超高频分复用（UF-OFDM）具有较高的 PAPR 外，所有的多载波波形都具有相似的 PAPR。在 DFTS-OFDM 中，基于 DFT 的预编码降低了 PAPR，实现了比 OFDM 更高的功率效率。

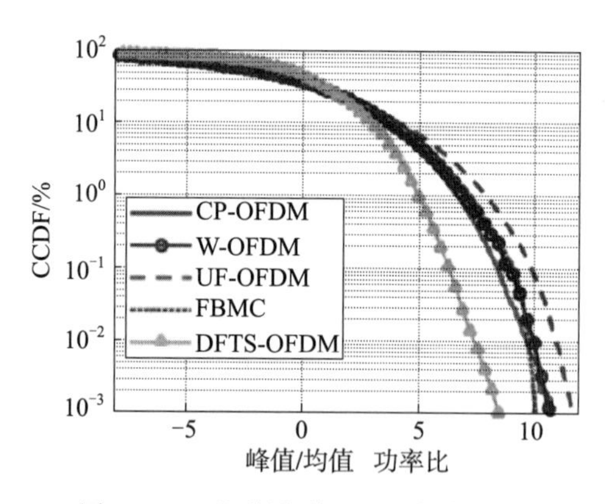

图 6-11　几种波形 PAPR 性能对比

对比 5G 通信系统，在卫星通信系统中，不仅上行为功率受限系统，下行同样需要采用低 PAPR 波形。因为高包络起伏会影响卫星系统的整体传输性能，增加能源的消耗。与此同时，高峰均比信号要求前端采样器具有较大的采样范围和采样精度，这无疑增加了卫星通信的设备成本。因此，在卫星通信中，可以借鉴 5G NR 中相关波形设计方案，以提升传输效率。

6.5.1.3　大规模天线技术

在大规模天线系统中，由于采用了大量的天线，使得波束能量聚焦对准到一个很小的空间区域。当终端发生移动、旋转和阻塞等情况时，方向性的波束需要实时更新来保持收发点（TRP）和用户间的链路质量。借鉴 5G 波束管理机制，有助于改善高通量卫星窄点波束的信道质量。

波束管理的过程包括上下行波束训练选择最优波束和波束恢复 2 个方面，具体过程如图 6-12 所示。

下行波束训练包括三个部分：

1）该过程包含 TRP 端/UE 端对波束的扫描，且产生收发端的粗波束。

2）该过程是在 1）的基础上实现 TRP 端波束的细化，UE 使用选中的粗波束对 TRP 端的细波束进行测量，找到 TRP 端的最佳发端波束。

3）该过程是对 UE 波束的细化，在波束测量的过程中 TRP 端使用 2）选好的细波束来对应细化 UE 端的收端波束。

类似地，上行波束训练包括：

1）在不同的 UE 发端波束上进行 TRP 检测，选择 UE 发端波束或 TRP 收端波束，同时进行上行随机接入。

2）在不同的 TRP 收端波束上进行 TRP 检测，改变或选择 TRP 收端波束，实现 TRP

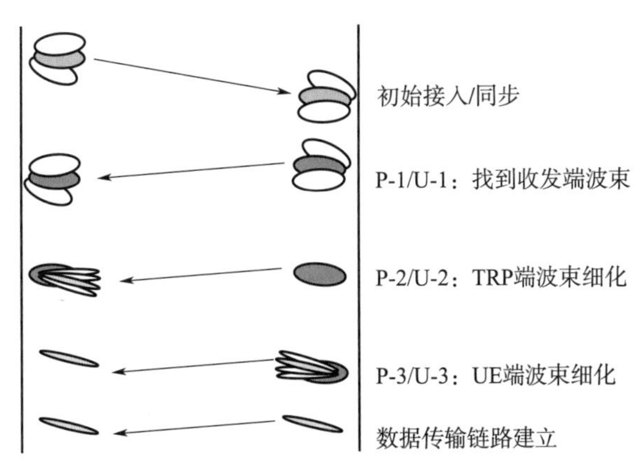

图 6－12　波束管理过程

收端波束的细化。

3）该过程在相同的 TRP 收端波束上进行 TRP 检测，改变或选择 UE 发端波束，实现 UE 发端波束的细化。

当数据传输过程中波束质量下降时，需要进行波束恢复。波束恢复过程包括波束失败检测、新的候补波束确定、波束失败恢复请求传输以及 UE 接收波束失败恢复请求响应 4 个过程。波束失败检测是 UE 监控用于检测波束失败的参考信号，检测是否满足波束失败触发条件。在数据传输过程中 UE 监控参考信号将用于寻找新的候补波束。新的候补波束可以在之前上报的波束组中进行选择，也可以在原始波束附近进行搜索。如果在时间窗内找不到候补波束，则需要启动小区选择和随机接入过程。在检测到波束失败后，用户向基站发送波束失败恢复请求信息告知基站。用于传输波束恢复请求的信道有 3 类：基于竞争的 PRACH、基于非竞争的 PRACH 和 PUCCH。接收到波束失败恢复请求信令后，基站应对 UE 做出响应，寻找新的候选波束或者重新建立传输链路。

6.5.1.4　高可靠低时延（URLLC）空口技术

为实现低时延，地面 5G 移动通信系统采用了移动边缘计算、减小时隙间隔调度周期、高优先级传输、支持免授权配置等技术。移动边缘计算（MEC）将核心网的用户面设备部署到靠近边缘的 MEC 平台，缩短用户到核心网的传输距离并减少路由跳数。4G 为固定帧结构和调度周期，5G 支持更灵活的帧结构和调度单位，可根据 URLLC 业务需要，减小时隙间隔、调度周期。高优先级传输保证 URLLC 高优先级业务需求，可抢占低优先级业务资源。在基于授权配置的调度中，终端需要通过调度请求获取资源，为了降低时延，免授权配置为一组 URLLC 终端预先分配资源。

为实现高可靠，地面 5G 移动通信系统采用了鲁棒传输、数据包复制、基于空分/时分/频分的重传、多连接机制等技术。鲁棒传输采用低码率、低阶调制，超鲁棒的信道估计方法。数据包复制在 PDCP 层进行数据复制，采用独立的两个逻辑信道传输。基于空分/时分/频分的重传实现了分集增益。多连接机制连接两个基站，建立两条独立的端对端会话，实现更高层分集。

URLLC空口技术可供卫星通信协议设计的借鉴的内容如下：

1）支持灵活的帧结构：传统卫星通信协议采用固定的帧结构，无法适应超低时延业务的需求。可借鉴5G的PHY层协议对URLLC业务的支持，采用灵活帧结构设计，支持多种子载波间隔和时隙长度，灵活满足不同时延需求的业务。

2）支持免调度接入：借鉴5G的MAC层协议，为低时延需求的一组用户预先分配资源，无需与卫星交互即可接入，在降低时延的同时缓解卫星通信压力。

3）支持双连接：借鉴5G组网协议，建立卫星双频连接或双星连接机制，形成两条独立的端到端会话，保证传输可靠性。

6.5.1.5 海量物联（mMTC）空口技术

为支持海量的终端接入，地面5G移动通信系统主要采用了非正交多址接入和免调度接入技术。非正交多址接入通过多用户信息在相同资源上的叠加传输，在接收侧利用先进的接收算法分离用户信息，即以提高接收设备复杂度为代价来实现多接入，包括功率域非正交多址接入NOMA、稀疏码多址接入SCMA、多用户共享接入MUSA等方式。免调度接入方式下，所有用户均为虚拟接入，不发送数据的用户处于休眠状态，而有数据需要发送时则进入激活状态，减少了信令堵塞。

mMTC空口技术可用于提升卫星物联网业务服务质量，主要包括：

1）卫星通信非正交多址技术：卫星通信领域受限于漫长的研制和迭代周期，目前采用传统的正交多址接入方式。5G空口增加非正交多址（NOMA）提升系统容量、实现大规模连接。卫星面向广域大规模终端接入，也应研究适应卫星信道的非正交多址技术，改善上行接入容量。

2）免调度接入：由于星地链路的传输时延很大，借鉴5G的免调度接入方式，终端无需接入信令交互就能与卫星建立连接，可缩短用户体验时延、提高卫星服务质量。

6.5.2 网络技术

6.5.2.1 网络切片技术

网络切片技术是在通用的网络基础设施中对资源进行高效合理的划分，为不同业务需求创建专有的、端到端的、相互隔离的逻辑网络。网络切片涉及接入网、承载网、核心网各个部分，协同实现对不同业务的QoS保障，图6-13为5G网络切片技术。

卫星通信可借鉴地面网络切片技术，分为星上切片与卫星通信网络切片。星上切片按照资源按需分配的策略，为不同的业务切片调配波束、转发器带宽、功率和星上处理资源，如图6-14所示。基于切片思想，卫星的空口波形可变，频率、时隙、波束覆盖、功率、星上处理等资源的共享池化、实时动态调整，保障不同类型业务。卫星通信网络切片可形成一张5G星地融合网，供不同行业用户使用。

6.5.2.2 软件定义网络技术

对于节点数量巨大的卫星网络，随着卫星数量的增加，网络的拓扑结构更加复杂，数

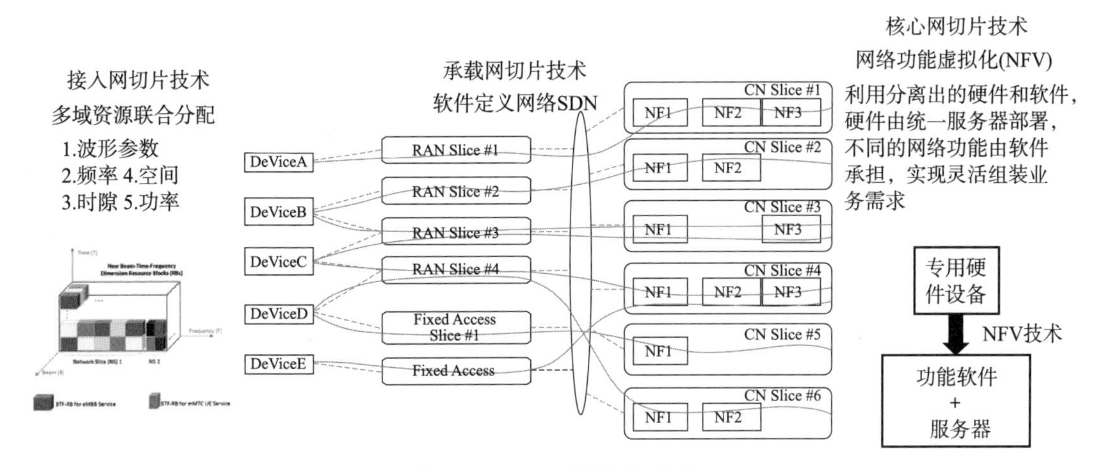

图 6 - 13　5G 网络切片技术

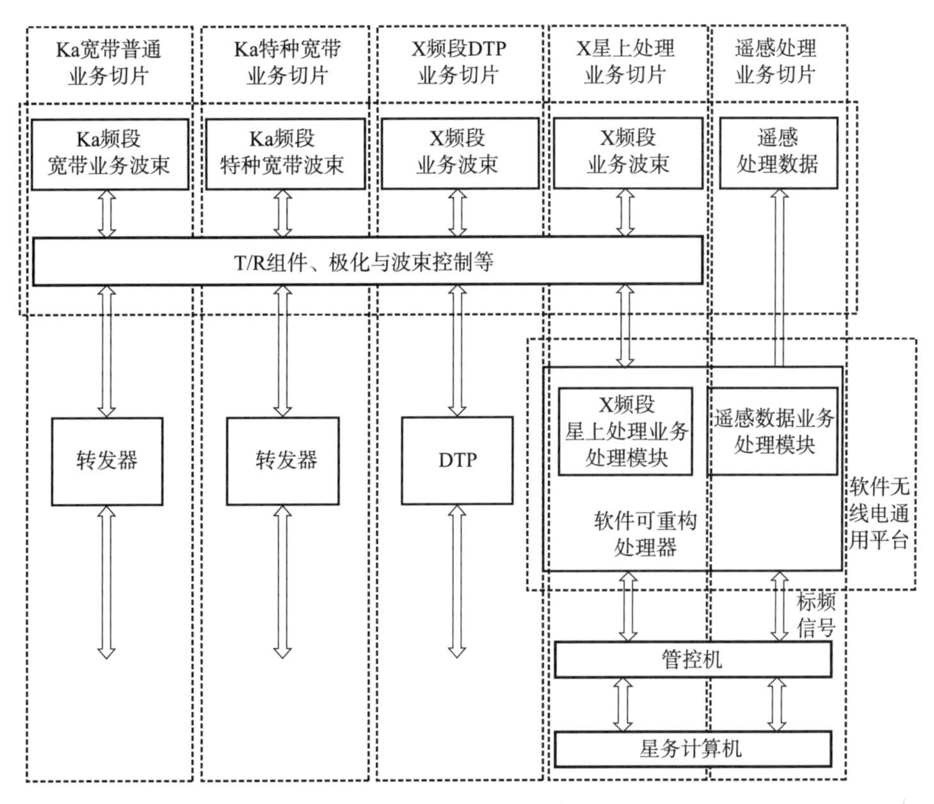

图 6 - 14　星上切片

据流量的分布更具随机性，同时网络的控制更具复杂性。为此，可将软件定义网络（SDN）技术应用于卫星网络，有助于实现网络资源的动态配置以及灵活路由，降低网络的部署、升级成本。

（1）逻辑架构

基于 SDN 的卫星网络逻辑架构如图 6 - 15 所示。其中，应用层为陆海空各类用户提供传统电信服务（话音、数据、多媒体应用）、物联网应用、特种应用、搭载服务等；控制平面由位于卫星或地面的控制器节点组成，集中管理网络中所有设备，通过南向接口实现底层物理资源的虚拟化，通过北向接口为上层应用提供可编程接口；数据平面由卫星节点组成，根据控制平面下发的流表进行相应的数据处理和转发。

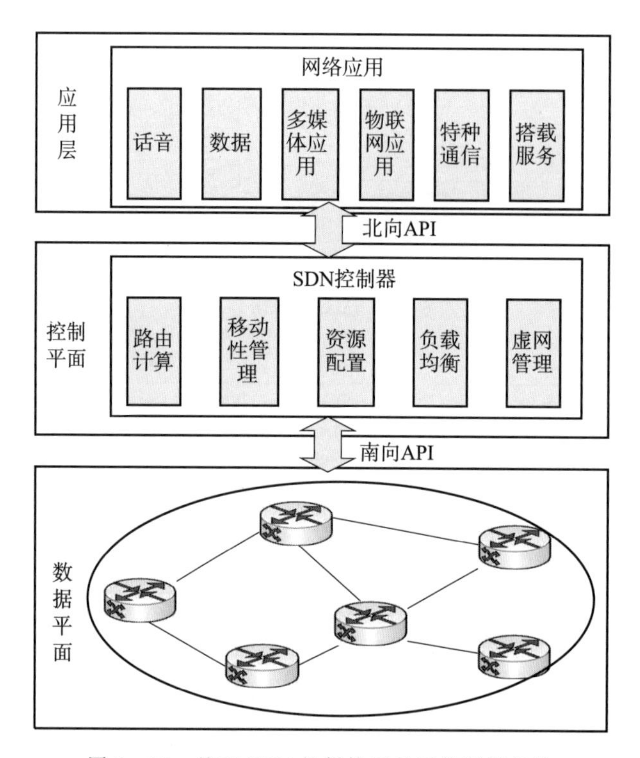

图 6-15　基于 SDN 的低轨卫星网络逻辑架构

（2）物理架构

在基于 SDN 的低轨卫星网络物理架构中，SDN 控制器可部署于地面站或星上。为实现 SDN 的集中控制，需要具备一定的计算处理能力，如表 6-1 所示。考虑到当前星上计算处理能力有限，现阶段将 SDN 控制器部署于星上难度较大，因此可以采用演进式的发展路线，如图 6-16 所示。

表 6-1　SDN 对计算处理资源需求预估

约束条件	现有地面 SDN 技术对资源的需求	星上 SDN 技术对资源的需求预估
网络规模不少于 500 节点；流表下发速率不低于 5000 packets/s	4 核 CPU，主频不低于 2.5G，16G 内存	采用微服务架构对控制器部件进行剪裁后，需要单核 1G 主频，2G 内存

1）当前，在地面部署 SDN 控制器，由地面控制器实现对低轨卫星网络的集中控制；

2）面向未来，随着星上处理能力的逐步提升，逐步在天基骨干网节点部署控制器，实现网络信息收集和流表下发，与地面 SDN 控制器实现天地协同管控。

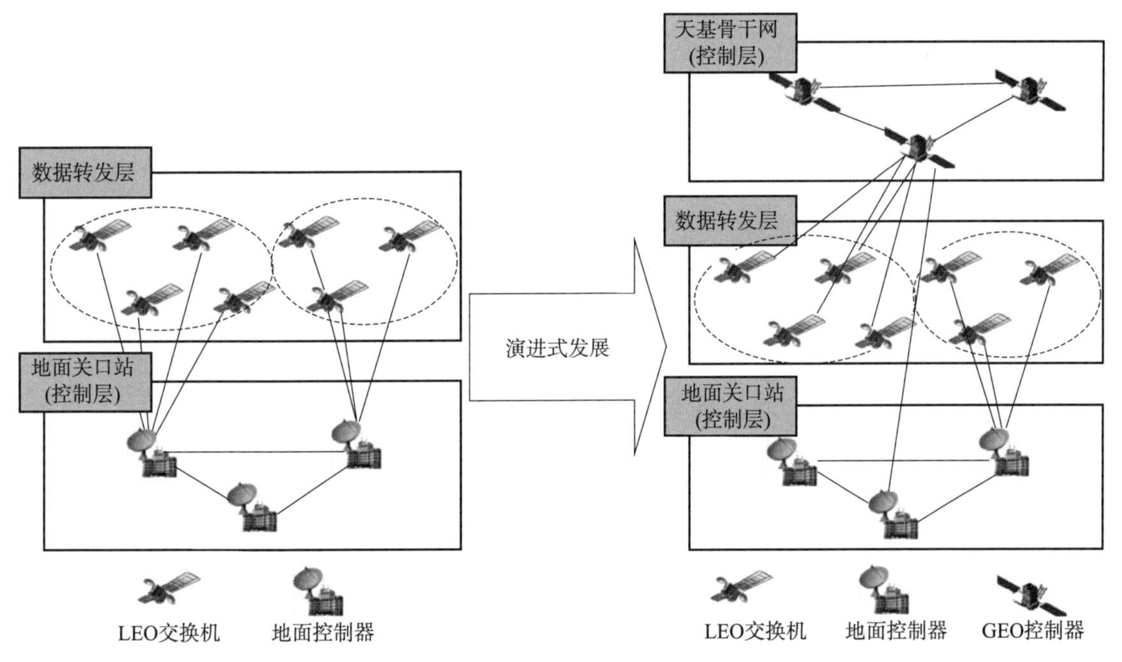

图 6-16　基于 SDN 技术的演进式发展的低轨卫星网络物理架构

6.6　本章小结

面向卫星通信与 5G 融合的发展需求，本章从发展与前瞻的视角，对 5G 通信系统的先进网络架构与技术开展深入分析，并对卫星通信与 5G 融合需求及进展进行了分析，提出了“承载网融合-核心网融合-接入网融合”的网络融合发展趋势，在此基础上就卫星通信与 5G 融合网络架构对卫星的要求和卫星通信吸纳融合 5G 技术进行深入技术研究。

第7章　天地融合的网络安全防护技术

7.1　卫星网络安全防护需求

随着未来6G等天地一体化网络的需求不断增强，高中低轨卫星网络系统与地面有线、无线网络系统的融合亦将逐步加深，受制于各类网络不同的链路特性、拓扑结构、组网体制，这样的异构网络要实现灵活可靠互联互通，在面临网络通信协议不兼容、不健全等诸多难题的同时，卫星网络安全防护问题也将成为不得不考虑的重点和难点。

7.1.1　卫星安全防护问题分析

卫星网络安全防护问题较为突出主要源于四方面的原因：

1）卫星网络系统多具有开放的链路和动态变化的拓扑结构。以无线链路通信为主的信息传输形式增大了通信保密、抗截获、抗干扰的难度，动态拓扑结构让原有地面固定网络的安全技术难以适用。

2）卫星网络系统与多网融合的技术的发展，打破了各种卫星网络各自为政的格局，使原有的安全域及安全边界变得模糊化，让原本处于相对独立状态的空间通信系统更易受到来自地面网络、移动终端中恶意流量的攻击。

3）物理层等底层空间通信技术的进步，让空间通信在带宽、误码率方面都得到了提升，不断涌现出宽带综合业务卫星等更加类地化的空间通信系统，这也为一些地面网络中更复杂的攻击手段的侵入提供了可行性环境。

4）卫星网络系统的地位具有一定的特殊性，它更多被用于军事、科研等国家战略层面的活动，因此对其攻击的手段也不乏有组织的集团性攻击，特别是在军事战争中，通过卫星网络的攻防战实现对信息主导权的控制，已成为未来国防事业的发展重点之一。

卫星网络系统的安全性正成为制约其未来发展的重要因素，安全防护技术也成为卫星网络系统研究和应用中一项支撑性技术，其重要性受到各国空天科技人员和网络专家的高度关注。但相比于地面有线和无线网络系统，对于卫星网络安全防护的研究还处于初期阶段，较多的研究方式是在某一个特有的组网结构中对其他网络安全技术的借鉴。因此，在探索系统化、层次化和适用性强的卫星网络安全体系及相关技术的道路上，还需要进行深入全面的科技情报调研及技术攻关。

7.1.2　卫星安全防护需求分析

随着卫星新型通信乃至网络载荷技术和以Starlink等为代表的大规模卫星互联网的发

展，卫星网络将呈现出新的特征，相应地，新的卫星网络特征也意味着新的攻击面与风险点，这也对未来卫星网络的建设提出了更高等级的安全需求，结合当前卫星网络的发展，具体安全防护需求可归结为以下几点。

（1）空间链路开放性带来的安全防护需求

与地面互联网、光纤通信不同，卫星网络的空间链路具有极强的开放特性，面临更多的安全问题，突出代表是攻击者能够向卫星网络发起中间人攻击，篡改及伪造测控指令，消耗卫星资源，破坏卫星网络系统安全。典型的中间人攻击如图7-1所示，具体如下：

1）监听攻击。网络监听是一种监视网络状态、数据流量及网络信息传输的攻击方式。攻击者监听得到数据流量之后，往往伴随发起其他攻击。如果空间链路传输的为非加密的数据流量，攻击者将直接窃取秘密信息；如果传输的数据加密算法选择或应用不当，攻击者同样能够对加密数据流量进行破解，从而威胁卫星系统及用户信息安全。

2）截断攻击。截断攻击指攻击者直接对空间链路的数据传输进行截断，导致数据的接收方无法正常接收数据。在低轨卫星通信的许多场景下，卫星数据传输的可见窗口有限，因此一旦攻击者在可见窗口时间内发起截断攻击，破坏关键卫星测控数据，将极大的威胁卫星系统的运行安全。

3）篡改攻击。篡改攻击主要针对未加密数据流量或可破解加密流量进行；针对不可破解的加密数据流量，篡改攻击将破坏数据流量的可用性。在卫星网络中，中间人篡改攻击同样将影响数据流量的可用性，甚至针对测控数据进行篡改，将极大地威胁卫星及卫星网络系统的正常运行。

4）重放攻击。重放攻击主要影响卫星网络的组网和终端的入网流程。攻击者通过发送一个目的主机已经接收过的数据包，从而达到欺骗目的系统的目的。例如，攻击者可以通过监听保存某合法用户终端的认证数据，并在之后重放这条合法认证数据，一旦目的主机对认证数据的验证不严谨，便可能非法接入卫星网络系统，进而发起进一步网络攻击。

此外，随着卫星星座及卫星网络规模的扩大，空间链路的开放性将进一步提升。因此，为缓解开放链路带来的中间人攻击等风险，未来卫星网络安全防护需要具备如下能力。

1）数据传输具有完善的加密机制。为了抵抗监听、伪造及其他攻击，数据传输需要具备完善的加密防护机制。根据Kerckhoffs原则，“密码系统应该就算被所有人知道系统的运作步骤，仍然是安全的”。安全可靠的加密机制能够确保当攻击者发起攻击时，无法破解秘密信息，也便无法进行数据的伪造。

2）认证算法需具备抵抗中间人攻击的能力。不同于地面互联网，卫星网络具有开放特性，任何用户都有可能在任意位置申请加入卫星网络。因此认证算法需要具备抵抗重放攻击的能力，即便攻击者能够截获并重放用户的认证请求，也无法接入卫星网络。

3）具备对单一链路攻击的抵抗能力。除自然因素造成的通信衰减、中断以外，攻击者的恶意攻击也可能造成单一链路的数据传输能力失效。为了使卫星网络系统具备可用性

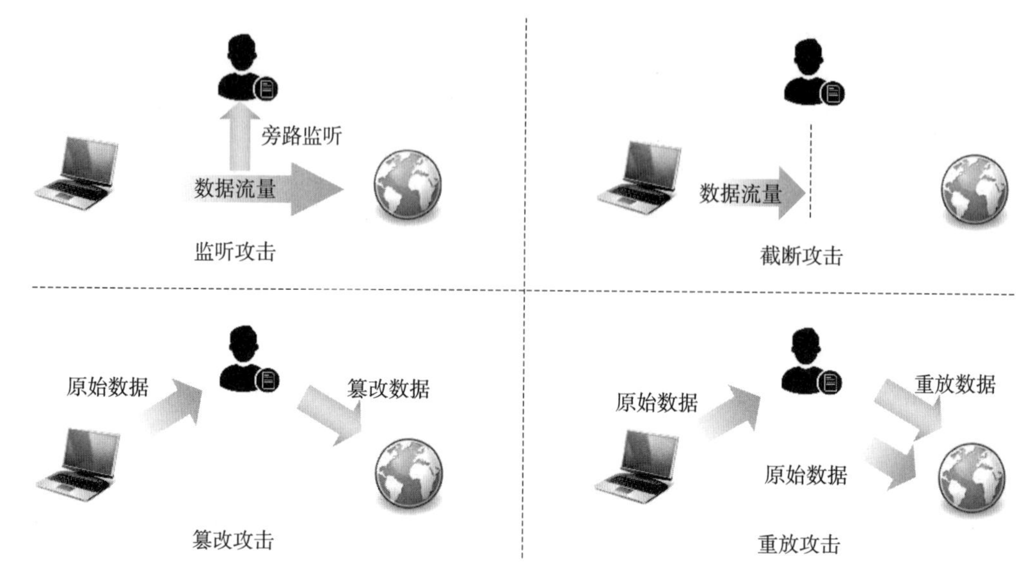

图 7－1　中间人攻击的典型类型

及鲁棒性，卫星网络需具备对单一链路失效的抵抗能力，确保关键测控数据能够传达、用户数据能够通过备份链路进行转发。

（2）海量终端接入带来的安全防护需求

卫星网络具有广泛的应用前景与应用市场。近些年各国相继提出卫星互联网发展理念，预期建成后卫星网络将具备强大的服务能力。相应地，其全球、全时段、实时覆盖能力、低时延数据传输服务，也将吸引海量终端动态接入卫星网络。海量终端的接入意味着数据量的急速膨胀，同时也将有更多的敏感数据通过卫星网络进行传输，个人、企业、政府等机构均有可能通过卫星网络传输业务数据，如图 7－2 所示。

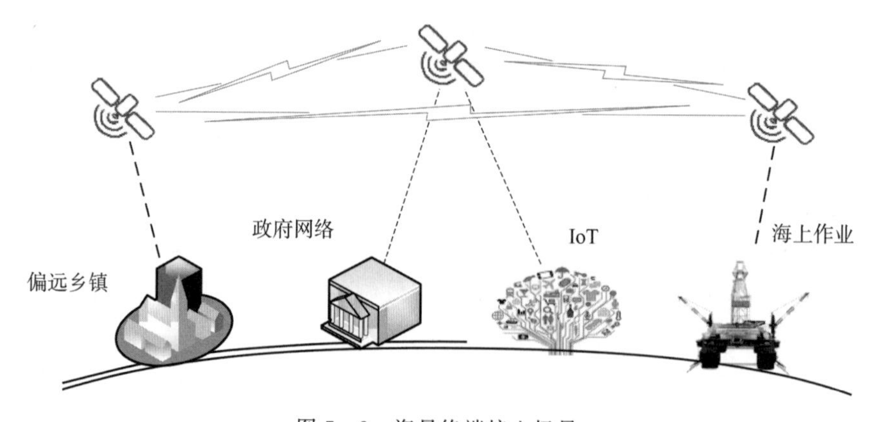

图 7－2　海量终端接入场景

为全球用户提供互联网接入服务正成为各国卫星网络建设的宗旨，限制用户的接入将与这一理念产生矛盾。如何在接纳广泛用户接入的同时，确保卫星网络的安全性，实现海量终端的接入管控，正成为未来卫星网络建设的一大难题。在此背景下，海量终端的接入管理将面临以下需求：

1）终端接入安全控制。卫星网络将具有预期服务用户，可能仅允许某一地区或某些获得授权许可的用户接入网络，因此需要对终端用户的接入进行安全控制。接入安全控制涉及到用户终端入网认证协议的安全设计、密钥生命周期的安全管理与安全设计。

2）终端访问权限控制。不同的用户终端理应对不同的网络资源享有不同的权限。权限的管理不当将导致用户访问非授权资源、甚至对网络系统资源进行窃取，从而导致横向越权与纵向越权攻击。横向越权即用户非法获取其他用户的秘密数据，纵向越权即用户非法访问系统的关键资源。

3）终端行为安全控制。尽管接入安全控制阶段能够对用户的身份进行初步鉴别，但仍然不能排除用户身份被伪造/合法用户发起网络攻击的可能性。因此需要对终端用户的行为进行审计及安全控制。卫星网络系统需要具备对用户终端行为进行审计、追溯及信用评估的能力，进而实现对终端行为的约束。

（3）多样化应用服务带来的安全需求

卫星网络/卫星互联网旨在为全球用户提供低成本的互联网接入服务。随着卫星技术的发展，未来的卫星成本将更低、功能密度将更大、研制周期将更短、组网效率更高。相应地，其承载的功能及服务种类也更加多样。传统的 BP（Bent Pipe，弯管式）卫星系统中，卫星仅起到中继与转发功能，因为其不对卫星数据进行处理，恶意数据将无法渗透进 BP 卫星系统内部，往往破坏性更小。而随着 OBP（On Board Processing，星上处理）卫星系统的发展，未来星上将具备更多的数据处理能力，将承载除数据转发服务之外的数据处理、互联网接入等应用服务，恶意数据将更容易渗透进卫星系统内部。

因此，服务的多样化意味着攻击面及风险点的多样化。这对卫星网络的安全性提出了更高的要求：

1）卫星网络体系架构的安全设计。随着卫星星上处理能力的提升、卫星系统承载业务的多样化，卫星网络体系架构的安全设计将提供基础的安全能力。“内生安全”概念的提出为卫星网络的建设提供了新的思路。卫星网络需具备内生的安全能力，其框架应实现基础的安全隔离，并从系统内部不断生长出自适应、自主和自成长的安全能力。

2）业务应用的安全设计。仅凭卫星运营商难以实现庞大的卫星网络系统及卫星业务的开发及维护。卫星网络运营商、第三方服务提供商均有可能参与到卫星网络及卫星业务的开发与建设中。“没有绝对的安全”，随着业务种类的增多，卫星网络也将存在更多的安全隐患。因此需要对业务应用进行安全设计，涉及业务逻辑的设计、业务的实现层面的设计。只有设计安全可靠的业务逻辑、编写安全的代码，才能实现卫星网络业务的安全。

（4）复杂网络威胁态势带来的安全需求

未来卫星网络将呈现天地一体化的发展趋势，卫星网络规模将愈发庞大，愈发联结成一个统一的整体。在此背景下，攻击者能够通过攻击卫星网络中的某一节点，进而发起横向扩散，从而威胁整个卫星网络的安全性；攻击者也可能发起多点协作，共同威胁卫星网络安全。出于节约资源、提供全网复杂威胁态势感知与安全防护能力的角度考虑，需要综合分析全网网络威胁态势信息，提供卫星网络安全防护能力。

1）单点威胁检测与防护能力。由于卫星网络的固有性质，尽管低轨卫星互联网的建设为低时延卫星网络接入提供了解决方案，但相对于地面而言，卫星网络的单跳时延仍然远远大于地面网络单跳时延。同时，威胁的检测在传统地面网络中便具有较强的滞后性，因此，地面统一收集卫星网络数据流量进行异常检测的滞后性将更加凸显。因此，卫星网络中的节点需具备单点威胁检测与防护能力，防止集中式检测的滞后性带来的攻击行为扩散风险，做到对威胁行为的及时识别与阻断。

2）全网协同检测与防护能力。不同于地面互联网，卫星网络的特殊性使其应当具备集中式管控能力。同时，尽管卫星的星上处理能力得到了较大的发展，但仍然极为有限，为降低成本、提高服务能力，必须实现资源的有效利用。全网协同检测与防护能够有效的利用集中式管控的优势，根据单一节点的威胁检测结果实现全网的协同管理，对攻击者进行全网隔离，有效的提升网络安全防护的等级与效率，同时节约卫星网络节点的有限资源。

3）全网威胁态势感知与自演进能力。被动式防御在大时延场景下，其弊端将会更加凸显。因此，除被动式防御外，卫星网络应当具备安全能力的自演进能力。借助卫星网络集中式管控的优势，安全维护人员能够获取全网安全态势信息，并结合态势感知进行威胁行为的分析、建模与预测，能够积极地化被动为主动，根据全网威胁态势动态调整并提前部署安全策略，对可能发生的攻击行为进行提前预防，形成一种自动、自演进的安全能力。

7.2 卫星网络安全防护体系架构

7.2.1 国外发展现状

从2002年至今，美国进入卫星系统安全防护的全面建设时期。美国国防部于2002年提出实现空间控制的三大支柱能力，即空间态势感知、防御性空间对抗和进攻性空间对抗。美军认为，近期发展防御性空间对抗能力要比发展进攻性空间对抗能力的优先级更高、更重要、更迫切。实现防御性空间对抗就是要发展卫星系统的全面防护能力，也就是需要发挥主动防护与被动防护的协调效应，取长补短，这样才能使卫星系统防护获得最佳效果。

针对网络安全防护，美国曾提出多个网络安全体系模型和架构，其中比较经典的包括PDRR模型、P2DR模型、IATF框架和黄金标准框架。PDRR模型由美国国防部（DoD）提出，即防护（Protection）、检测（Detection）、恢复（Recovery）、响应（Response），如图7-3所示。PDRR模型的创新点在于改进了传统模型只注重防护的单一安全防御思想，同时强调了信息安全保障的四个重要环节。其中，防护部分包括加密机制、数字签名机制、访问控制机制、认证机制、信息隐藏、防火墙技术等。检测部分包括入侵检测、系统脆弱性检测、数据完整性检测、攻击性检测等技术。响应部分包括应急策略、应急机制、应急手段、入侵过程分析、安全状态评估等过程。恢复部分包括数据备份、数据恢复、系统恢复等内容。

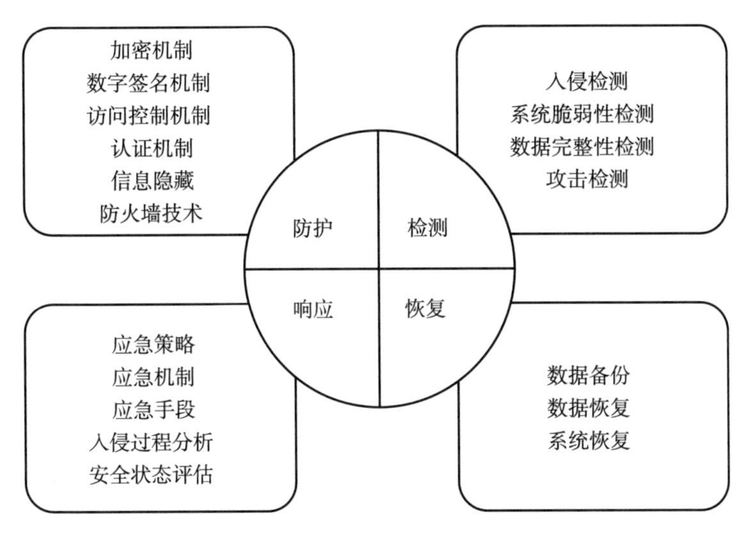

图 7-3　PDRR 网络安全体系模型

P2DR 模型是在整体安全策略的控制和指导下，在综合运用防护工具（如防火墙、操作系统身份认证、加密等手段）的同时，利用检测工具（如漏洞评估、入侵检测等系统）评估系统的安全状态，使系统保持在最低风险的状态。在 P2DR 模型中，安全策略（Policy）、防护（Protection）、检测（Detection）和响应（Response）组成了一个完整动态的循环，共同保证信息系统的安全，如图 7-4 所示。P2DR 模型提出了全新的安全概念，即安全不能仅仅依靠单纯的静态防护，也同样不能单纯依靠技术手段来实现。

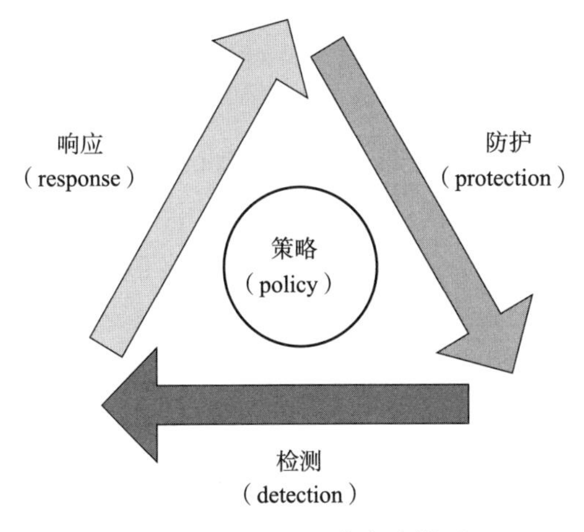

图 7-4　P2DR 网络安全模型

尽管前述 PDRR、P2DR 等网络安全体系模型和架构主要面向地面互联网设计，但对卫星网络安全防护的体系架构拥有较大参考意义。以 CCSDS 系统为例，其提出了相对完整的空间协议架构及安全架构，如图 7-5 所示。空间数据系统咨询委员会（Consultative Committee for Space Data System，CCSDS）成立于 1982 年，由美国、欧洲、俄罗斯、日本、中国和巴西 11 个成员组织和 28 个观察员组织（包括中国空间技术研究院）组成，目的是建立一个世界范围的、开放的、CCSDS 标准兼容的空间数据系统，用于国际交互支持、国际合作和科学信息的交换。

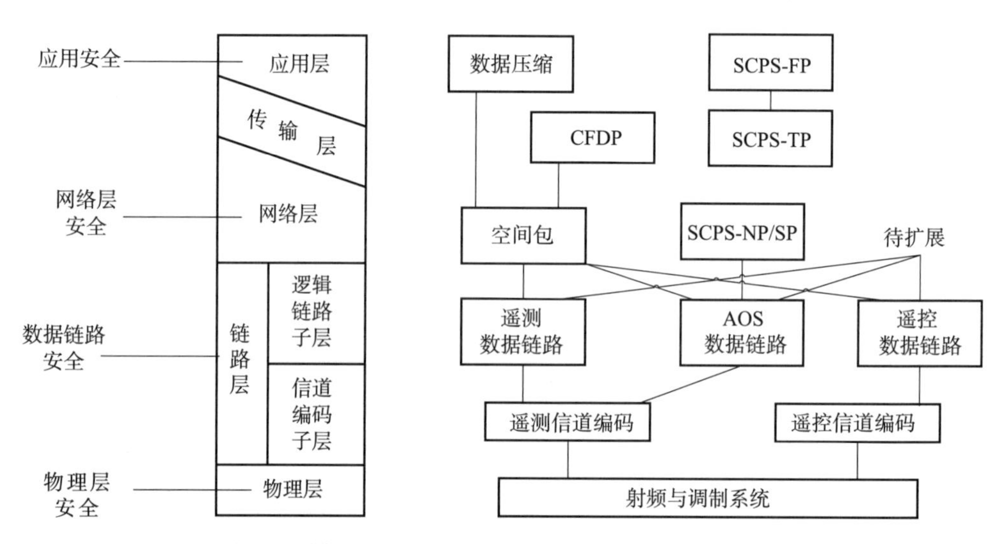

图 7-5 CCSDS 空间协议及安全架构

其中，CCSDS 的 Security Working Groups 一直致力于针对卫星网络的安全需求研究，先后制订了 Security Threats Against Space Mission 和 The Application of CCSDS to Security System 建议书，描述了卫星网络所面临的安全威胁并提出了基于 CCSDS 标准的各类航天任务安全框架。为了保证卫星网络系统中数据的安全，CCSDS 陆续颁发了一系列的安全协议标准。1999 年，CCSDS 发布了卫星网络协议标准安全协议（SCPS-SP），以提供端到端的数据机密性、安全性和认证；2003 年，CCSDS 在发布的下一代空间 Internet（NGSI）-空间任务通信的端到端安全标准中提出了采用可信任的网管实现地面 Internet 和卫星网络 SCPS 协议之间的转换以保证强的互操作性，同时建议基于 Internet 安全联盟和密钥管理协议（ISAKMP）的 Internet 密钥交换（IKE）作为密钥管理的标准。

7.2.2 体系架构组成

随着卫星网络和信息安全技术的发展，以及攻击手段的快速变化，卫星网络需要考虑的安全问题日益增多（如图 7-6 所示），相应的安全防护体系也随之演进，结构日益复杂。传统的卫星网络安全防护技术思路已经渐渐不能应对现在有着“隐蔽性、协同性、精确性”等特点的攻击。立足于网络安全需求，同时兼顾网络和安全技术的长远发展，卫星网络安全防护体系架构应当具有如下特点：1）能够应对网络攻击技术的不断进化以及新网络体制和技术机制下新的安全威胁。2）能够主动适应用户、网络和业务的快速更新，从而能够灵活变化，迅速发展。

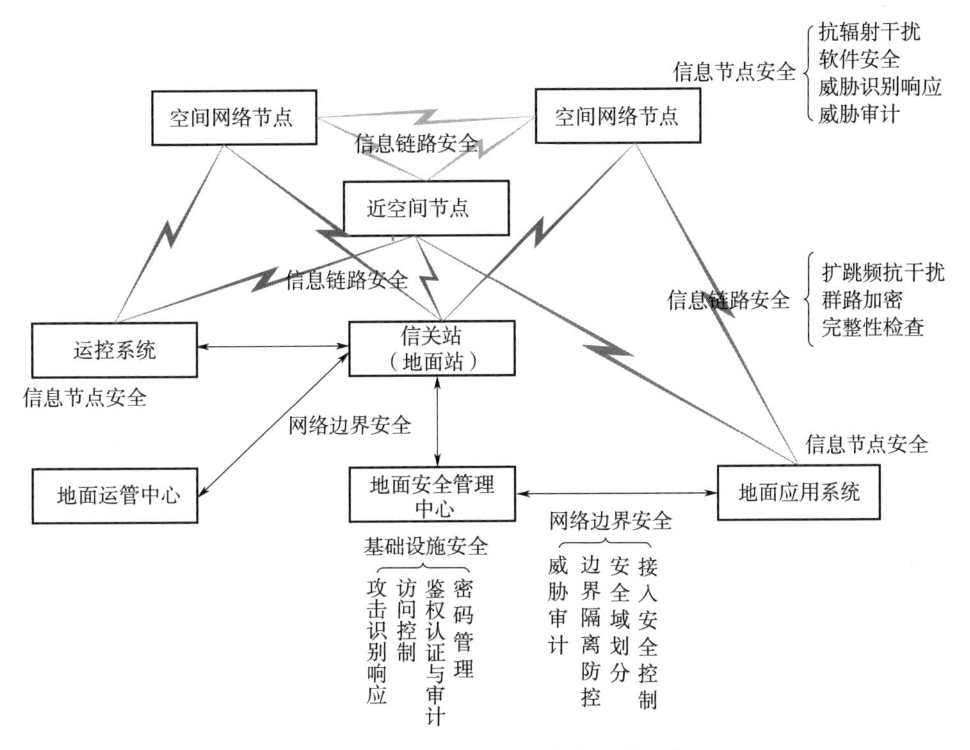

图 7－6　卫星网络面临的安全问题组成

从网络安全服务体制、网络安全协议体制、网络安全技术体制多个维度出发，设计立体灵活、全方位、多层次的卫星网络安全体系架构，为未来卫星网络提供系统级安全防护。

网络安全服务体制层面主要涵盖卫星网络的安全认证服务、信息加密服务、完整性服务和访问控制服务等；在网络安全协议体制层面，按照物理层、链路层、网络层、传输层、应用层五层通信协议栈，在各层分别设计网络安全方案，由位于各层的多种安全机制共同完成对通信系统的安全防护，保障系统中测控信息、网控信息、监测信息、业务信息、星间信息等各种信息传输的安全性；在网络安全技术体制层面，针对卫星网络的特点，通过对体系化安全防护、认证鉴权管理、高动态安全组网、信息安全保密、星座密钥管理分发、网络态势感知与安全响应管理等多方面综合设计，重点解决卫星网络认证鉴权、高动态组网、信息安全防护、安全切换、安全互联互通、高效密码保障等关键问题。卫星网络安全总体体系架构如图 7－7 所示。

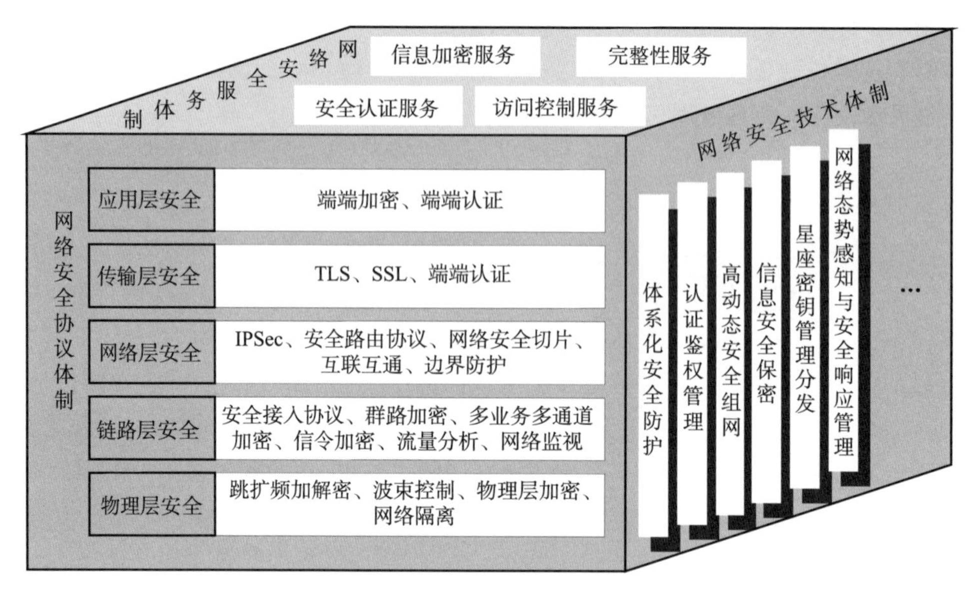

图 7-7　卫星网络安全防护体系架构

7.2.3　安全服务构成

7.2.3.1　安全认证服务

认证服务是通过密码技术使得一个实体向另一个实体证明某种声称的属性的过程，其目的是阻止假冒攻击，防止非授权节点接入和访问网络。认证服务是实现真实性的基本手段，体现为通信双方交互的认证协议，包括实体认证（身份认证）协议、数据源认证协议、认证及密钥交换协议等。认证服务的实现主要涉及加密算法、数据完整性算法和数字签名算法等密码学方案。

卫星网络对认证机制提出了更高的要求，不仅对认证过程本身的安全性要求很高，而且要求认证速度快，信息传输量尽可能地少；另外卫星网络是一个大容量、高动态网络，需要频繁地进行切换认证、跨域认证、跨网认证，要求认证过程具有高效性和可扩展性。因此，在卫星网络应用中，应根据不同的场景、安全需求和安全级别，设计高速接入认证、切换认证、跨域跨网认证等不同的认证方案和协议。

7.2.3.2　信息加密服务

由于卫星网络的高安全性要求，必须保证敏感信息的机密性，防止非授权用户得到传输信息的内容。信息加密服务是保证信息机密性的基本方法。

信息加密服务包括数据传输加密和数据存储加密两个层面，数据传输加密是保证网络和链路中数据传输的机密性等，数据存储加密是保证存储在终端、服务器等敏感数据的安全性。卫星网络中密码算法的选择遵循安全强度高、加解密速度快、算法易于实现等基本原则，满足空间应用对密码算法的安全性和实时性要求。

7.2.3.3 完整性服务

在空间网络环境下，实现传输数据的完整性校验必须结合卫星网络的特点，并且针对不同应用场景、安全需求、数据类型设计实现，尤其是要减少不必要的通信开销。单个数据单元的完整性可以通过完整性校验字来实现，也可以使用单向杂凑函数方案；而数据流的完整性通常结合序列号和时间戳来实现。系统中传输的数据可划分为不同类型、不同安全等级，不同类型和安全等级的数据在数据长度、完整性需求等方面也不尽相同，必须针对性地设计相应的数据完整性保护方案。例如，对于控制数据，重放攻击带来的危害最为严重，因此必须保证控制数据包的序列号、新鲜数或时间戳的完整性；对于业务数据，最严重的威胁来自于对数据内容的篡改，因此必须保证用户数据包整体的一致性。总之，对于卫星网络中传输的各种不同类型的数据，根据实际使用需求，提供多种可选的数据完整性机制和算法。

7.2.3.4 访问控制服务

访问控制是针对非授权使用者越权使用资源的防御措施，其目的是限制访问主体（用户、进程、服务等）对访问客体（文件、系统、资源等）的访问权限，使系统在合法范围内使用，保证各类网络资源不被非法访问和使用。

卫星网络具有业务量大、网络结构复杂等特点，传统的访问控制策略无法提供足够的安全性和可伸缩性，因此考虑多种访问控制策略的有机整合，设计动态多级访问控制模型，能够动态地为访问主体提供相应的权限授权服务，保证数据机密性和访问过程安全可控。

7.2.4 卫星网络安全协议体制

卫星网络安全保密体系结构具有综合防护、多层立体的特点，在通信协议栈各层配置安全机制，由位于各层的多种安全防护机制共同完成对通信系统的安全防护。卫星网络通信安全防护方案的设计遵循以下基本原则：实现同种安全服务的不同方法尽量少；在多个协议层次上提供安全保护；如果实体依赖于低层实体提供的安全机制，那么任何中间层安全机制不能违反低层安全机制的要求；考虑各层的相关性，不孤立地研究各层的安全性。

7.2.4.1 物理层安全防护

物理层安全防护提供连接机密性、业务数据机密性、数据完整性和可用性服务，主要考虑利用基于密码的跳扩频、波束控制、物理层加密、网络隔离措施对通信信号进行防护，保证关键卫星通信服务的安全、可用。

对于空口链路通信，第一，利用密码技术为跳扩频通信方式提供跳扩频图案，保证窃听者在不具备对应密钥的情况下，无法捕获通信信号；第二，通过波束控制技术进行安全防护，采用点波束定向传输，尽可能缩小波束覆盖范围，增加对物理信号窃听的难度；第三，采用调制跳变加密和混沌编码等物理层加密技术，结合隐蔽通信技术，增强系统的抗截获能力。

对于地面站与资源管理中心之间、地面站之间、汇聚网与核心网之间、汇聚网与用户网之间及核心网与用户网之间地面网络的互联互通，采用网络隔离措施，通过对通信信号的物理接通和阻断来控制网络的接入与访问，有效防止非法访问和网络入侵。

7.2.4.2 链路层安全防护

链路层的安全防护提供连接机密性和无连接机密性服务，同时提供完整性、可用性和认证性服务。链路层安全防护主要包括对终端安全接入的安全防护，星地广播信息、星地控制信息、路由表/信令信息、资源分配信息等信息在内的控制类信息的安全保密防护，以及用户终端与卫星之间、卫星与卫星之间、卫星与地面站之间通信链路的安全保密防护。

终端接入过程的安全防护通过设计安全、公平、高效的安全接入协议实现。

链路层信息的安全保密防护主要采用端端加密、认证的方式。对于星地广播信息的加密保护，采用按星分割的对称密钥以减少计算量，并每日更新星地广播密钥，确保星地广播信息的安全；对于用户终端的资源分配信息等控制信息，使用用户终端与信关站入网认证时协商的对称密钥进行端端保护；对于为卫星提供的路由表信息和控制信息，采用预分配端端对称密钥进行端端保护。该密钥根据卫星进行分割。

用户终端与卫星之间、卫星与卫星之间、卫星与地面站之间需要通过通信链路层面的数据认证来保证通信实体的合法性。在用户终端与卫星之间，使用用户终端与地面站之间入网认证时协商的链路认证密钥对通信信息做认证码，链路两端对通信信息进行认证。在卫星与地面站之间采用相同的机制，链路认证使用卫星与信关站之间预置的对称密钥。卫星与卫星之间链路认证采用类似的机制，全部卫星通过预置对称密钥进行认证，并定期全网更换。此外，配合流量分析、网络监视等手段保证网络运行安全。

7.2.4.3 网络层安全防护

网络层的安全防护主要针对地面各个网络、星地网络、星座间网络互联互通安全进行防护。地面各个网络主要采用端到端 VPN、网络安全隔离、网络切片等手段保证互联互通安全。星间网络采用星间网络安全终端实现星间的互联互通。

通过在地面站与运管中心之间、各地面站之间、地面站与资源管理中心之间以及各个用户网之间的地面网络的互通链路两端部署 VPN 设备，提供基于专线的网络 IPSec 加密隧道，保证端端之间网络通信数据的机密性。

在用户网与地面核心网连接的边界处还要部署网络隔离、入侵检测、防病毒等网络安全类设备，对网络接入和访问进行控制，阻止非法访问和网络入侵。

对不同应用场景的用户终端进行网络切片管理，采用 IP 地址划分和密钥分割相结合的方式从逻辑上对用户终端的通信进行子网的划分，防止不同应用的用户网络之间信息的不受控互通。

7.2.4.4 传输层安全防护

传输层保护主要对网络端到端传输的可靠性、安全性进行防护。通过改进地面网络

TLS、SSL 传输层安全保密方案以适应卫星网络的特点，对卫星端到端信息进行安全防护，保证通信数据的机密性和完整性，并能抵抗重放攻击、鉴别数据的来源。

7.2.4.5　应用层安全防护

应用层安全防护主要是对通信等业务信息和网控等控制信息进行端到端安全防护。

用户业务信息的防护是针对用户的卫星通信信息、卫星获取的侦察信息、预警信息等多种业务通信的安全保密防护。主要采用端端加密和密钥在线分配的方式对通信进行加密保护。

用户网控信息的防护是针对用户申请卫星资源的指令信息进行安全保密防护。主要采用端端加密和密钥在线分配的方式对通信进行加密保护。

7.3　卫星网络安全防护技术

7.3.1　入网认证鉴权

未来卫星网络将呈现天地一体化融合发展的趋势，借助高轨卫星、中轨卫星、低轨卫星实现全球覆盖，为天基、陆基、海基用户提供信息保障能力，海量用户将动态接入卫星网络。入网认证鉴权作为卫星网络的第一层防护，能够实现对用户身份的鉴别、授权合法用户接入卫星网络。卫星终端入网大致可分成三类：即卫星用户终端安全接入、跨域安全漫游、无缝安全切换。

7.3.1.1　卫星用户终端安全接入

卫星网络中根据卫星处理能力的不同，包含星上透明转发和星上处理两种应用模式。前一种模式，星上设备不具有处理能力，用户终端接入认证与鉴权由终端与地面关口站完成；后一种模式，用户终端接入认证与鉴权可由终端与星上接入点间完成。针对两种应用场景的不同特点，分别采用基于预置共享密钥的对称算法和基于身份标识信息的非对称算法实现终端安全接入认证与会话密钥协商。

(1) 地面关口站接入

卫星作为接入点不直接处理用户的接入认证控制，而是将其交付于地面关口站，地面关口站通过从认证服务器获取认证信息，完成对终端的认证鉴权。地面站与认证服务器之间通过安全的有线接口连接，卫星接入点和地面站之间的信令传输通过安全通道进行机密性和完整性的保护。

接入认证方法主要思路是采用基于预置共享密钥派生的方法来完成用户终端和地面站的身份认证以及会话密钥协商，利用单向散列函数结合随机参数从原来的密码中派生出认证密钥和会话密钥。通过预先共享的对称密钥，生成一个有时间限制的认证密钥，生成认证密钥之后，可以利用认证密钥完成认证用户终端与地面站的双向认证。与 3GPP - AKA 协议相比，该方法减少了认证所需参数向量数量，并简化认证流程，减少了信息交互次数，降低了在链路距离长、时延高的卫星网络中用户接入认证所产生的时间开销，在卫星网络中更具有实用性。该方法接入认证模型如图 7 - 8 所示。

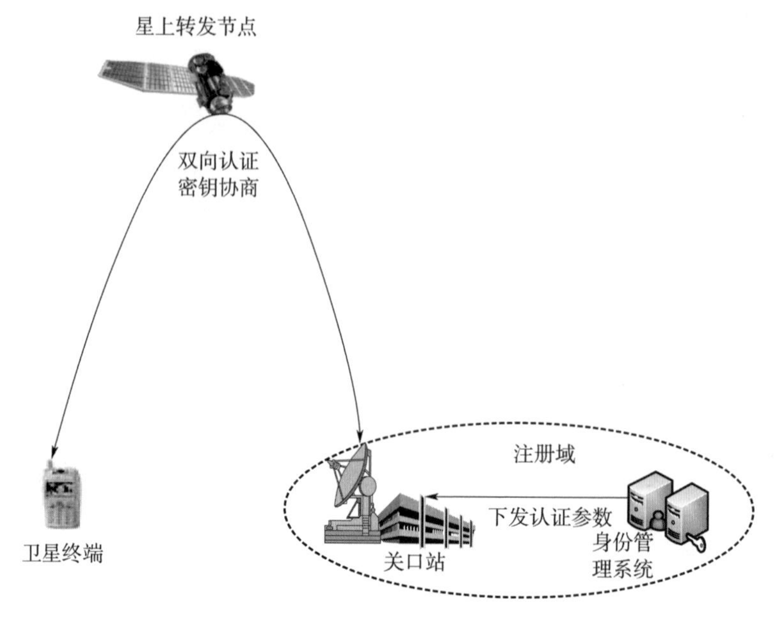

图 7-8　地面关口站接入认证

(2) 星上接入

星上接入点具备处理能力，可直接完成用户终端接入认证。可采用基于对称密钥和非对称密钥两种方案实现认证。基于对称密钥的接入认证方法通过在卫星接入点上存储终端认证参数元组的方式减少认证步骤，降低认证带来的时延，其流程如图 7-9 所示。

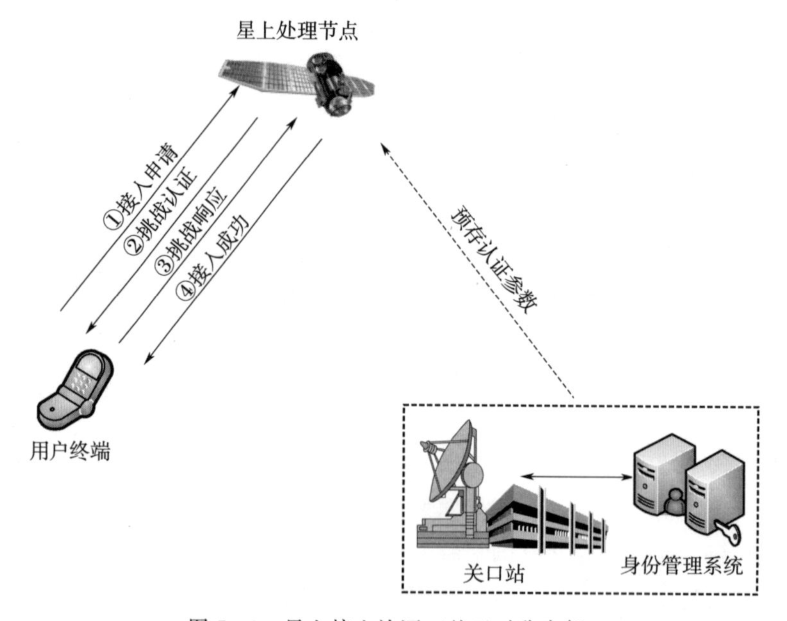

图 7-9　星上接入认证（基于对称密钥）

非对称接入认证方法采用身份密码学的接入认证鉴权方案。其核心思想为利用认证实体的身份信息（如 IP 地址或 MAC 地址）作为公钥以实现公钥签名和加密算法，从而完成实体认证。该认证方法优势主要有两点：一是用户的公钥是其公开身份信息，不需要卫星接入点或者权威机构存储用户终端的公钥，节省存储空间；二是避免了空间链路传输公钥，降低信息交互次数。相比基于对称密钥的接入认证方法，该方法可进一步减少信息在空间链路交互次数，但对接入卫星计算性能有较高要求，其具体流程如图 7－10 所示。

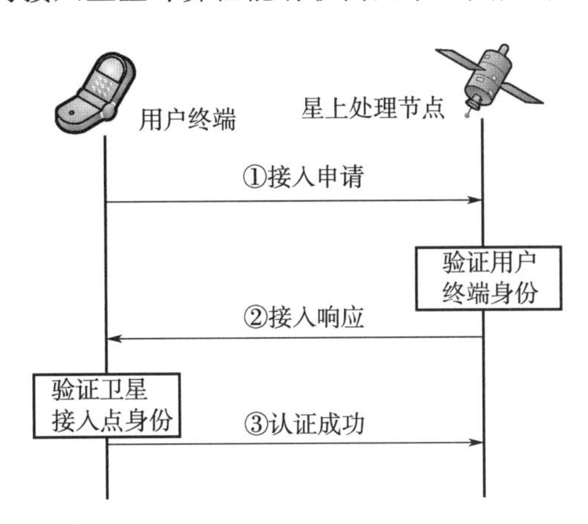

图 7－10　星上接入认证（基于非对称密钥）

7.3.1.2　跨域安全漫游

面对卫星网络多域分级安全接入需求，采用三方漫游接入机制、节点间信任保持机制、权限跨域传递机制，以提供多类型终端的多域分布式接入鉴权和安全漫游服务业务，从而实现用户终端随遇安全接入。在这种三方漫游协议模型中，当用户漫游到外部网络域需要使用外部网络的资源时，外部网络需要认证该漫游用户的合法性，并判断该用户使用本网络的权限等级。而外部网络中并不存在该用户的注册信息，因此收到用户的漫游接入请求时，通过与用户归属域服务器之间的安全通道向归属域服务器转发该请求，并向其请求调用该用户的相关信息。归属域服务器根据本地存储的用户信息认证用户的合法性，将结果通过安全通道发送给拜访域服务器；拜访域服务器根据收到的来自归属域的接入响应和在这之前收到的用户接入请求产生安全的会话密钥，同时向用户发送接入响应；用户进一步集合本地的已生成的信息产生会话密钥；至此，拜访域服务器与用户之间共同协商出会话密钥，建立用于进行安全数据通信的安全通道，如图 7－11 所示。

一般来说，网络跨域认证方式包括证书链认证和令牌认证两种。

（1）基于证书链的跨域认证

在基于证书链的跨域认证过程中，用户不需要通过本域认证，直接访问目标域的认证服务，发出认证申请；目标域的认证服务验证用户的证书，通过证书链机制，判断其有效性并给出认证结果。图 7－12 为基于证书链的跨域认证系统的逻辑结构图。

其具体实现流程如下：首先，域 A 用户向证书权威申请证书，证书权威验证用户信息并发放证书；域 A 用户访问域 B 服务端，登录信息发起认证请求；域 B 认证服务对域 A 用户证书通过证书链机制验证其有效性；若验证证书有效，则允许域 A 用户在域 B 登录，

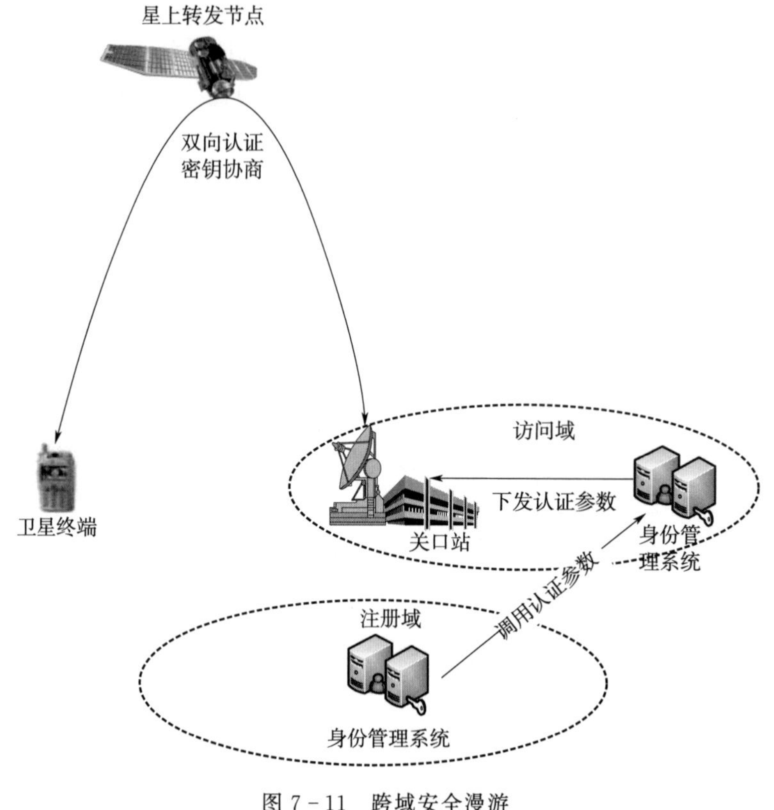

图 7-11　跨域安全漫游

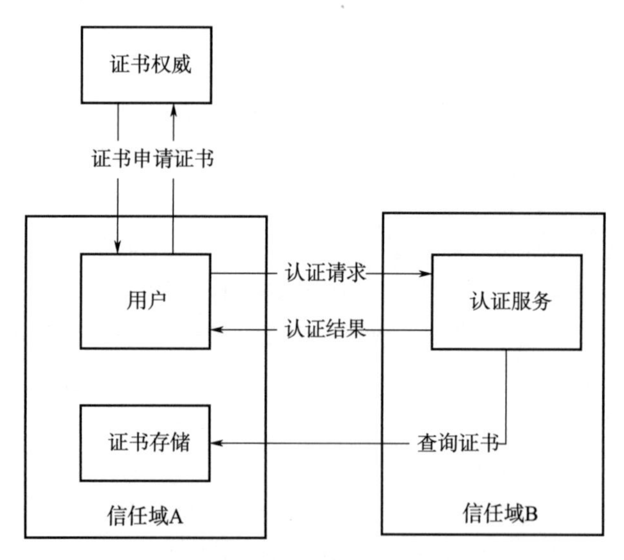

图 7-12　基于证书链跨域认证逻辑结构图

否则拒绝用户请求。

系统在运行时颁发的证书均为多级证书，因此认证过程可以采用证书链的方式进行认证。图 7-13 为证书链的结构示意图。

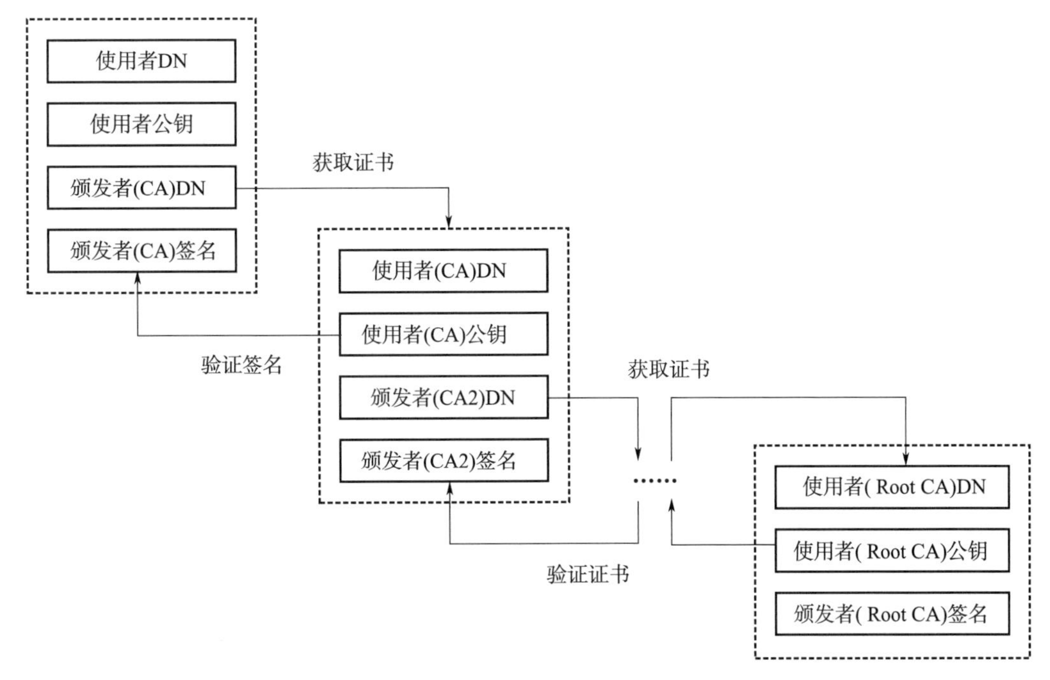

图 7－13　证书链结构示意图

由图中可知，证书链的末端是系统的根证书 Root CA，所有其他证书都是在该证书的基础上颁发的。用户证书使用上一级 CA 的私钥进行签名，CA 的证书使用 CA2 的私钥进行签名，直到 Root CA. 形成一条链式结构。在认证的过程中，从根证书开始，逐级验证证书的有效性，整个链中的所有证书均有效时验证才能通过。

（2）基于令牌的跨域认证

在基于令牌的跨域认证系统中，用户在其所在域完成登录认证后，其所在域的认证服务器会通过令牌中心给用户颁发一个当前域 CA 私钥签名的认证令牌，用户可以持这枚令牌到外域进行登录认证，外域的认证服务器会接收该令牌验证它的合法性和来源，验证通过即可完成跨域登录。图 7－14 为基于令牌的跨域认证逻辑结构图。

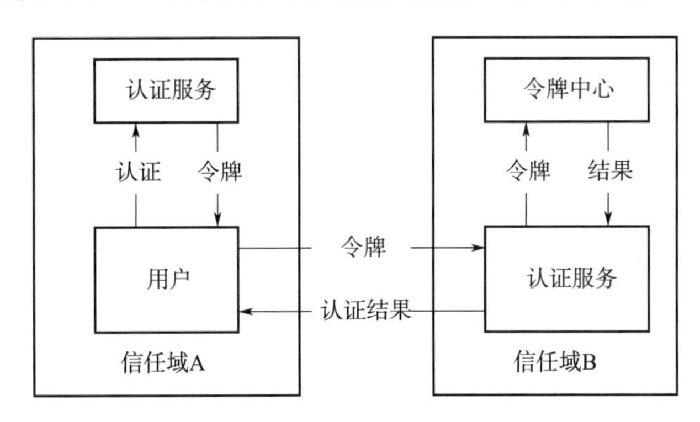

图 7－14　基于令牌跨域认证逻辑结构图

其具体实现流程如下：首先，域 A 用户进行域内认证，认证后获得令牌；域 A 用户向域 B 认证服务器发起认证，同时用户令牌自动发送至域 B；域 B 认证服务获取令牌，在本域令牌中心进行验证；令牌中心接到令牌和证书后，验证其有效性和来源；最后，令牌中心将结果发送至认证服务器，认证服务器反馈结果给域 A 用户。

图 7-15 为跨域认证时的数据交互流程：域 A 用户 1 访问域 B 的认证服务器，用户通过 USB-Key、ID、口令来调用认证服务；域 B 认证服务器向用户 1 返回认证结果，如果认证成功则返回令牌；用户 1 通过令牌向域 B 服务器访问服务；域 B 服务器给用户 1 返回调用结果。

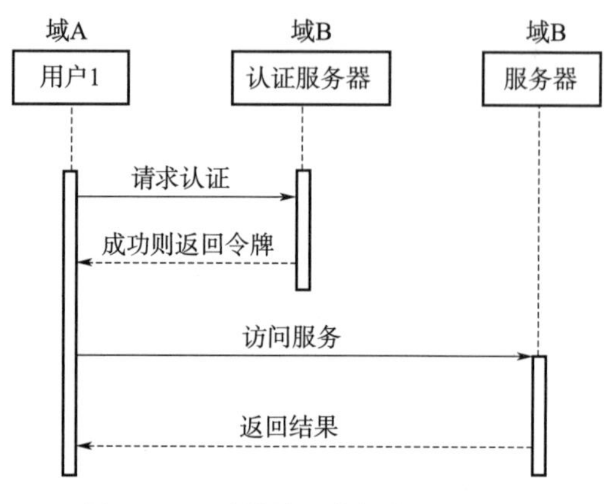

图 7-15 跨域认证数据交互流程图

7.3.1.3 无缝安全切换

由于卫星网络中，各个卫星系统体制与应用模式不同导致产生多种切换场景，因此需要根据不同场景提出多种切换方案，完成信任机制转移、权限变更及新会话密钥协商。

(1) 高轨卫星网络切换

一般而言，高轨卫星节点覆盖范围相交的区域比较大，当飞行器在相交的区域内时，既能保持与原卫星节点之间的链路通道，也能向新卫星节点发送接入请求。在这种情况下，飞行器首先保持旧链路，同时根据卫星信号强弱变化，向新卫星节点发起接入认证请求，其接入认证流程与前文描述的随遇安全接入认证流程一致。由于两个卫星之间相交部分较大，因此在飞行器离开原卫星节点覆盖范围之前，飞行器与新卫星节点的认证流程已经完成，并与新卫星节点建立链路通道。最后飞行器再向原卫星节点发起链路中断请求，释放旧链路，如图 7-16 所示。

(2) 低轨卫星网络切换

基于轨位预测技术以及信任关系转移机制实现低轨卫星网络中终端切换，根据终端本身运动情况，可分为两种情况。

终端静止时，由于低轨卫星相对地面作高速运动，地面低速的移动终端可以看作是静止的，在这种移动场景中常发生如图 7-17 所示的情形。终端用户所连接的接入卫星切换频繁，而与它相连的地面关口站并未发生切换，因此用户与地面关口站之间共享的会话密

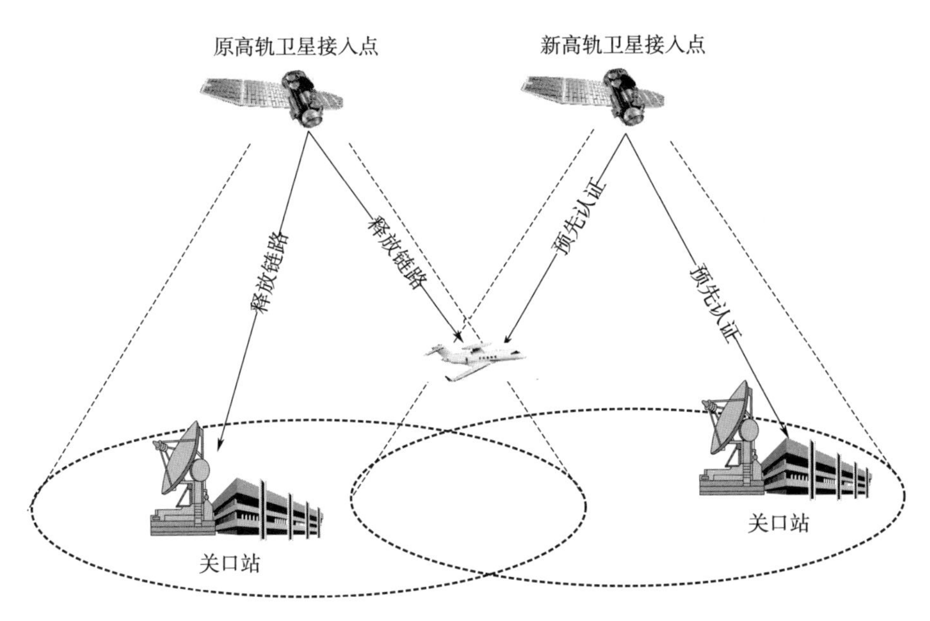

图7-16　高轨卫星终端切换模型

钥不需要改变。这种情况下的切换认证无需协商新的会话密钥，只需将用户与上个卫星之间的可信关系转移至新接入卫星。基于卫星节点轨迹可预测特性及多星协作模型，当终端需要在两个卫星接入点之间发生切换时，地面关口站通过星地安全通道将已认证的合法终端设备相关信息（白名单）提前传递至新卫星接入点，从而完成两个不同接入卫星之间的会话可信转移，避免切换过程重复的接入认证和密钥重新协商过程，保证切换中会话的连续性。切换流程如图7-17所示。

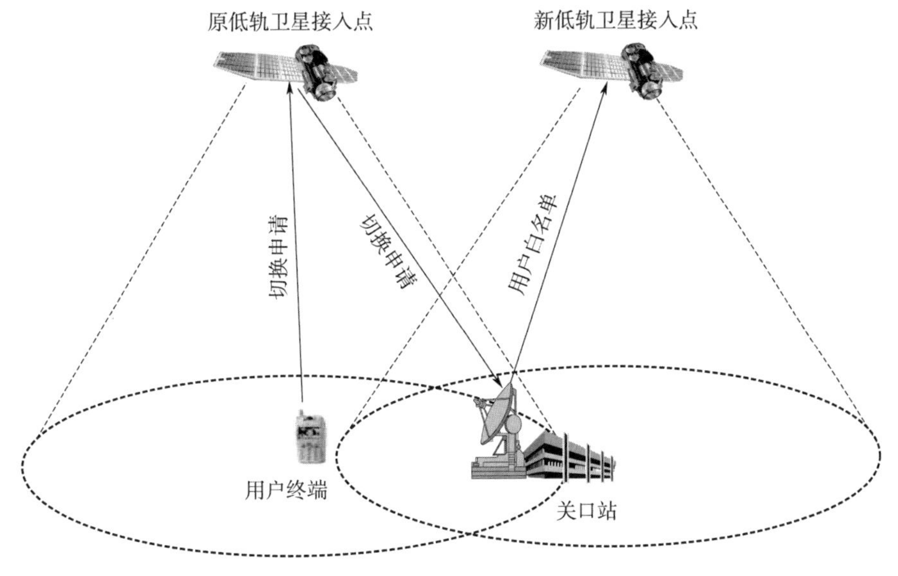

图7-17　低轨卫星终端静止状态切换模型

终端高速运动，导致切换的卫星接入点分属不同地面关口站时，在这种场景中，由于移动终端接入的地面关口站也发生了切换，因此用户需要与新地面关口站重新协商会话密钥。由于低轨卫星覆盖范围较小，彼此之间重叠范围较小，应采用轨位预测技术提前确定需要建立通信链路的新卫星接入点，通过原卫星接入点作为中继点与其完成会话密钥协商。在进入新卫星覆盖范围后，利用协商的密钥建立新通信链路，同时释放旧通信链路，如图 7－18 所示。

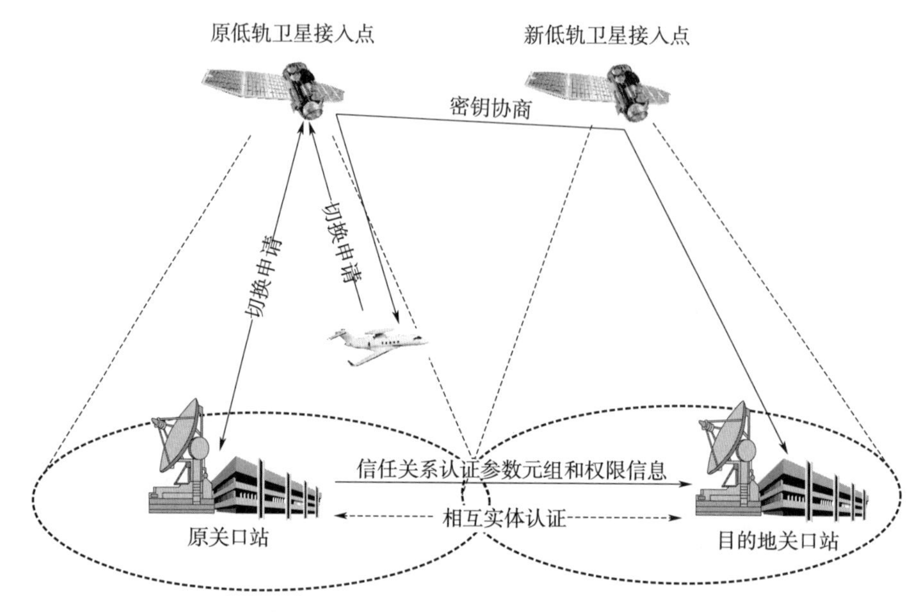

图 7－18　低轨卫星终端高速运动状态切换模型

（3）星上处理模式下切换

若星上接入点具有处理能力，可以完成终端接入认证功能，则发生切换时可直接由用户终端与两个卫星接入点（原卫星与新卫星接入点）之间信息交互，完成信任关系传递并建立新通信链路，根据原卫星接入点与新卫星接入点信号重叠覆盖面积分两种情况。

两卫星接入点间重叠覆盖面积较大，当用户终端在相交的区域内时，既能保持与原接入卫星节点之间的链路通道，也能向新卫星节点发送接入请求。在这种情况下，飞行器首先保持旧链路，同时根据卫星信号强弱变化，向新卫星节点发起接入认证请求，其接入认证流程与上文描述的星上接入认证流程一致，如图 7－19 所示。

两卫星接入点间重叠覆盖面积较小时，用户终端仍然处于原卫星的覆盖区域时，根据节点的地理位置、运行速度以及卫星网络拓扑结构，自行判断可能将要接入的卫星并向原卫星发出切换申请。原卫星应与新卫星完成双向认证，在此情况下，无需终端和新卫星重新认证，可直接由原卫星将终端身份信息以及包含会话密钥在内的认证参数元组发送至新卫星，完成信任关系传递，并通知终端切换申请已处理。当终端移动至新卫星覆盖范围内可在与新卫星建立通信链路后释放与原卫星间通信链路，如图 7－20 所示。

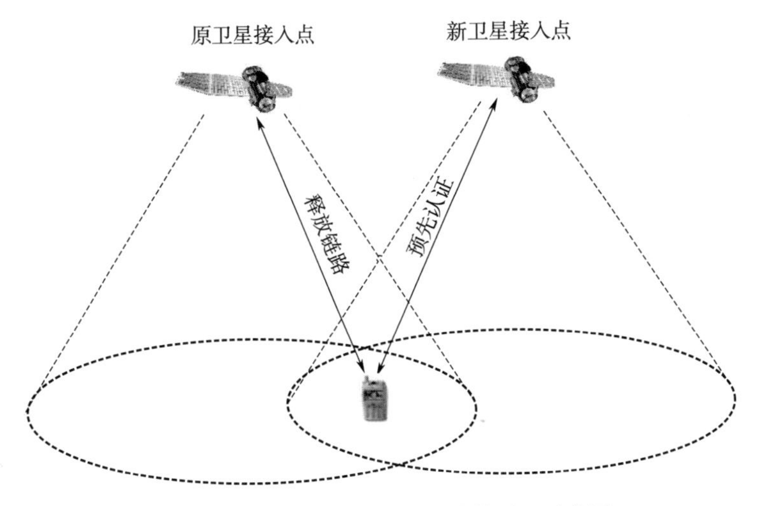

图7-19　星上处理模式下切换情况一示意图

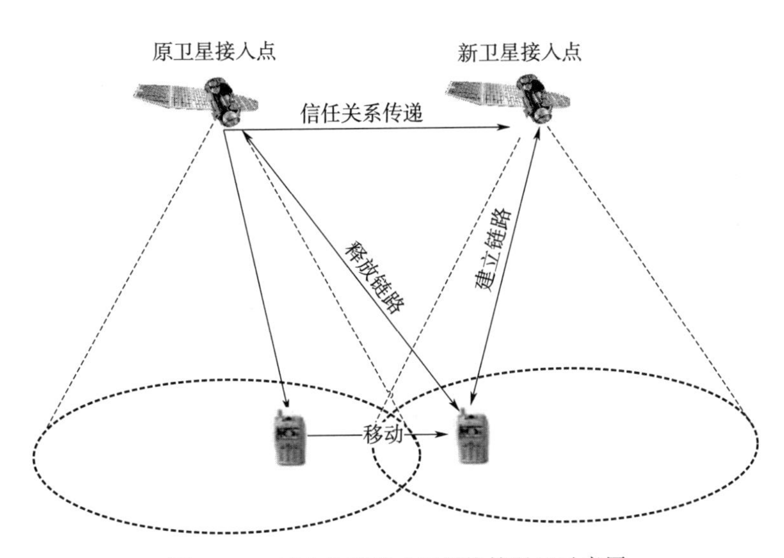

图7-20　星上处理模式下切换情况二示意图

7.3.2　高动态安全组网

卫星网络拓扑频繁变化，空间节点计算、存储、带宽等资源分配不均，通信线路误码率、稳定性差异巨大，以及节点功率受限等现实，对路由的建立、维护和选择都产生了重大的影响，必须对传统的地面路由协议进行适应性扩展，才有可能高效、可靠、安全地实现空间信息分组的路由和转发。同时，由于卫星网络种类多样（既包含高、中、低轨卫星系统，也包括邻近卫星网络等），与地面网络的连接关系（同步/非同步轨道）、链路稳定性以及转发能力差异巨大，互联网分层路由架构和域间路由隔离机制对天地一体化网络至关重要。

20世纪90年代，空间卫星网络技术发展主要采用电路交换（如IRIDIUM），相应路由算法主要是面向连接的。为了适应卫星网络拓扑多变特点，维护端到端链路稳定性，相关研究者利用卫星可预测的周期性运动规律，采用虚拟拓扑策略屏蔽拓扑的动态性，提前在地面计算路由信息。该类路由的设计思想是：1）对一个周期的卫星拓扑进行离散化，将系统周期划分成若干小的时间片，一个时间片内假设网络拓扑不变，路由计算仅在时间片的开始点完成；2）针对一个系统周期内，根据不同优化目标（负载均衡、通信时延最小、端到端的链路切换最小），采用不同优化方法，选择出所有时间片内的最优路径。

进入 21 世纪，随着地面互联网和卫星网络的业务发展，两者逐渐走向融合，在卫星网络采用 IP 协议受到普遍关注。为了屏蔽卫星网络拓扑动态特性，利用源、目的地址的位置信息（覆盖区域划分）或卫星节点的位置信息进行路由转发（虚拟节点）。覆盖区域划分假设每个数据包都有源、目的地址的位置信息，卫星根据该信息计算离该数据包空间距离最近的卫星节点，然后逐跳转发到目的节点。而虚拟节点则将卫星星座假设成“逐跳”周期运动的，或者说将系统周期划分为等于单轨道内卫星个数的时间片，每个卫星某一时间片内具有唯一的空间位置标识，卫星根据数据包中的目的卫星的位置标识，采用空间距离最短原则进行逐跳路由转发。该类路由协议采用分布式的星上路由转发，不需要提前进行路由计算，但适应星座类型有限，一般仅适应理想的极地低轨轨道。此外，一些研究者假设空间已部署类似地面网络的路由协议，开展面向低轨星座的 IP 协议研究，其路由选择主要实现星上负载均衡、拥塞控制及 QoS 等目标。

在关注高动态组网的同时，路由安全技术也成为关注的重点和难点，本节重点介绍一种面向卫星网络的基于交织编码和秘密共享的多路径传输技术（Concurrent Transmission based on Interleaved Coding and Secret Sharing，CTICSS），该技术充分结合了交织编码技术与门限秘密共享技术，在消息转发前（通信双方认证协商过程中）可建立多条源节点与目的节点之间的并发传输链路，将通信内容通过秘密共享技术进行分割，通过彼此独立的传输链路进行数据传输，并由目的节点接受消息后进行还原，能够有效提升卫星网络路由的安全性与可靠性。

7.3.2.1　并发传输链路连接建立

当源节点期望与目的节点建立 n 条并发传输链路时，源节点向目的节点发送 n 个连接请求数据包，每个连接请求包具有唯一标识，且拥有连接组标识。当中间节点接收到连接请求数据包时，检查其唯一标识，若此前已接收过此数据包，则将数据包丢弃；若未接收到该数据包，则将本节点加入到数据包中的链路信息中，并按照平衡流量思路进行消息转发。同时，节点保留其连接组标识，每一次转发该连接组的连接请求包，都会改变路径消息转发概率，避免 n 条链路使用过多的重复路径。

目的节点收到连接请求包后，建立相应的消息接收进程，并向源节点发送连接回应包，回应包通过数据包中记录的路径信息返回源节点；途中经过的中间节点，根据回应包消息建立相应的转发进程。此时，源节点至目的节点的传输连接成功建立，所有连接之间进程互相隔离。图 7-21 为建立连接的流程图。

连接建立后，源节点通过协商过程得到的 n 条路径进行消息传输，转发过程中不再需

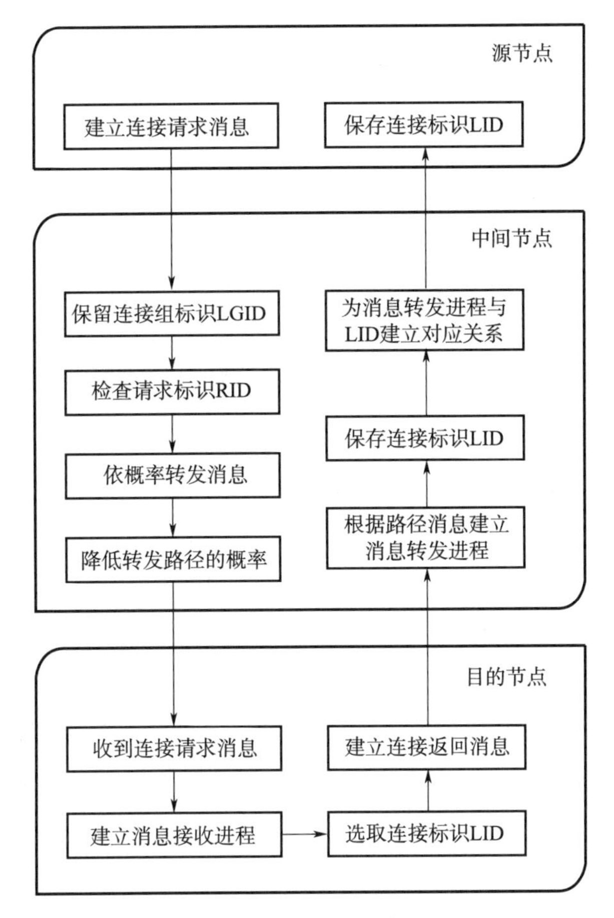

图 7-21　并发传输链路建立流程图

要进行路径计算，可以在短时间内传输大量信息，且拥有较高的安全性。同时，卫星可以根据消息的重要程度，为不同的连接分配资源，保证重要的消息可以在第一时间得到转发。当卫星时间片切换时，源节点发送连接确认消息，确认连接是否可以正常使用，无法正常使用的连接进行销毁，并重新建立新的连接。消息传输结束后，由源节点发送销毁连接请求，接收到请求的节点销毁相应的连接。

7.3.2.2　交织编码及门限秘密共享技术应用

面向卫星网络的交织编码技术充分考虑了卫星网络硬件资源及用户终端资源受限的特点，牺牲交织编码的纠错能力以换取通信信息的隐蔽性，尽可能节省计算资源，降低时间代价。

在本节中所提出的交织编码技术中，我们假设发送方发送的原始消息 M 为“aaabbbccc”，经过交织编码器编码，能够得到的消息 M' 为“abcabcabc”。如前文所示，本方案能够有效的对原始消息进行加密及交织，并通过结合消息加密技术能够有效防止攻击方进行破解及分析，提升编码的安全性。

秘密共享即将秘密以适当的形式进行拆分，拆分后的每一个份额由不同的参与者进行管理，单个参与者无法恢复秘密信息，只有若干个参与者一同协作才能恢复秘密信息；同时，为保证秘密信息的可靠性，当任何相应范围内的参与者出现问题时，秘密仍然可以恢复。门限秘密共享可以充分结合多路径传输的优势，将秘密信息进行分割并发传输，通过设计合理的门限值，充分考虑链路传输的成功率因素及安全性因素，确保若干链路安全时能够恢复秘密信息，实现网络传输的安全性与可靠性。

本文提出的（t，n）门限秘密共享体制，将秘密信息分割成 n 份进行传输，其中 $n<N$，N 为动态路径优选技术所提供的路径条数，只要有 t 条路径消息传输无误便可恢复秘密信息；同时也意味着即便攻击者截获其中的 m 条消息，只要 $m<t$，攻击者也无法成功恢复出秘密信息，极大地提升了系统的安全性与可靠性。具体方案如下：

1）假设原始消息 $M=aaabbbccc$，通过交织编码，得到编码后的消息为 $M'=abcabcabc$；

2）接下来，通过下述公式构建 n 份秘密信息：

$$S_i=\begin{cases} x_1+x_2+\cdots+x_t \bmod p & \text{if} \quad i=1 \\ s_1+\cdots+s_{i-1}+x_i+\cdots+x_t \bmod p & \text{if} \quad 1<i\leqslant t \\ s_1+2^{i-t-1}s_2+\cdots+t^{i-t-1}s_t \bmod p & \text{if} \quad t<i\leqslant n \end{cases}$$

3）将 n 份秘密信息通过 n 条路径进行分发；

4）在汇聚节点（用户终端）进行秘密恢复，通过如下过程能够恢复出秘密信息，过程如下：

$$s_i=\begin{cases} \sum_{J=1}^{t-1}x_J\left(\sum_{i=1}^{t}Z^{i-1}-Z^{i-J-1}\right)+Z^{t-1}x_t \bmod p & \text{if} \quad 1<i\leqslant t \\ \sum_{J=1}^{t}x_J\left(\sum_{i=1}^{t}V^{i-t-1}-J^{i-t-1}\right)\bmod p & \text{if} \quad t<i\leqslant n \end{cases}$$

通过上述过程，接收方只要收到 t 条路径发送的消息便能够恢复出秘密信息。

7.3.3 信息安全保密防护

卫星网络传输的信息主要包括业务信息和控制信息，根据网络中各类信息的特点和安全需求针对性设计安全保密机制，采用分离的控制信息与业务信息安全防护方案，能够支持多层级加密，支持多种组网方式，支持移动漫游与切换，支持卫星测控安全保密等。

7.3.3.1 控制信息安全保密防护

控制信息主要包括网络控制信息，星地广播信息，星地控制信息等。控制信息的安全防护以链路层加密防护为主，主要解决卫星组网形成之前，为了构建网络而进行的控制类通信的安全保密问题，目的在于保证卫星网络的建立过程中各节点的合法性，确保网络建立的可信性和有效性。未来卫星网络控制信息加密方案需要支持大容量、高动态安全组网，支持低时延卫星安全测控（含多星测控）等。对于控制信息的安全防护主要采用对称密码体制，减少计算量，通过预置密钥对控制流通信信息进行安全保密防护。预置密钥根据卫星划分，卫星之间两两不同，地面系统具备全部卫星的密钥。

7.3.3.2　业务信息安全保密防护

业务信息包括用户业务信息和星载业务信息。用户业务信息包括低速类数据通信和宽带综合数据通信等；星载业务信息则为星上业务载荷产生的信息。

对于用户业务信息主要采用端到端加密和密钥在线分配的方式对通信数据进行加密保护，并且根据用户业务信息安全级别采用不同加密机制和安全防护方案，通过安全切换等方式保证用户跨域通信时信息的安全保密，通过安全路由机制保证用户业务信息端到端可靠传输。

对于星载业务信息采用端到端加密和预置密钥的方式，根据星载业务类型或者用户类型进行多层级安全保密防护，通过密钥分割等方式对不同类型业务信息进行独立加密，设计多种安全加密策略（如完整性保护、完整性与机密性保护等）对业务信息进行自适应加密。

7.3.4　星座密钥管理分发

在卫星网络环境中，诸多安全服务和安全机制，如通信数据加密、消息完整性保护、接入身份认证等，都依赖于健全的密钥生命周期管理。其模型如图 7 - 22 所示，包括密钥创建、密钥分发、密钥更新、密钥撤销和密钥归档，其中，密钥管理分发是卫星网络密钥安全的关键。

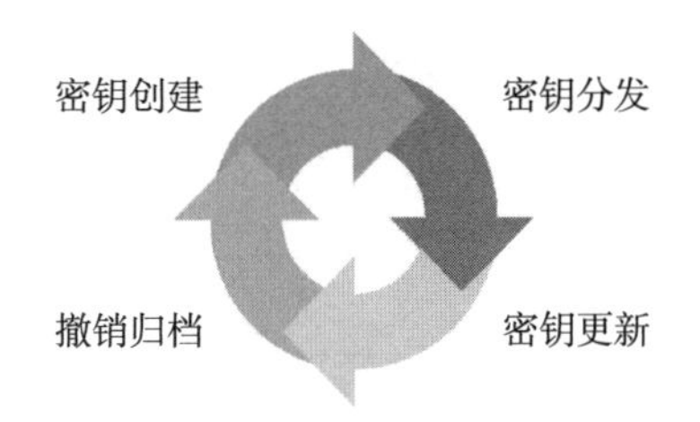

图 7 - 22　密钥生命周期管理模型

卫星网络的密钥的管理与分发面临着以下难点：1）空间链路带来的高额密钥协商与分发时延；2）开放链路带来的密钥分发过程中的安全风险；3）受限资源带来的密钥管理与分发开销难题；4）卫星网络建设与维护成本带来的单点失效控制难题。因此，围绕星座密钥管理分发，安全性增强、降低开销、抗单点失效将是方案的关键。针对上述问题，这里提出了一种分簇式卫星密钥管理方案。

7.3.4.1　分簇式卫星密钥管理方案的模型设计

分簇式卫星密钥管理方案由地面段和空间段两部分组成，地面段包括地面控制中心和用户，空间段的卫星分为多个簇，每个簇的头节点组成的网络称为星级网络，簇内的节点组成的网络称为域级网络，其通信模型图如图 7 - 23 所示。

分簇式卫星密钥管理方案结构模型如图 7 - 24 所示。

首先，根据卫星访问权限的不同将其分为多个簇，簇头节点组成星级卫星组，由地面控制中心对其进行密钥管理。在每个簇内选择一个头节点，将组密钥管理的部分权利分散

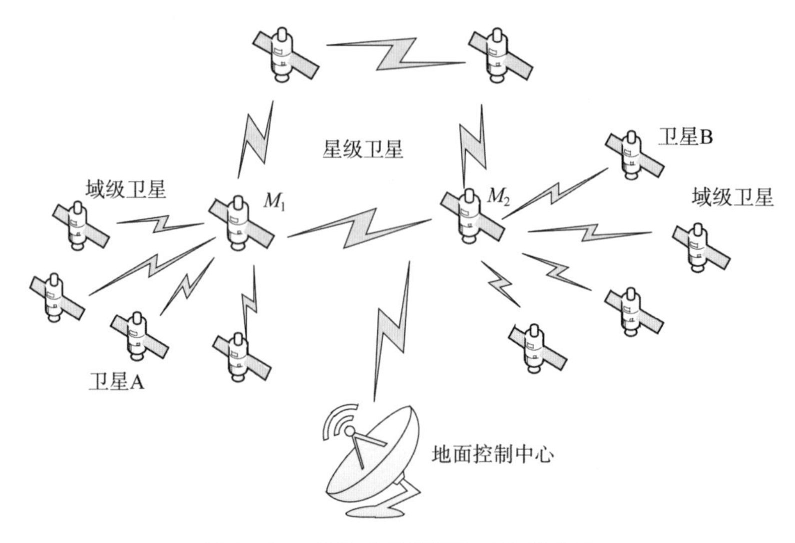

图 7－23　分簇式卫星网络通信模型图

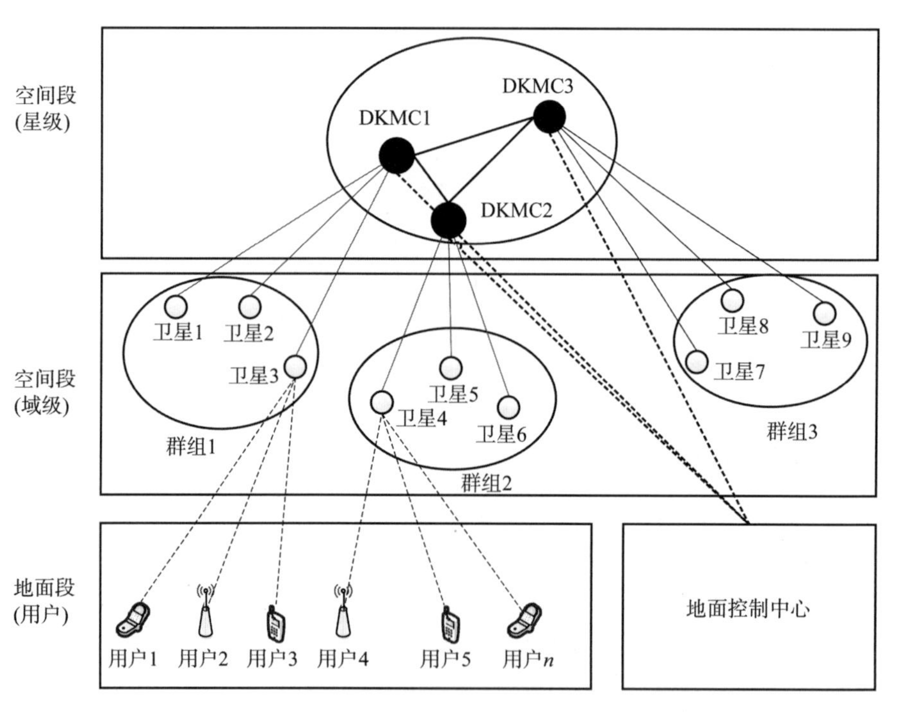

图 7－24　分簇式卫星密钥管理方案结构图

给簇的头节点，使簇头节点能够对其簇内的节点（域级节点）进行密钥管理。然后根据各簇内节点数，构造簇密钥树，密钥树的根结点为簇的组密钥，叶子结点为各域级节点。最后构造组密钥树，由簇头节点分发给簇内域级节点。每个域级节点负责其覆盖范围内地面用户的通信密钥的管理。采用这种方案时，簇内的结构变化并不会对其他簇造成影响，且其扩展性较好，适合大规模卫星网络的密钥管理。

7.3.4.2　分簇式卫星密钥管理方案设计

分簇式卫星密钥管理方案中，卫星节点被分为不同的簇，每个簇由簇头卫星节点负责对簇内卫星节点密钥的管理，并将簇头结点称为星级节点，簇内节点称为域级节点。密钥的管理分为星级节点组的主密钥管理、域级节点组的密钥管理和地面用户与域级节点之间的会话密钥管理 3 种不同组的密钥管理。

（1）星级节点组的主密钥管理业务流程

所有的星级节点的密钥由地面控制中心负责管理。星级节点与地面控制中心之间的组密钥称为主密钥，通过利用基于纠错码的门限方案，将生成的主密钥分为多个份额并分发给星级节点；星级节点收到自己的秘密份额后与其他星级节点交换份额，然后根据门限方案恢复出主密钥。

（2）域级节点组的密钥管理业务流程

域内节点之间的组密钥称为域级组密钥，通过域内的管理者使用逻辑树（LKH）方案进行管理。初始化阶段，组管理者生成一个组密钥，通过 Diffe - Hellman（DH）协议与每个组员建立会话密钥，并使用会话密钥加密组密钥发送给对应的组员。当有节点离开或加入时，组管理者重新生成组密钥，然后分发给所有用户。

（3）地面用户与域级节点之间的会话密钥管理业务流程

域内节点与地面用户节点之间的组密钥称为会话密钥，会话密钥在每次用户需要与域内节点或其他域中的用户通信时发起 DH 协商建立。

7.3.5　网络防护控制与管理

态势感知是一种基于环境的、动态、整体地洞悉安全风险的能力，是以安全大数据为基础，从全局视角提升对安全威胁的发现识别、理解分析、响应处置能力的一种方式，最终是为了决策与行动，是安全能力的落地。随着网络安全重要性的凸显，态势感知开始在网络安全领域斩露头角，现阶段面对传统安全防御体系失效的风险，态势感知能够全面感知网络安全威胁态势、洞悉网络及系统运行健康状态、根据安全策略进行威胁态势动态响应，指导系统的安全性建设与提升。随着卫星网络与地面网络的一体化发展趋势，卫星网络的规模将愈发庞大，卫星网络面临的攻击面与风险点将呈现指数级上升趋势，网络态势也将更加复杂。此外，卫星网络的独有性质也将导致威胁响应管理难度的上升；空间链路高额时延将导致响应处置滞后性的加重；节点的高额成本使得有限的资源应尽可能向业务应用倾斜；网络的大规模时空尺度及动态性使得攻击者可以任意切换攻击位置，提升网络威胁处置响应开销。

在卫星网络中间节点（如低轨卫星节点、地面节点）部署智能异常检测系统，在地面服务中心部署态势分析引擎，在全网节点部署响应模块，是卫星网络态势感知与响应管理的一种实现模式。通常卫星节点资源受限，因此部署于其中的智能异常检测系统具备轻量级的特征，即机器学习模型的轻量化；卫星管理与服务中心负责收集全网态势信息，并进行大数据智能分析；根据既定的安全策略，根据全网态势分析结果，进行安全策略的部署，如图 7-25 所示。

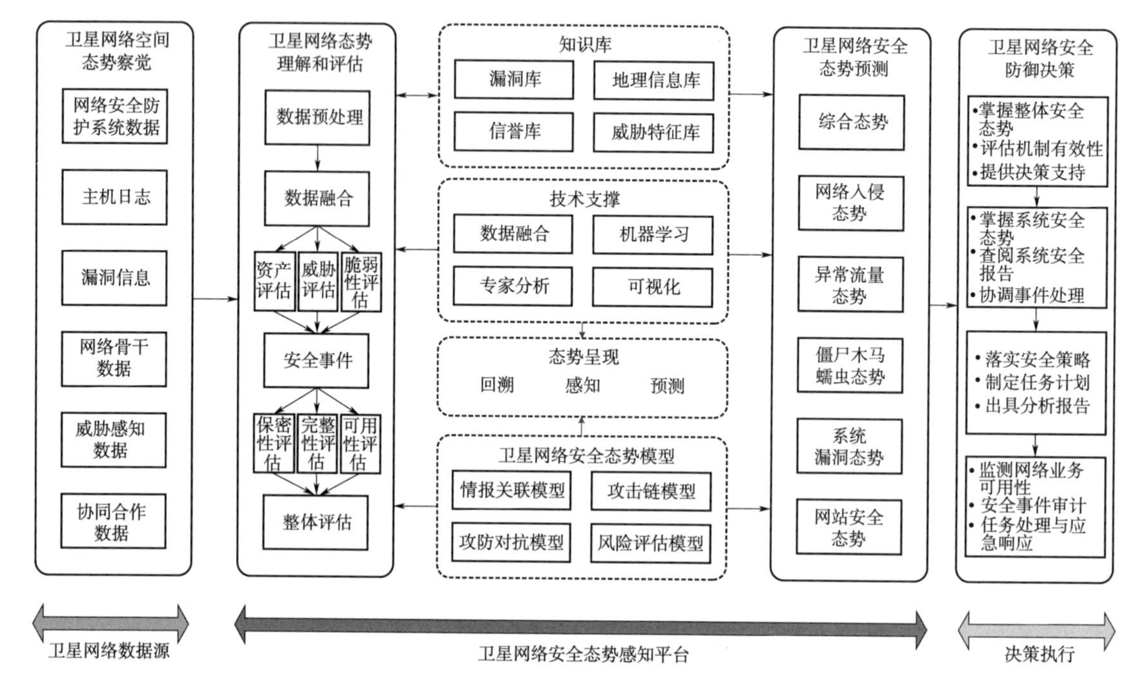

图 7-25　卫星网络威胁态势感知模型

可以看出，卫星网络态势感知与安全响应管理，能够充分发挥卫星网络集中式管控的优势，收集全网威胁态势信息，并及时的进行威胁响应与管理，实现全网协同处置，能够有效解决响应处置的滞后性、单点资源受限等难题，大幅降低了威胁行为检测开销，具备较好的应用价值。

7.4　本章小结

本章对卫星网络面临的安全防护需求进行了深入分析，同时结合国外发展现状调研，系统性地提出了针对卫星网络的安全防护体系，涵盖了安全服务和协议体制等诸多方面。在此基础上，进一步探究了包括认证、组网、保密、网络管理等在内的卫星网络安全防护多项关键技术，可有力支撑未来天地深度融合卫星网络部署运营的安全可控。

第 8 章　天地融合的网络管理与控制技术

网络管理与控制是通信网络的重要组成部分和高效运行的基础。卫星通信网络管控系统从最早的人工管控、简单的网络管控，正逐步向复杂的网络管控系统发展。特别是随着星上处理能力的不断提升和天地融合程度不断加强，天地一体的网络管理与控制成为卫星通信网络的发展趋势。

本章首先介绍卫星通信网络管理与控制的基本功能、架构和管控协议，然后面向天地深度融合发展，介绍天地协同的网络管控模式，最后介绍网络用户管理、网络业务管控、网络资源管理、移动性管理等天地协同的网络管控流程。

8.1　网络管控架构与协议

8.1.1　卫星通信网络管控功能

卫星通信网络的管控分为网络管理和网络控制两个方面，在卫星通信网络的功能模型中分别对应网络的管理平面和控制平面。其中管理平面为运营商提供方便、快速和经济的网络管理功能，以便为用户提供灵活高效的服务，包括快速的添加和删除用户、检测和管理 QoS、网络拓扑管理、故障诊断和计费；控制平面执行网络控制功能，处理建立、管理和释放呼叫和连接所必需的信令。

运营商和用户之间的交互始于最高级别的管理平面的服务订阅，然后是控制平面的服务请求，最后是用户平面的数据传输等，如图 8－1 所示。

在一般的卫星通信网络中，网络管控主要包括网络参数配置、网络资源维护、信令处理、地球站管理、业务处理等功能。

（1）网络参数配置

网络参数配置功能是将网络资源与网络配置参数进行映射和关联，包括前返向信道的参数配置、网络节点间的通联关系等。

（2）网络资源维护

网络管控可对卫星通信网络的各类资源（通信网、子网、卫星、地球站、天线、波束、时频资源等）进行监视、形式化描述、增删改查处理。

（3）信令处理

对控制信令进行配置、解析、处理和编辑。

（4）地球站管理

对地球站状态进行状态监视、工作参数配置等管理。

(5) 业务处理

为用户业务申请建立通信链路，分配特定的时频资源，并通过 QoS 机制提供业务保障。

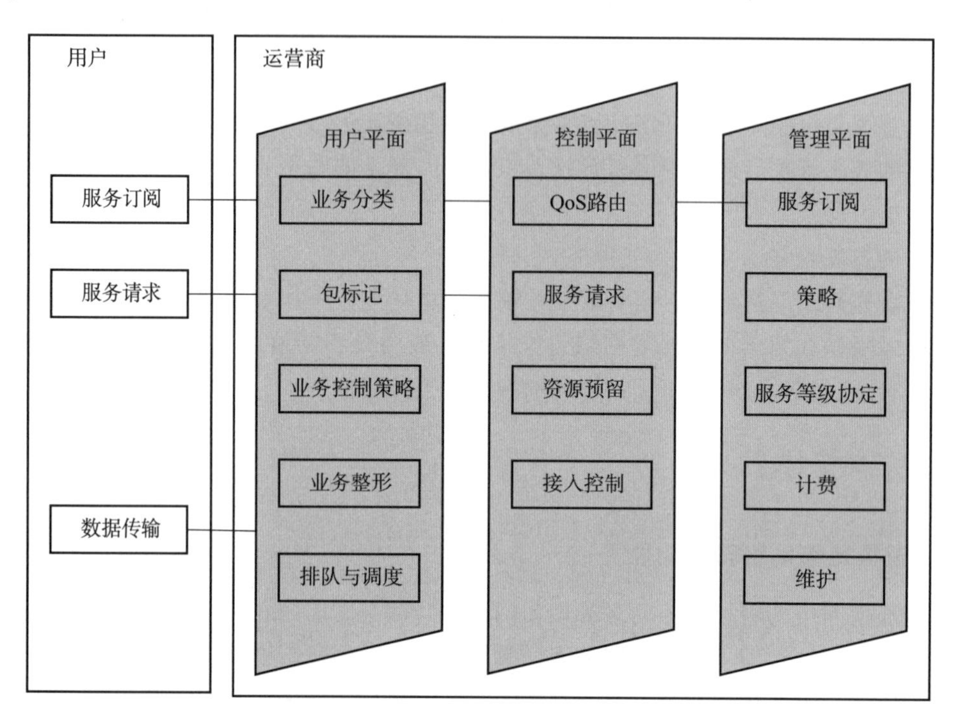

图 8-1　运营商与用户之间的交互

8.1.2　卫星通信网络管控架构

卫星通信网络管控采用金字塔式的分层架构，如图 8-2 所示。分层金字塔架构的最底层是网络单元层（Network Element Layer，NEL），该层包含卫星通信网络资源，例如卫星终端、信关站和网控中心等，对星上处理类卫星，还包括在轨处理载荷（OBP）。这些资源使用网络管理协议将管理数据传输至上层。每个资源持有一个网络管理代理，能够从管理信息库中检索信息。相对卫星通信网络管控分层架构中的其他层，位于这个层级的资源具有最少的管理平面功能，即能够监测自身状态、对管理请求给予响应等，并主要参与控制面和用户面功能。

上一层是单元管理层（Element Management Layer，EML），这一层包含网络管理中心，能够为卫星通信网络提供故障、配置、计费、性能和安全管理功能（即 FCAPS）。在这一层，网络管理中心根据故障模式执行自主重配置，并对性能需求进行反馈，例如上行功率控制。另外，对每个多用户卫星终端，该层持有多个用户账户。

更高一层是网络管理层（Network Management Layer，NML），这一层主要关心对单元管理者的管理，资源管理一般也在这一层执行。在一个混合多样的网络环境中，网络管理层在不同子网之间进行划分，每部分负责所在子网的网络层管理。

服务管理层（Service Management Layer，SML）与端到端的服务管理有关，负责本地服务等级协定（Service Level Agreement，SLA）和 QoS 监测等。与网络管理层类似，在一个多样的网络中，服务管理层可能在不同子网之间进行分割，每个部分负责它所在子网的服务资源管理。

最高层是商务管理层（Business Management Layer，BML），这一层负责客户和股东面临的系统问题，提供了高级别的支持和控制接口，用于从网络单元中获得较低级别的管理数据，使服务提供商能够监测、控制、分析和管理整个系统、资源和服务等。

在卫星通信网络管控的分层架构中，如图 8-2 所示，卫星通信网络管控系统与服务管理及其下层有关。服务管理层划分为卫星通信网络服务相关功能和端到端网络服务功能。最高层即商务管理层被认为是更一般的，不是卫星通信网络特定的，这一层功能可通过已在用的、成熟的运营支撑系统（Operations Support System，OSS）软件实现。

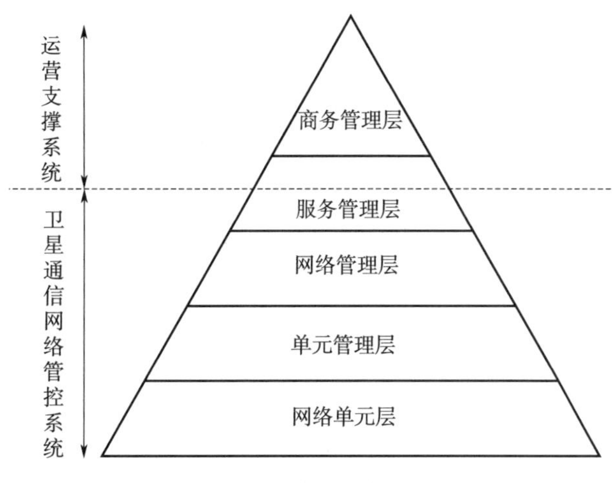

图 8-2　卫星通信网络管控分层架构

在卫星通信网络管控的分层架构中，实施网络管控的实体除了位于商务管理层的运营支撑系统外，还包括网络单元层的网络控制中心和单元管理层的网络管理中心，如图 8-3 所示。其中，网络控制中心负责实时的网络控制功能，为卫星终端的接入请求提供服务，包括会话控制、资源控制、连接控制，对星上处理类卫星，网络控制中心还负责在轨处理载荷的控制；网络管理中心提供非实时的网络管理功能，包括故障管理、系统配置、计费数据检索、系统性能管理和安全管理（即 FCAPS 五大网络管理功能），管理的对象包括网络控制中心、卫星终端和信关站，对星上处理类卫星，网络管理中心还负责在轨处理载荷（OBP）的管理。网络管理中心和网络控制中心可通过 LAN 接口直接互联，或通过地面回传网络中的 IP 连接互联。当存在多个子网时，每个网络控制中心和网络管理中心，负责所在子网的网络控制与管理，并由位于更高层的网络管理系统协调实现多个子网之间的资源管理等。

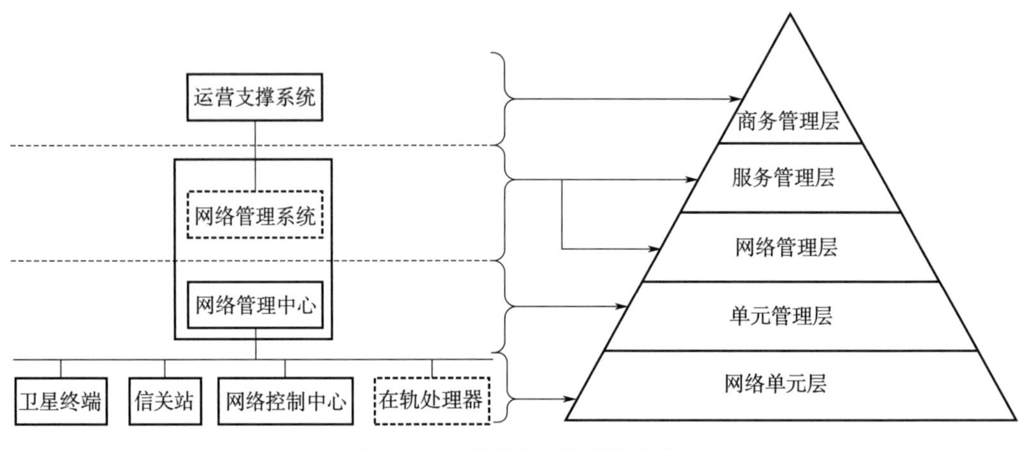

图 8-3　卫星通信网络管控实体

8.1.3　卫星通信网络管控协议

在卫星通信网络的协议架构中，网络管理协议为应用层协议，应用层独立于卫星，可借鉴地面成熟的网络管理协议，如 SNMP；网络控制协议为链路层协议，链路层依赖于卫星，不同的卫星通信系统采用各自的网络控制协议，图 8-4 为卫星通信网络管控协议。

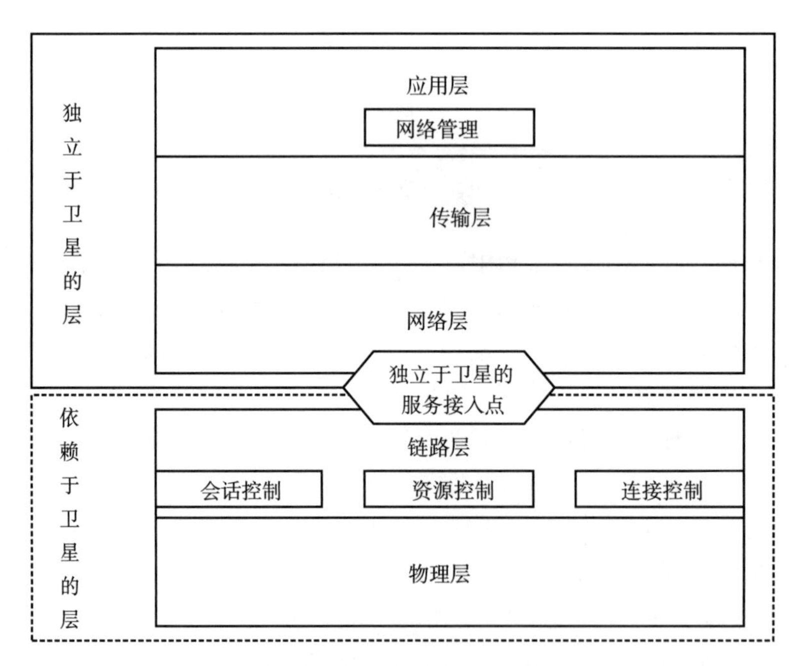

图 8-4　卫星通信网络管控协议

8.1.3.1　网络管理协议

已标准化或正在标准化的网络管理协议主要包括由国际互联网工程任务组（Internet Engineering Task Force，IETF）制定的广泛用于 TCP/IP 网络的简单网络管理协议（Simple Network Management Protocol，SNMP），国际电信联盟（International Telecommunications Union，ITU）和国际标准化组织（International Organization for Standardization，ISO）定义的电信管理网络（Telecommunications Management Network，TMN）采用的公共管理信息协议（Common Management Information Protocol，CMIP），由电信管理论坛（Telecommunications Management Forum，TMF）定义的增强电信运营映射（enhanced Telecom Operations Map，eTOM）、分布式网络管理任务组（Distributed Management Task Force，DMTF）定义的公共信息模型（Common Information Model，CIM）和基于 Web 的企业管理（Web - Based Enterprise Management，WBEM）等。

简单网络管理协议（SNMP）是这些协议中最被熟知的。SNMP 定义了基于"管理者—代理"模型，如图 8 - 5 所示。其中，代理位于被管单元，是一个软件实体，像一个服务器，通过接口回应来自管理者的管理请求，同时通过管理协议传播自发事件；管理者等同于客户端，为管理运行发布请求，也接收来自代理的事件通报（即 Trap 消息）；管理信息库（Management Information Base，MIB）可以理解成为代理维护的管理对象数据库，被监控设备上的各种参数（包括设置参数、状态参数）都写到 MIB 库中，MIB 包含所有代理进程的可被查询和修改的参数，MIB 是一个按照层次结构组织的树状结构，每个被管对象对应树形结构的一个叶子节点，称为一个 object，拥有唯一的数字标识符。

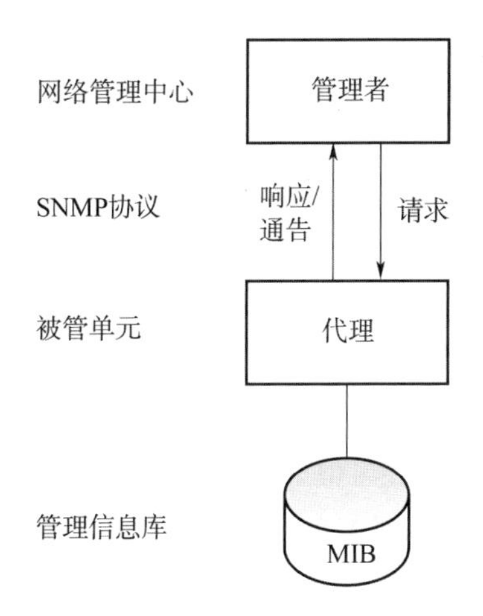

图 8 - 5　管理者—代理网络管理模型

SNMP 协议提供了三类用于控制 MIB 对象的基本操作命令，即：Get、Set 和 Trap，对应管理进程和代理进程之间交互的五种报文。

表 8-1　五种报文功能

操作命令	操作命令功能	报文	报文功能
Get	管理站读取代理者处对象的值	get-request	从管理进程向代理进程请求一个或多个参数值
		get-next-request	向代理进程请求一个或多个参数的下一个参数值
		get-response	对管理进程提交的 request 进行响应，返回一个或多个参数值
Set	管理站设置代理者处对象的值	set-request	设置代理进程的的一个或多个参数值
Trap	代理者主动向管理站通报重要事件	trap	由管理代理通知网络管理系统有一些特别的情况或问题发生了

在传输层，SNMP 采用 UDP 协议在管理者和代理之间传输信息。封装成 UDP 数据报的五种 SNMP 报文格式如图 8-6 所示。

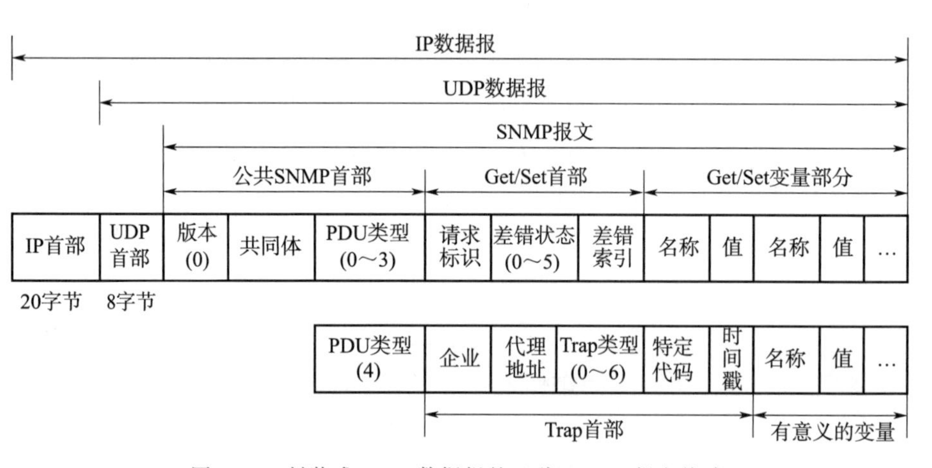

图 8-6　封装成 UDP 数据报的五种 SNMP 报文格式

其中，“版本”标识 SNMP 消息的版本；“共同体”是一个字符串，作为管理者和代理之间的明文口令，常用的是“public”；“PDU 类型”用于标识区分 get-request、get-next-request、get-response、set-request、trap 等；“请求标识”是由管理者设置的一个整数值，代理在发送 get-response 报文时也要返回此请求标识，管理者可同时向许多代理发出 get 报文，这些报文都使用 UDP 传送，先发送的有可能后到达，设置的请求标识可使管理者识别返回的响应报文对应哪一个请求报文；“差错状态”由代理响应时填入 0 到 5 中的一个数字（见表 8-2）；“差错索引”为当出现 noSuchName、badValue 或 readOnly 的差错时，由代理在响应时设置的一个整数，它指明差错的变量在后面的变量列表中的偏移，以便准确的定位；“变量部分”指明一个或多个变量的名和对应的值。

表 8-2　差错状态

差错状态	名字	说明
0	noError	正常
1	tooBig	代理无法将响应装入一个 SNMP 报文中
2	noSuchName	操作指明了一个不存在的变量
3	badValue	一个 Set 操作指明了一个无效的值或无效语法
4	readOnly	管理者试图修改一个只读变量
5	genErr	其他差错

管理者构造 SNMP 报文，将消息 UDP 传递至代理；代理开放 UDP 161 端口接收 SNMP 报文，收到报文后，对信息进行解码，翻译成内部格式，进行合法性检验，并发送响应消息至管理者；代理检测到有预定义的异常事件发生时，将发送 Trap 消息给管理者，管理者开放 UDP 162 端口接收，图 8-7 为管理者与代理交互开放端口。

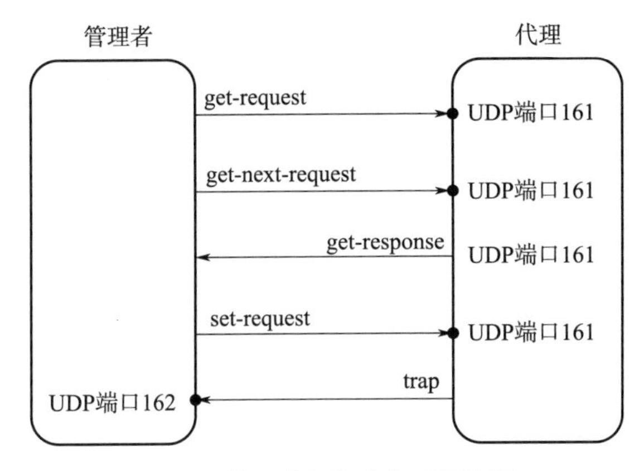

图 8-7　管理者与代理交互开放端口

目前 SNMP 已有三个版本，其中 v1 和 v2 版本对用户权利的惟一限制是访问口令，只要提供相应的口令，就可以对设备进行 read 或 read/write 操作，没有用户和权限分级的概念，安全性相对薄弱。v3 是最新版本，一方面体现了模块化的设计思想，使管理者可以简单地实现功能的增加和修改，适应性强，可适用于多种操作环境，满足复杂网络的管理需求；另一方面是增加了身份验证（如用户初始接入时的身份验证、信息完整性的分析、重复操作的预防）、加密、授权和访问控制、适当的远程安全配置和管理能力等功能。

尽管 SNMP 相对简单且被广泛采纳，除地面网络外，卫星通信标准 DVB-RCS、DVB-RCS2 也采用了 SNMP v2c 作为宽带卫星通信的网络管理协议，并定义了相应的管理信息库，但 CMIP、WBEM 等网络管理协议也是可选项。尽管最近几年提出了多种方法，然而目前仍然没有能够应用于网络管理所有方面的被一致接受的解决方案，但是根据它们各自的特长，采用组合方案实现互补是一种发展趋势，例如使用 SNMP 实现相对简单的任务和只读类型的操作，如报警等故障事件管理，同时使用基于 Web 的网络管理，利用其低成本、可测性和安全性等技术优势，实现配置、性能、安全和计费功能等。

8.1.3.2 网络控制协议

网络控制协议根据卫星通信系统的不同，有各自的设计。DVB－RCS、DVB－RCS2技术标准中，定义了会话控制、资源控制、连接控制等网络控制协议。

(1) 会话控制

会话控制包括初始链路捕获、卫星终端入网/退网、同步等。

①初始链路捕获

初始链路捕获即卫星终端通过网络时钟参考、卫星位置表、超帧/帧/时隙组成表等五种消息，获取系统信息和所需的网络时钟。

其中，网络时钟参考（Network Clock Reference，NCR）消息携带系统同步所需的信息，为卫星子网提供绝对时间的公共值、符号发送所需的公共符号时钟、生成载波所需的公共频率参考，卫星终端使用NCR生成本地时间和频率参考，用于实现时域和频域同步；卫星位置表（Satellite Position Table，SPT）包含了卫星的星历数据，卫星终端使用该数据和它自己的位置信息（纬度、经度和海拔）计算相应的卫星到终端和终端到卫星的传播时延，使用该数据可以定期更新突发的发射窗口；超帧组成表（Superframe Composition Table，SCT）包含了超帧标识、中心频率、用NCR值表示的绝对起始时间和一个超帧计数，每一个超帧进一步细分为帧，每一帧通过相对相关超帧的中心频率和起始时间来定位；帧组成表（Frame Composition Table，FCT）描述了帧如何进一步划分为时隙，表中包含一个帧持续时间，帧中包含的总的时隙数、各时隙的开始时间和频率偏移；时隙组成表（Time－slot Composition Table，TCT）定义了每种时隙类型的传输参数，例如符号速率、编码类型、码率、调制、基带成型因子、前导、载荷类型（ATM信元格式的突发业务、MPEG2 TS码流格式的突发业务、公共信令信道突发、捕获突发、同步突发）以及其他信息。

②卫星终端入网

卫星终端入网即卫星终端通过超帧组成表（SCT）、帧组成表（FCT）和时隙组成表（TCT）获知上行MF－TDMA信道中公共信令信道（CSC）突发的位置；卫星终端根据卫星位置表（SPT）中的卫星位置和它自己的位置，估计公共信令信道突发的发射窗口；卫星终端采用时隙Aloha竞争接入方式，通过公共信令信道突发向网控中心发送登录请求；网控中心（NCC）确认传输资源（捕获和同步突发）是可用的，并检查管理措施是否满足（例如账号是合法的，账号已付费等），给卫星终端发送应答；如果在预计的时间内没有收到来自NCC的回复，卫星终端应认为多个同时的请求发生了碰撞，并应在一个随机选择的间隔后重发请求。

③同步

同步即卫星终端发送控制突发（捕获突发/同步突发），网控中心测量并计算纠正值，通过纠正消息表（Correction Message Table，CMT）反馈至卫星终端，卫星终端提取CMT中包含的时间、频率和功率调整值，应用于下一次突发发送。

④卫星终端退网

卫星终端退网即由卫星终端触发，通过同步突发向网控中心 NCC 发送退网请求，NCC 接收到请求，释放所有相关的卫星终端资源；或由 NCC 触发，通过终端信息消息（Terminal Information Message，TIM），要求目标卫星终端退网。当卫星终端失去同步，即连续几秒未收到网络时钟参考（NCR）或连续几个同步突发未收到纠正消息表（CMT），则自动退网。

（2）资源控制

资源控制包括资源请求生成、缓存器调度和业务发送控制、分配消息处理（Terminal Burst Time Plan，TBTP）和信令发送控制。卫星终端通过同步突发或业务突发发送资源请求，网控中心通过终端突发时间计划指示分配的资源。DVB－RCS、DVB－RCS2 支持五种资源分配方式，即固定速率分配（Constant Rate Assignment，CRA）、基于速率的动态资源请求/分配（Rate－based Dynamic Capacity，RBDC）、基于容量的动态资源请求/分配（Volume－based Dynamic Capacity，VBDC）、基于绝对容量的动态资源请求/分配（Absolute Volume Based Dynamic Capacity，AVBDC）和自由资源分配（Free Capacity Assignment，FCA）。

其中，固定速率分配将每个超帧中固定数目的时隙分配给终端，确保终端的传输速率，该分配方式在连接建立初期，由终端与网控中心 NCC 协商好分配方案，无需终端动态申请，并在整个连接过程中保持不变，直到终端发出释放请求消息；基于速率的动态请求/分配由终端按需动态申请，请求方式为传输速率，系统可在连续几个超帧内保证终端的传输速率，几个超帧过后，如果该终端没有新的申请，则自动失效；基于容量的动态请求/分配由终端按需动态申请，请求方式为容量，分配的多个时隙分布在多个超帧，且连续的 VBDC 将累加，适用于能够忍受延迟业务；基于绝对容量的动态请求/分配与 VBDC 相似，只是终端每次提出的新的容量请求都会代替之前的容量请求；自由分配将未使用的剩余资源按照某种规则（如轮询）分配给终端，无需申请。这部分资源的可用性是高度变化的，且旨在减少业务时延。

（3）连接控制

连接控制主要包括两个或多个卫星终端之间的网状连接以及卫星终端与信关站之间的星状连接的建立、释放和修改等。

①连接建立

连接建立根据连接触发方的不同，分为永久连接和按需连接，其中永久连接由网络控制中心主动建立，按需连接由卫星终端或信关站通过明确的请求建立。

按需连接建立由连接触发方（卫星终端/信关站）向网控中心发出连接建立请求，并启动定时器；网控中心进行接入控制检查，分配需要的带宽，发送连接建立请求至对等实体（卫星终端/信关站），并启动定时器；对等实体接受连接，发送连接响应消息；一旦接收到来自对等实体的连接响应消息，网控中心停止定时器，并发送连接响应消息至连接触发方；一旦接收到来自网控中心的连接响应消息，连接触发方停止定时器；点到点按需连接建立完成。

永久连接建立与点到点按需连接建立相似，差别在于连接的触发方是网络控制中心，网络控制中心向连接双方（卫星终端/信关站）发送连接建立请求，并为双方启动定时器；双方接收连接建立，发送连接响应消息；一旦接收到来自双方响应，网络控制中心停止定时器；点到点永久连接建立完成。

②连接释放

对按需连接，连接释放的触发方可以是连接双方（卫星终端/信关站）的任意一方，也可以是网络控制中心；而对永久连接，连接释放的触发方只能是网络控制中心。

若按需连接由连接双方的任意方触发释放，则一方请求释放连接，并启动定时器；网络控制中心立即向触发方反馈连接释放响应；一旦收到来自网络控制中心的连接释放响应，连接释放的触发方停止定时器，将该连接从激活连接表中移除并释放所有相关资源；网络控制中心向另一方发送连接释放请求，并启动定时器；另一方回复连接释放响应，从激活连接表中移除该连接，并释放连接的资源；一旦收到连接释放响应，网络控制中心停止定时器，并收回该连接占用的资源，按需连接释放完成。

若按需连接由网络控制中心触发释放，则网络控制中心向连接的双方发送连接释放请求，并启动定时器；双方回复连接释放响应，从激活连接表中移除连接，并释放该连接的资源；一旦收到来自双方的连接释放响应，网络控制中心停止定时器，并收回该连接占用的资源，按需连接释放完成。

永久连接的释放与网络控制中心触发的按需连接释放相似。

③连接修改

连接修改与连接释放类似，对按需连接，连接修改的触发方可以是连接双方（卫星终端/信关站）任意一方，也可以是网络控制中心；而对永久连接，连接修改的触发方只能是网络控制中心。

8.2 天地融合的网络管控模式

8.2.1 网络管控模式分类

卫星通信网络管理与控制模式主要有三种：即集中式、分布式和分层式，如图 8-8 所示。其中，集中式结构由一个管理与控制中心和多个被管网元组成，管理与控制中心负责所有的网络管控任务，优点在于结构简单，但网络规模受到了制约，可扩展性不强，随着被管网元的增多，单一管理与控制中心的负载增加，效能降低，同时容易引发瓶颈效应；分布式结构则在网络中设置了多个管理与控制中心，形成多个管理与控制域，将网络管控任务分散地分布于整个网络，但是这种结构的最大难点在于管理信息的同步和协同，以及全网状态信息的获取；分层式结构则将集中式和分布式进行了折衷，根据网络规模可设置两级或多级管理与控制中心，各级管理与控制中心向下实现对被管网元的管控，同时向上配合更高一级的管理与控制中心实现全网的配置与状态信息的获取等。

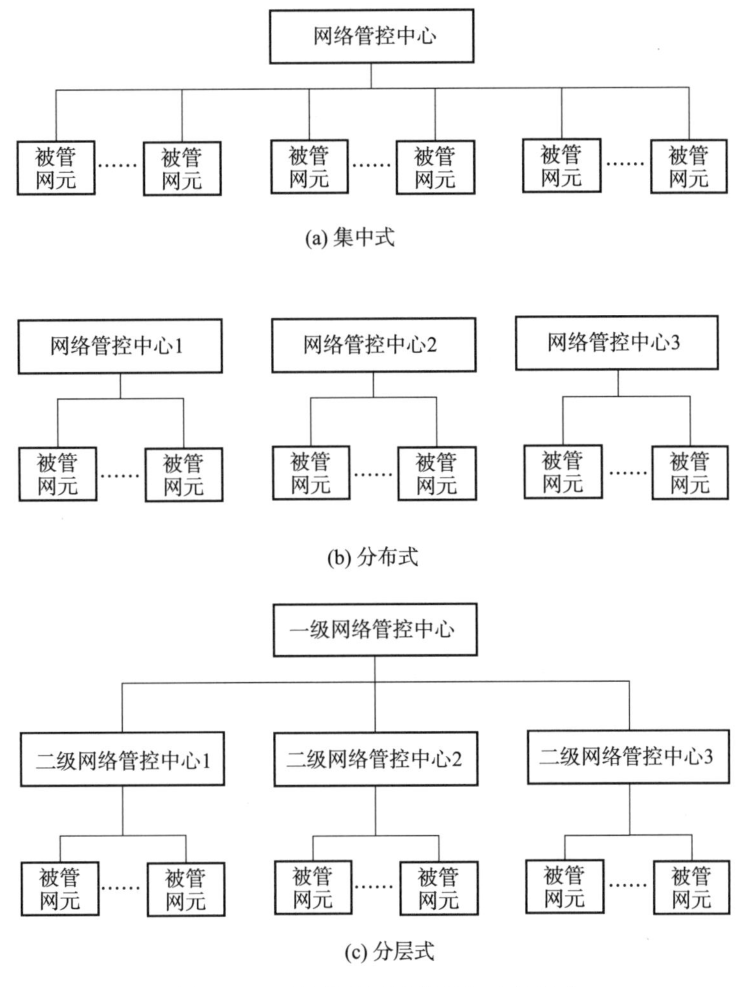

图 8－8　卫星通信网络管理与控制模式

8.2.2　天控地管的天地协同网络管控模式

目前，卫星通信网络管理与控制主要在地面实施，未来随着天基处理能力的增强，通过对网络管控功能的合理划分，将部分实时性要求更高的控制功能主要由卫星实现，非实时的网络管理功能主要由地面实现，形成“天控地管”的天地融合网络管控模式是未来的发展趋势。

在“天控地管”的天地协同模式中，网络管控的组织架构主要包括地面管控层、空间管控层和用户网管代理三个层次。

（1）地面管控层

地面管控层由地面总管控中心及其备份、各分管控中心以及地面网络组成。其中，地面总管控中心对整个网络管理与控制具有最高优先权，是网络的一级网络管理实体，主要功能包括用户的接入管理、统一解析和资源分配；整个网络资源的监控、管理及控制；全网各端站设备运行状况监视，记录设备运行中参数变化、中断、故障以及相应处理信息等。地面总管控中心根据卫星转发器容量、网络层系以及管理需求，进行初始化网络规划和资源预分配，根据初期网络规划和后续实际需求进行静态固定连接和动态按需分配相结合的灵活分配与管理，后期根据业务需求可再重新规划调整。

考虑到卫星通信网络的应用规模复杂，地面总管控中心可下辖地面分管控中心，在地面总管控中心的统一管理和授权下，负责区域内通信子网的组建、资源分配、运行管理以及终端管理等。地面分管控中心是地面总管控中心的下级节点，负责提交管理信息给空间节点，监控并收集卫星网络的运行状态、性能及故障信息并报告给地面总管控中心。地面分管控中心也负责管理一定范围内的地面网络，向地面总管控中心报告本地网络的性能、故障等网络状态。

总体上看，地面管控层涉及整个网络的运行，提供网络管理控制、卫星操作控制、路由服务等功能，实现对整个系统的资源与设备管理，通过星地链路接收网管代理的数据，对数据进行验证、解密并根据管理信息模型对数据归类存储，对所收到的所有网管信息进行综合分析处理，向用户提供各种统计结果报告和图形表示。

（2）空间管控层

空间管控层（星载网络管理控制中心）与地面管控层建立有效而可靠的连接，接受来自地面控制层的指令与控制，可通过数据接口和交互协议与星上其他设备进行数据交换，对空间网络进行卫星载荷控制、星载交换控制、无线资源管理、用户接入控制等。

（3）用户网管代理

用户网管代理部署在各类用户终端，负责用户入网申请和业务申请，并根据无线资源的分配使用上行链路资源，处理执行网络运行控制中心的指令，同时采集网元状态、参数、故障、告警等信息并上报到网络运行控制中心。

基于上述架构，地面管控层、空间管控层和用户网管代理共同构成了一个具有空间独立控制、星地一体化管理、具有多级备份、可灵活配置的分布式分层分域管理控制结构。

8.2.3 天地协同的网络管控协议架构

图 8-9 为在天地协同的网络管控模式下，用户终端、卫星、地面管控中心的管理面协议栈，图中地面管控中心是管理者（Manager），用户终端以及空间段卫星节点均运行网管代理（Agent），系统采用的 SNMP 协议运行于 UDP 协议之上。地面管控中心通过网络管理协议，向各被管代理转发用户命令，同时接受来自被管代理的通告或中断信息，并向用户显示或报告。地面站和网管代理间通过异步式的请求/响应，交换管理信息。各管理进程间需完成身份验证并建立联系，代理进程响应管理站进程的操作请求，并返回相应的应答或确认信息，同时自主地维护被管对象的状态信息。

卫星上的网管代理根据地面站的命令去响应，同时维护星载管理信息；系统内的用户终端作为网元，在地面管理站的管理范围内。

用户终端、卫星、地面管控中心的控制面协议栈如图 8-10 所示，卫星管控中心或星

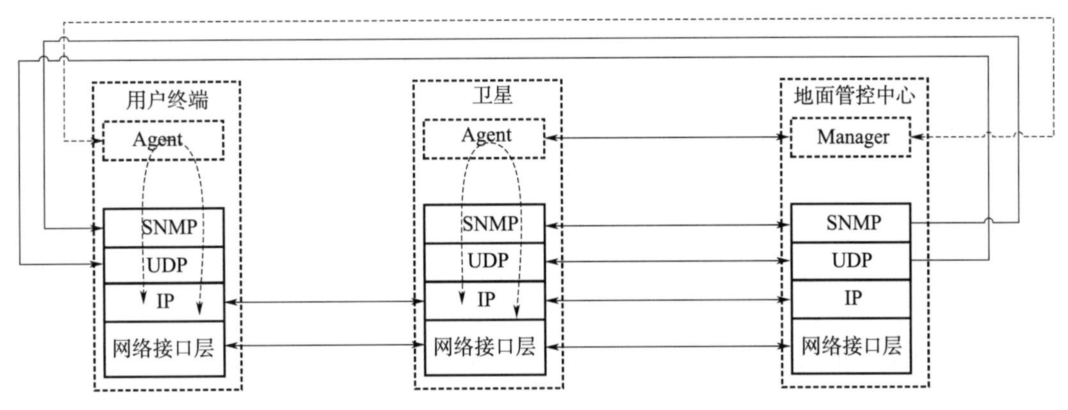

图 8-9　管理面协议栈

载网控单元通过网络控制协议实现系统内用户终端的入/退网控制、业务接入、资源控制、状态控制等功能。

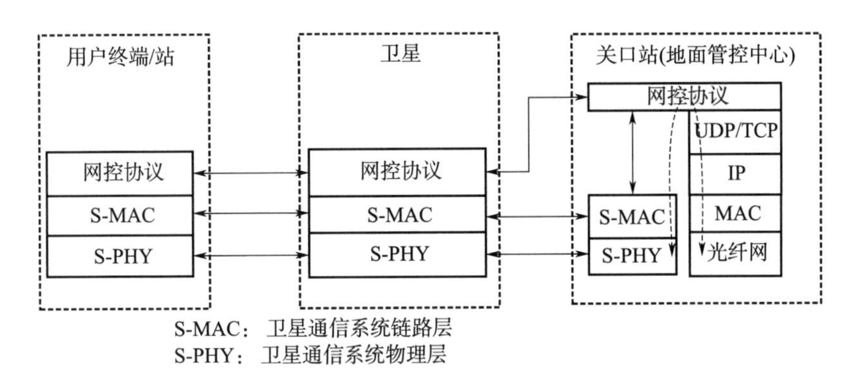

图 8-10　控制面协议栈

8.3　天地协同的网络管控技术

8.3.1　网络用户管理

卫星通信网络通过地面管控中心/星载网控单元对用户进行天地协同的入退网管理。其中，入退网的信令处理主要在星载网控单元完成，身份鉴别可在地面管控中心或星载网控单元完成，此外，星载网控单元还需要将入退网事件报告给地面管控中心。

8.3.1.1　入网流程

用户终端开机后，主要通过三个步骤完成入网流程：

1）信道同步，该流程主要在物理层完成；

2）入网申请与合法性认证，该流程主要在链路层完成；

3）双向鉴权，由用户鉴权中心完成用户终端和卫星的双向鉴权。

图 8-11 为基于地面鉴权的用户终端接入流程。首先，用户终端开机后，搜索卫星下

行广播控制信道，并完成信号同步，通过接收卫星下行广播通告，用户终端可以获取波束、时间同步、上行接入信道配置等信息。随后，用户终端根据获取的接入信息，在相应波束上发起接入申请，星载网控单元对用户终端的接入申请进行处理，并将鉴权申请发送给地面管控中心。地面管控中心处理用户终端的鉴权申请，对用户终端进行身份鉴别，并向星载网控单元发送鉴权应答信息。星载网控单元接收并处理地面管控中心的鉴权应答后，向用户终端发送入网应答和鉴权响应信息，用户终端根据接收到的信息完成鉴权处理，并发送鉴权响应到星载网控单元，完成鉴权流程。最后，用户终端根据接收到星载网控单元的入网参数配置完成入网流程，若允许入网，则进入等待业务接入状态，否则进入离线状态；同时，星载网控单元发送相应的事件报告到地面管控中心。

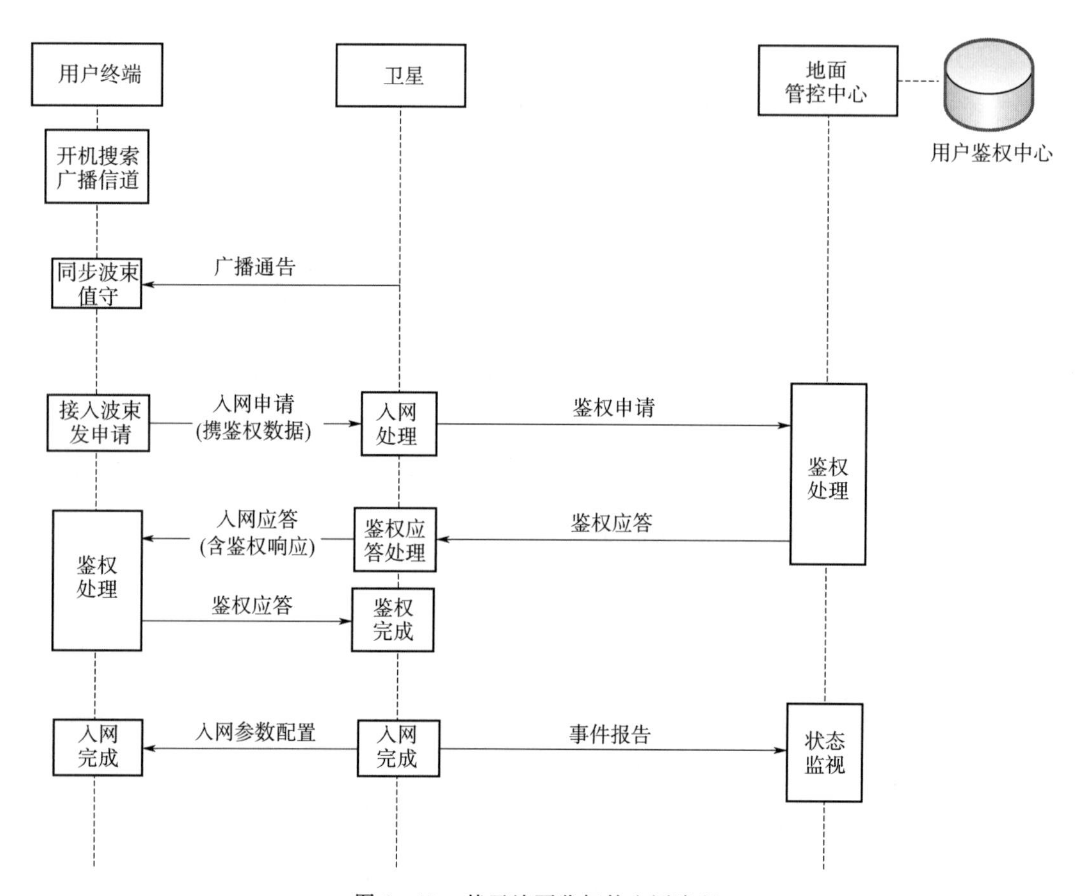

图 8-11　基于地面鉴权的入网流程

随着星载网控单元处理能力的不断增强，鉴权认证流程可以不依赖地面管控中心来实现，从而可以减少空口信令的交互次数，降低用户终端的入网时延，同时减小对地面管控中心的依赖程度。图 8-12 为基于卫星鉴权的入网流程。

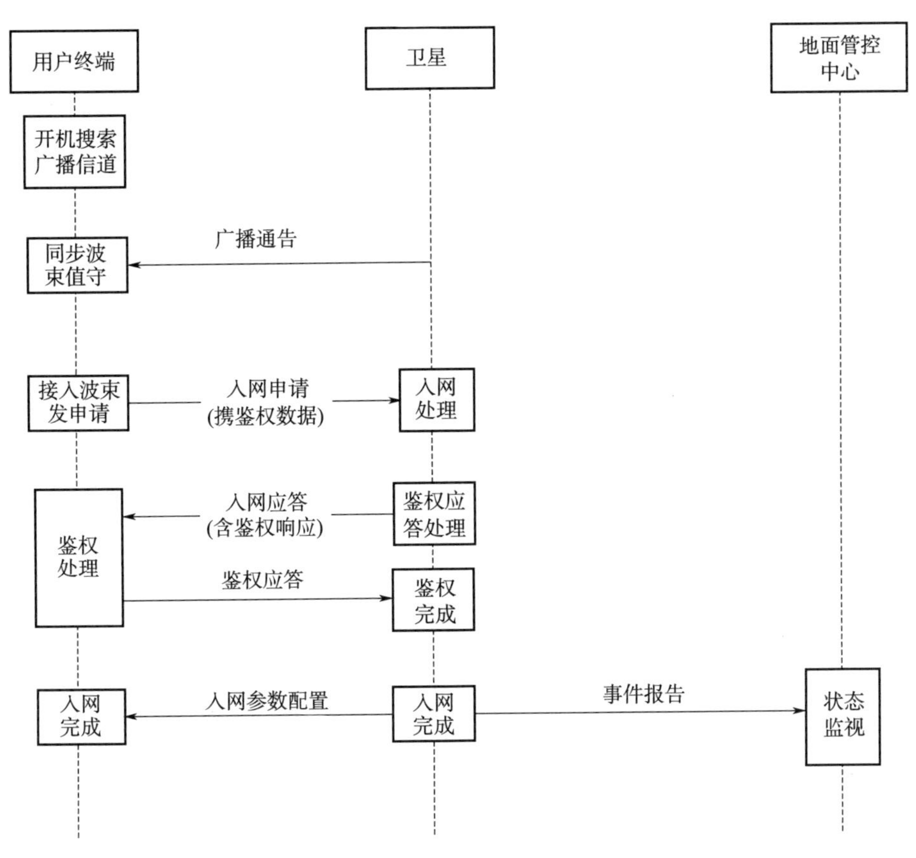

图 8 - 12　基于卫星鉴权的入网流程

8.3.1.2　退网流程

在正常情况下，当用户终端关闭电源或触发退网按键时，用户终端向星载网控单元发送退网申请信令。星载网控单元对退网申请进行处理，然后释放用户终端占用的资源、更新用户状态，同时向用户终端发送退网应答信令，并向地面管控中心发送退网事件报告。用户终端接收到退网应答信令后，将终端状态修改为离线状态。图 8 - 13 为退网流程。

为避免用户终端因发生异常状况无法正常退网而造成资源浪费，星载网控单元会对长时间未更新状态的用户终端主动发起轮询，当多次轮询无响应时，星载网控单元将强制用户终端退网，并释放其占用的资源。

8.3.2　网络业务管控

8.3.2.1　业务接入

业务接入流程如图 8 - 14 所示，在天地协同管控模式下，接入控制主要在星载网控单元完成。当用户终端有业务到达时，用户终端向星载网控单元发送业务接入请求信令，信令中包含业务类型以及带宽等 QoS 需求。星载网控单元处理用户终端的业务接入申请，判断是否允许本次业务接入。若不允许接入，则向用户终端发送拒绝接入信令；若允许接

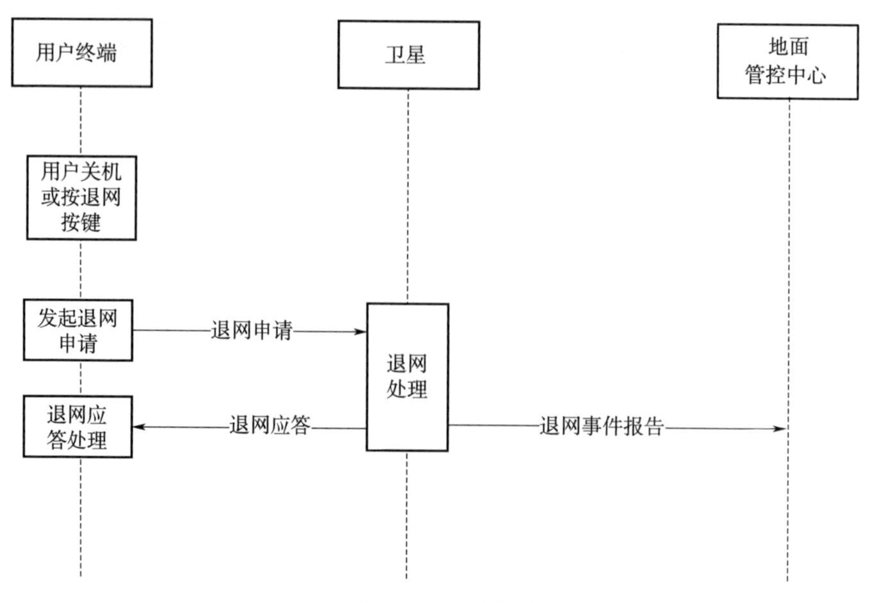

图 8－13　退网流程

入，则调用资源分配模块给用户分配上行信道资源。随后，星载网控单元向用户终端发送业务允许接入信令，并告知其分配的频率、时隙和功率等上行接入资源，同时星载网控单元向地面管控中心发送业务接入事件报告和资源分配情况。在完成业务接入流程后，用户终端开始发起业务传输。

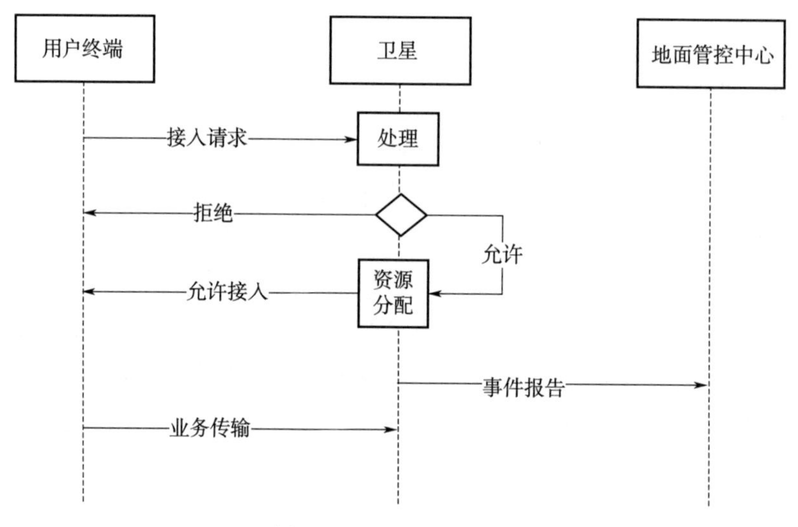

图 8－14　业务接入流程

8.3.2.2　业务结束

当用户终端的业务传输结束时，用户终端向星载网控单元发起业务结束请求信令。星载网控单元完成信令处理后，向用户终端发送业务结束响应并释放信道资源，同时向地面管控中心发送事件报告。此外，若用户终端长时间不发送业务，星载网控单元会强制执行业务结束流程，如图8-15所示。

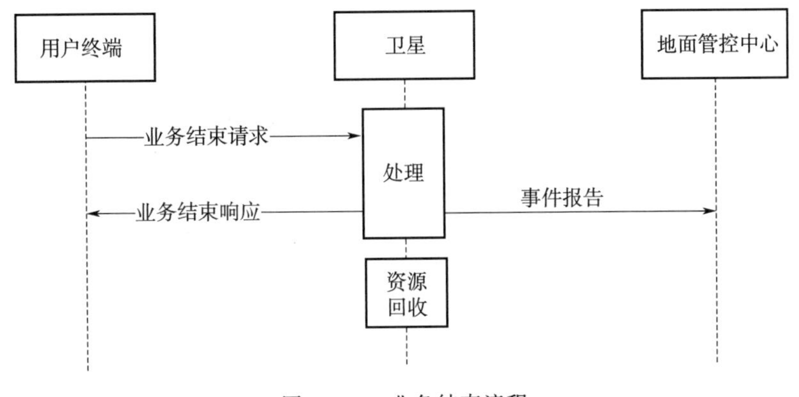

图8-15 业务结束流程

8.3.3 网络资源管理

卫星通信网络为各类用户提供了公共传输资源，资源管理中最重要的功能之一就是载波/时隙等网络资源分配。卫星通信网络可根据合法用户的业务请求为其分配合适的资源承载业务连接。

资源分配的方式包括预分配和按需分配两类，如图8-16所示。一般情况下，高优先级的用户终端可采用资源预分配模式，在该模式下系统为其预留独享的上行接入和业务传输资源，开机即入网，且不需要进行资源申请，可保障业务信息的实时传输，避免关键节点因资源分配不足或不及时导致的入网失败和信息传输延误。

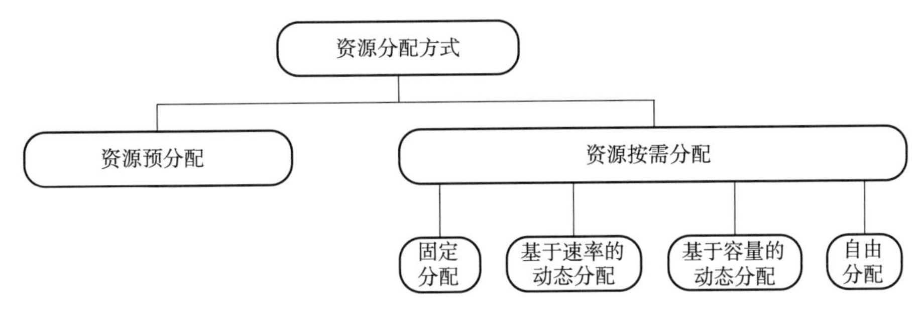

图8-16 资源分配方式

大多数用户终端采用资源按需分配模式，如图8-17所示。在该模式下，终端可与同一地理区域的其他终端共享上行链路资源。终端首先以随机接入方式进入系统，当有业务传输需求时，根据业务到达速率、缓冲区队列长度等动态计算并申请业务传输所需的带宽/时隙资源。资源按需分配模式能够较好地应对多媒体业务的高突发性，可有效提高无线资源的利用率。

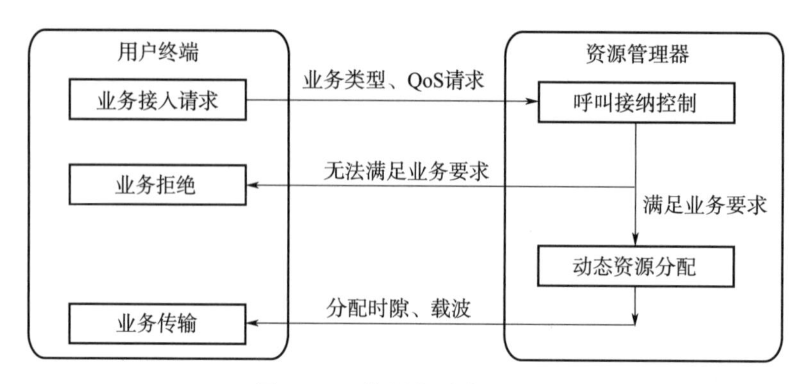

图 8-17　资源按需分配流程

8.3.3.1　业务呼叫请求

当用户终端有业务需要发送时，首先要发送业务接入请求，即根据业务量、业务类型、业务 QoS 要求等向资源管理器申请载波、时隙等资源。对于用户终端和业务类型比较多的卫星通信网络，需要采用不同的资源申请方式以满足不同用户终端和业务优先级。主要采用的资源申请方式包括固定预分配方式、随机竞争方式、捎带方式等。

(1) 固定预分配方式

固定预分配方式中资源管理单元为用户终端预留特定的接入请求时隙，用户终端在预留的时隙上发起接入需求。由于预留的接入请求时隙不能被其他用户终端的接入请求或业务传输使用，因此信道利用率较低，该模式适合优先级很高的少量用户终端使用。

(2) 随机竞争方式

随机竞争方式中各用户终端通过解析信令获知竞争申请时隙的位置，以 S-ALOHA 方式竞争使用上行信道的申请时隙，用户终端在这些时隙发出资源申请后等待资源管理单元的反馈。相对固定预分配方式，竞争方式的信道利用率更高。由于采用随机接入方式，因此用户终端的资源申请会发生碰撞，经过一段时间后，申请竞争成功的用户终端会收到资源分配单元给出的资源分配结果；若在响应时间内用户终端未得到来自资源分配单元的回复，且未达到系统给定的最大尝试次数，则用户终端退避一定随机长度时间后再次发起申请。

常用的典型随机退避策略主要有均匀随机数退避策略，二进制指数退避策略和线性增量退避策略等。

(a) 均匀随机数退避策略

对于均匀随机数退避策略来说，当数据包发生碰撞后，用户终端退避时延值按下式计算：

$$t_\zeta = \zeta\tau, \quad \zeta = \text{random}[0, k], \quad k \in z \tag{8-1}$$

式中　ζ——在区间 [0，k] 中均匀分布的随机整数；

　　τ——时隙长度。

（b）线性增量退避策略

对于线性增量退避策略来说，一个数据包的重发退避时延与重发次数 n 构成一种线性增量关系，此时用户终端退避时延按下式计算：

$$t_\zeta = [x + y(n-1)]\tau \tag{8-2}$$

t_ζ 的随机性体现在 x 和 y 这两个随机数的取值上。在计算 t_ζ 的每个值之前，要求各终端独立的选取随机数 x 和 y 值。这样，即使多个终端发生相同次数的碰撞，按照上式计算出的各个 t_ζ 值也不一样。

（c）二进制指数退避策略

对于二进制指数退避策略来说，一个数据包重发退避时延的取值范围与该分组的重发次数 n 成二进制指数关系，这实际上是一种让重发数据包的发送优先等级按重发次数而逐步降级的做法，有利于系统的稳定，在该策略下，用户终端退避时延按下式计算：

$$t_\zeta = \zeta\tau, \quad \zeta = 2^n \mathrm{random}[0, k], \quad k \in z \tag{8-3}$$

（3）捎带方式

捎带方式中用户终端在业务分组的头部或尾部捎带发送接入申请，相对于固定预分配方式和竞争方式，捎带方式不需要再设置专门的接入申请时隙，提高了系统帧效率。

在卫星通信网络中，少数的高优先级用户终端采用固定预分配方式，保障最小的接入时延；其他用户终端在刚完成入网或由于长时间没有业务传输而没有业务信道时，采用竞争方式为业务传输申请载波和时隙资源；当用户终端有业务信道时，采用捎带方式将新业务资源申请随业务分组一并发送。

8.3.3.2　呼叫接纳控制

呼叫接纳控制（Call Access Control，CAC）的目的是判断是否接受或者拒绝用户终端的接入请求。当系统可以满足用户终端的 QoS 需求时，CAC 模块会准许新业务的接入，否则会拒绝其连接请求，防止过多用户接入而造成拥塞。

如图 8-18 所示，CAC 的基本工作流程为：当系统可用资源能满足用户终端的 QoS 需求时，CAC 模块会切换已有连接或者准许新用户的接入；否则，CAC 模块会中断已有的连接或者阻塞新用户的连接请求。

CAC 策略分为以下三类。

（1）基于用户终端呼叫阻塞概率和切换中断概率的策略

该策略可保证用户业务以最大概率接入网络，方法简单，但是需要为呼叫切换和语音等实时业务预留保护信道，降低了系统资源利用率，在分组业务中无法满足多业务类型的 QoS 需求。

（2）基于用户业务 QoS 要求的策略

该策略可以保证业务的 QoS（包括优先级、传输速率、传输时延等）需求，对不同业务类型具有一定公平性，但 QoS 要求较高的业务阻塞率较高。

根据 QoS 的不同又具体分为两种，即提供确定性 QoS 保证和提供统计性 QoS 保证。

确定性 QoS 为只有当最差条件下的请求能够被满足时，新的连接请求才能被接受

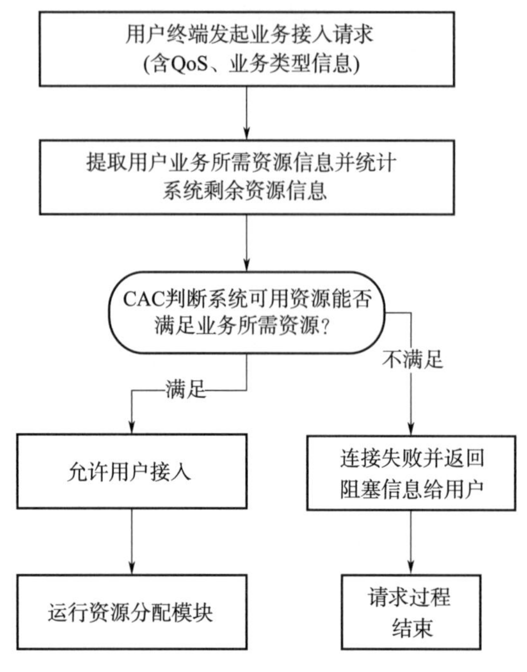

图 8－18　呼叫接纳控制基本工作流程

(如可用带宽大于连接时的峰值速率)。这种策略很简单，对于平滑业务流非常适合，但是对于突发性的业务，其链路利用率非常低，大大浪费了系统资源。

统计性 QoS 保证是在假设所有连接同时以峰值发送的可能性为零的条件下，实现数据流的统计复用。这种策略并不是确保峰值速率，而是一种统计性的资源分配，它虽然会产生一定丢包，但有较高的资源利用率，其难点在于难以对业务的流量特性做出准确的估计和预测。这类策略非常适合突发性业务。

(3) 基于网络效用的策略

根据每类业务（实时业务、流业务、尽力而为业务）在网络中的效用函数不同，根据系统效用最大化的原则实行 CAC 控制。该策略能保证不同类型业务的 QoS 并有效利用系统资源，同时保证系统效用最大化，但是相对增加了 QoS 要求较低业务的阻塞率。

卫星通信网络支持数据、话音、图像、视频等多类型业务，因此对每个用户终端，当有多个业务同时请求接入时，可采用基于用户业务 QoS（包括优先级、传输速率、传输时延等）要求的接纳控制策略，保障业务传输质量；对整个系统，当有多个用户终端同时请求接入时，可采用基于网络效用的接入控制策略，保障整个系统的资源高效利用。

此外，由于卫星通信网络具有多星组网架构，因此在进行呼叫接纳控制时，不仅需要考虑单星的上下行星地链路资源对用户业务 QoS 的满足度，当需要进行星间传输时，还需要考虑星间链路资源的可用性。

8.3.3.3　资源按需分配

资源按需分配是在通信过程中根据用户终端发送的带宽资源请求为用户分配资源，而非在连接建立时确定资源分配数量。该方法能够应对多媒体业务的高突发性，可有效提高无线资源的利用率。好的资源分配方法能够及时处理终端需求，保证终端传输业务的实时性和流畅性，并能对资源使用状态及时更新。

卫星通信网络支持多类型终端和多类型业务，因此需要采用不同的资源分配方法，以满足不同终端和业务 QoS 需求。主要采用的资源分配方法包括固定分配、基于速率的动态分配、基于容量的动态分配和自由分配。

固定分配主要用于实时业务，在每个资源分配周期内，为该业务分配固定数量的时隙资源，保障固定传输速率、最小的传输时延和延时抖动，以满足实时性要求；在业务传输过程中，用户终端不再需要发送资源请求，该资源将一直保持到业务传输完毕，用户终端发出释放请求为止。

基于速率的动态分配适用于高优先级变速率且能够容忍调度时延，但对时延抖动敏感的业务，每个资源分配周期，用户终端对该业务的资源需求进行重新估计并基于速率发送新的资源请求，为满足该速率需求，需要在每个资源分配周期内为其分配固定数量的资源，新的资源请求覆盖前一个资源请求。

基于容量的动态分配适用于对时延和时延抖动都不敏感，但对容量有要求的非实时业务，每个资源分配周期，用户终端对该业务的资源需求进行重新估计并基于容量发送新的资源请求，新的资源请求可覆盖前一个资源请求或与之前的资源请求累加。

自由分配即当系统资源有剩余时，将系统剩余时隙以一定规则分配给终端，无需终端申请，该方法可在低业务负载情况下，增强系统性能。但可能会增加业务的时延抖动，因此适用于可容忍延时抖动的业务。自由分配的原则可以是轮询平均分配，也可以基于权重等。

由于卫星通信系统固有的长时延特性，对于实时业务通常采用固定分配方式，在每个带宽分配周期内，提供固定传输速率、最小的传输时延和延时抖动，以满足实时性要求；对时延不敏感但对时延抖动敏感的业务，在每个带宽分配周期内，应保证提供一定的传输速率；对时延和时延抖动都不敏感但对容量有要求的非实时业务，在每个带宽分配周期内，应保证提供一定的容量。

当系统带宽资源富裕时，各类型业务到达时均可按需分得带宽；当带宽资源不够满足接入带宽需求时，可根据业务优先级，优先为高优先级业务分配带宽资源，或者降低正在服务中的低优先级业务的服务降级，直到高优先级的请求能够申请到所需的带宽资源；当无法满足较高优先级业务的带宽请求时，则阻塞该低优先级业务。

8.3.4　移动性管理

为保证对移动用户终端的连续服务，网络管控系统需要对用户终端进行移动性管理，如图 8-19 所示，包括位置管理和切换管理，即在用户终端移动过程中需要不断更新终端位置信息并监测信号质量，必要时需要进行同星跨波束切换、甚至跨星切换。

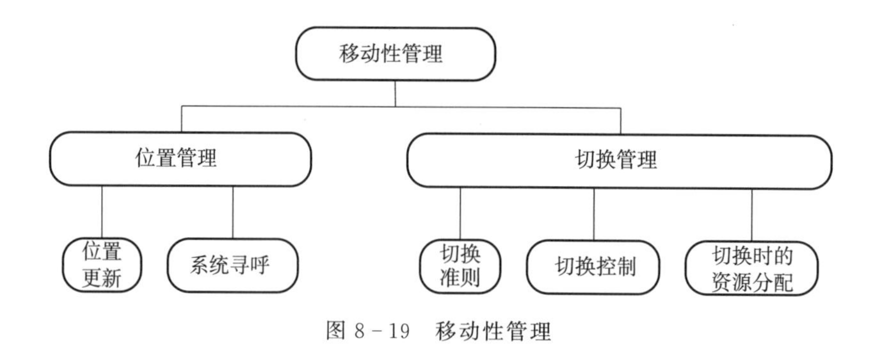

图 8-19　移动性管理

8.3.4.1　位置管理

位置管理由位置更新和系统寻呼两个进程组成。当终端穿越不同位置区域时，通过位置更新向系统报告自己的位置，使系统能够跟踪终端位置的动态变化；当有呼叫到达时，系统则通过寻呼获取终端的当前位置信息，以使系统能够将呼叫传递给移动终端。

在位置管理的研究中，位置更新和系统寻呼是一对相关矛盾的设计：位置更新开销的增加将带来系统寻呼开销的减少（位置更新次数的增多将使系统具有更为精确和实时的终端位置信息，从而减少了呼叫到达时进行寻呼的波束数，带来寻呼开销的降低）；而较少的位置更新开销将导致系统寻呼开销的增大（位置更新次数减少时，位置注册开销降低，但系统获得较少的终端实时位置信息，便需要增加发送寻呼的区域，从而增加了寻呼开销）。因此，多数位置管理策略都旨在通过对两种进程进行合理的平衡，以满足系统的性能需求和总体开销要求。

8.3.4.2　切换管理

在卫星通信网络中，波束切换场景包括同一卫星覆盖下的不同波束之间切换以及不同卫星覆盖下的不同波束之间切换。

（1）同星跨波束切换

在这种切换模式下，用户终端始终处于同一卫星的覆盖范围下，但其路径轨迹跨越两个波束，需要进行同星不同波束间的切换。在切换过程中，终端始终处于同一管控站的管理范围内。图 8-20 为同星不同波束间切换模式。

（2）跨星切换

在跨星切换模式下，如图 8-21 所示。用户终端的运动轨迹横跨两颗卫星的切换范围。在切换过程中，如果终端始终处于同一管控站的管理范围内，则不需要对终端的信息进行站间迁移；如果终端切换后处于不同的管控站管理范围内，则需要对终端的用户信息、管理信息和网络信息进行迁移，完成站点之间的切换。

在切换操作的实施过程中，首先进行切换的初始化，即终端或网络根据系统通信质量、位置信息或业务需求确定是否进行切换；接下来网络为切换连接寻找新的资源并产生新的连接；最后将数据流从旧链路转移到新的链路上来。具体可以分为切换准则、切换控制和切换时的信道分配三个子进程。

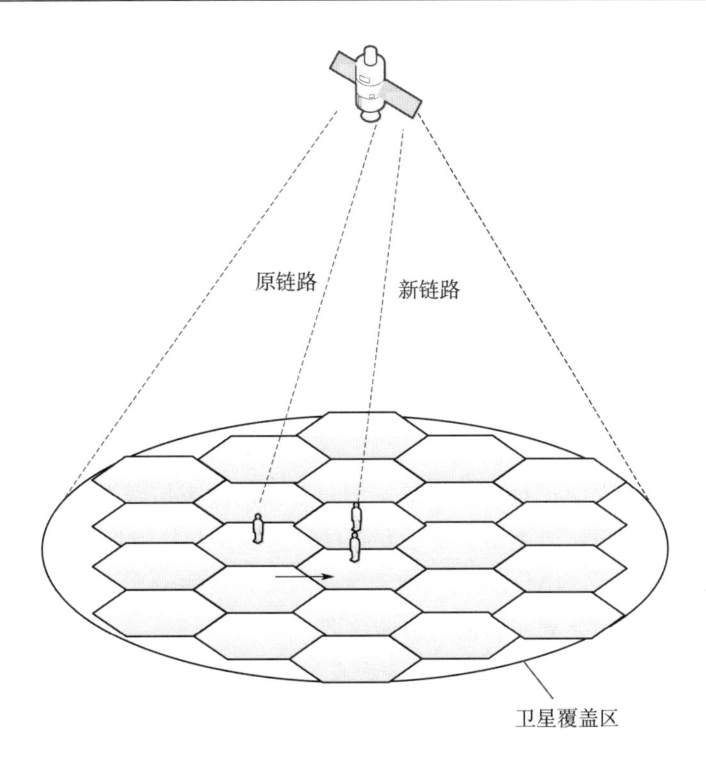

图 8 - 20　同星不同波束间切换

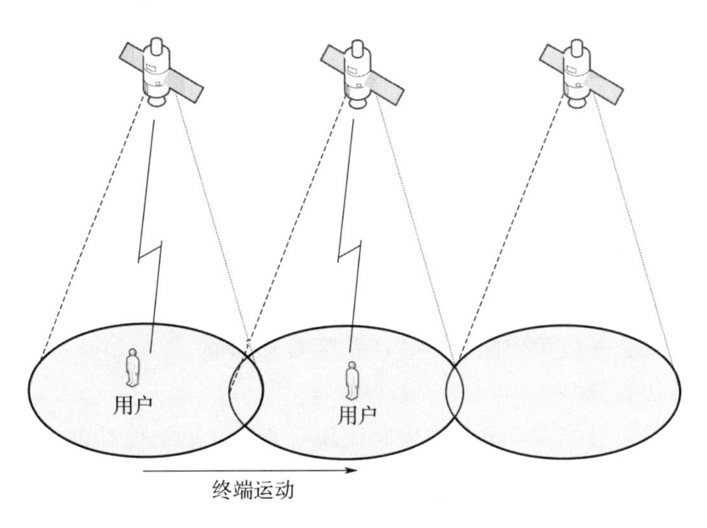

图 8 - 21　跨星切换

8.3.4.2.1　切换准则

通常采用测量的当前波束和相邻波束的接收信号强度来判断用户终端处于波束中心或者波束边缘，进而确定是否需要进行切换，该过程也称之为“切换触发”。切换触发条件包括信号相对功率法、采用门限的信号相对功率法、采用滞后量的信号相对功率法等。然而，阴影衰落以及高速运动引入的多普勒频移导致的衰落会影响测量到的信号强度，因此单纯依靠接收信号强度进行波束间切换判断可能并不可靠。为了提高切换决策的准确性，减少切换失败对 QoS 的影响，可采用基于位置信息的波束间切换技术，综合位置信息、信号强度等，做出切换决策。当一次切换被触发之后，开始“切换执行”的过程，一个新的信道将被建立，通信将被转移到新的链路，同时原来的信道将被释放。

8.3.4.2.2　切换控制

根据切换决策主体的不同，切换控制过程可以分为以下四种：

1）网络控制的切换（NCHO）：网络监测来自终端的信号强度和质量，负责判决并执行切换。

2）移动辅助的切换（MAHO）：终端测量并向系统报告测量结果，由网络决定何时进行切换。

3）移动控制的切换（MCHO）：由终端测量收到的波束信号强度和所有信道的干扰水平，并完全控制切换过程，当满足切换触发条件时，触发并执行切换。

4）网络辅助的切换（NAHO）：网络和终端同时负责测量，由终端根据自身测量结果及网络的报告决定何时切换和所切换的目标信道。

8.3.4.2.3　切换时的信道分配

当用户出现跨星切换或跨波束切换时，需要释放原服务波束或卫星中的信道资源，并在新的服务波束或卫星中建立相应的业务信道以及专用控制信道。如果在新的连接建立之前就释放原来的连接，即先断开后切换，称为硬切换，这种方式所需要的延迟对于一些对时延敏感的业务（如语音）可能是无法忍受的。如果在切换的过程中仍然维持原来的连接，等新连接建立成功后再断开原来的连接，即先切换后断开，称为软切换，这种方式保证了实时应用的可靠性，同时也给用户终端和网络系统带来一定的复杂性。

在新的服务波束或卫星中，为切换业务分配资源的策略有以下几种。

（1）无优先权策略

把切换看作一个新产生的接入业务，如果用户切换到新波束时新波束中没有可用信道，则切换用户的业务传输中断。该方法将新接入业务与切换接入业务平等对待，在系统资源受限时容易导致业务传输中断率过高，系统 QoS 降低。

（2）切换业务优先策略

从用户角度来说，已接入业务传输中断比新业务接入拒绝更难以接受，这就要求系统的设计应当使已接入业务传输中断率显著低于新业务接入拒绝率。为此，波束以某个设定的概率接受新业务，且该接受概率可根据切换业务量进行动态调整，当切换业务量增加时，通过降低新业务接受概率，可以限制系统接入更多的新业务，使切换业务有更多的机会获得信道。

在切换业务优先策略的前提下，可以采用资源预留策略提升系统的 QoS，即将每波束信道中一定比例（N_h个）的信道作为预留信道，只用于接入切换业务。这时，切换业务可以使用小区中的所有信道（N 个），而新业务只能使用除去预留信道之外的那些信道。在新业务和切换业务共用的 $N-N_h$ 个信道中，两者竞争使用。该方法对切换中断概率有很大的改善。但是在没有切换业务时，新业务也不能使用预留的带宽，造成新业务阻塞率的增大，信道利用率较低。因此，对于资源预留策略而言，预留信道的门限值是平衡切换中断率和新呼叫阻塞率的关键。

（3）切换排队策略

排队是用于延迟切换的一种方式，让切换来的用户在没有信道可用时处于排队等信道的状态，在排队期间继续使用原来信道。如果在排队期间新波束中有用户结束了业务传输，则释放出来的信道立即分配给这个排队的切换用户使用。如果排队期间用户距离原来的波束越走越远，以至于等不到新信道时原信道已不可用，则发生业务传输中断。切换排队是被经常采用的方法之一，但是由于其受业务量强度影响很大，单独使用的情况很少，一般总是结合其他策略同时使用。

8.3.4.3　切换流程

8.3.4.3.1　同星跨波束切换

在上述切换准则、切换控制和切换时的信道分配策略下，同星跨波束切换流程如图 8－22 所示。用户终端将包含信号强度和质量的测量结果以及位置信息发送到星载网控单元，星载网控单元处理上述测量信息，判断是否满足切换条件。若满足切换条件，则由星载网控单元进行切换控制判断，如允许在新波束下接入，则为终端分配相应的信道资源。在完成资源分配后，星载网控单元向用户终端发送切换指令。最后，用户终端完成切换后，向星载网控单元发送切换完成信令，并由星载网控单元释放原波束资源，同时向地面管控中心发送切换事件报告。

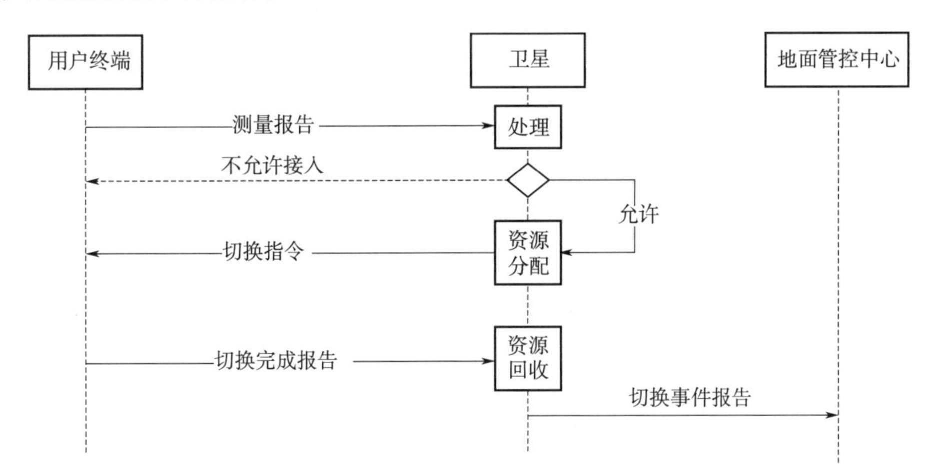

图 8－22　同星跨波束切换流程

8.3.4.3.2　跨星切换

相比于同星跨波束切换，跨星切换的流程相对复杂。图 8－23 为跨星切换流程。首先，用户终端将包含信号强度和质量的测量结果以及位置信息发送到原卫星的星载网控单元，星载网控单元处理上述测量信息，判断是否满足切换条件。若满足切换条件，则向目的卫星发起接入申请。目的卫星的星载网控单元处理接入申请后，判断是否允许接入，如允许接入，则为终端分配相应的信道资源。在完成资源分配后，目的卫星的星载网控单元向用户终端发送切换指令。当用户终端完成切换后，向目的卫星的星载网控单元发送切换完成信令，目的卫星的星载网控单元向原卫星的星载网控单元发送切换完成确认信息。当原卫星的星载网控单元收到确认信息后，释放资源。同时，原卫星和目的卫星的星载网控单元分别向地面管控中心发送切换事件报告。

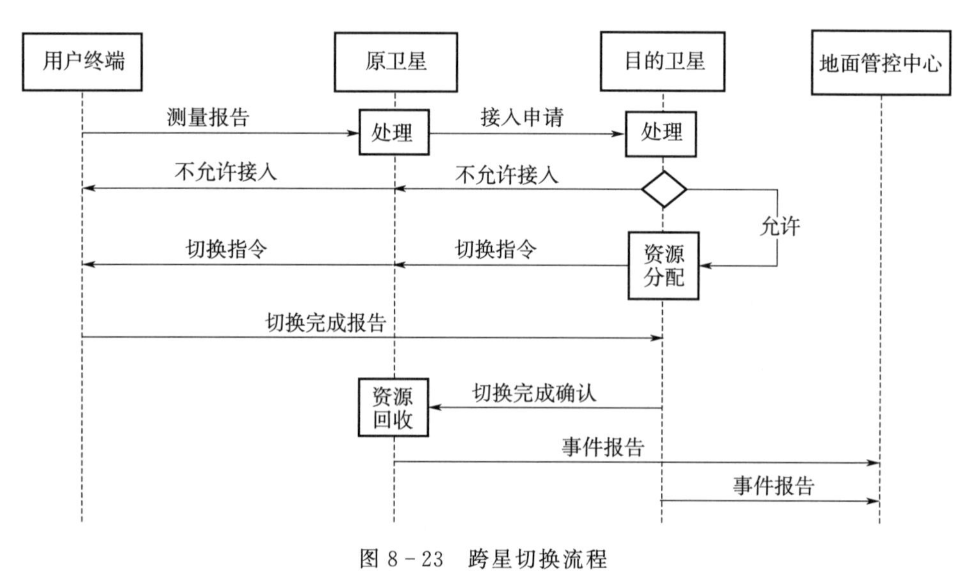

图 8-23　跨星切换流程

8.4　本章小结

本章在介绍网络管控架构与协议的基础之上，重点从管控模式分类、天地协同管控模式、天地协同管控协议架构等方面分析了天地融合的网络管控模式，并在用户管理、业务管控、资源管理、移动性管理等方面介绍了天地协同的网络管控技术。天地深度融合的网络管理与控制已成为卫星通信网络的发展趋势，将成为卫星网络高效运行的关键技术。

第9章　先进卫星通信系统技术

9.1　系统架构技术

为满足“全球覆盖、宽带高速、灵活接入、自主运行、天地一体”等需求，先进卫星通信系统架构设计需在继承已有空间功能系统的基础上面向未来进行创新。在明确服务支持能力与服务模式的基础上，天基网络体系架构设计主要包括网络架构设计与协议体系设计两个层面的技术。

9.1.1　网络架构

网络架构设计主要研究空间多尺度天基互联网络结构，包括组成三维动态拓扑的卫星节点数量、分布、位置、功能规划及其相互关系，以及网络拓扑结构的扩展能力和拓扑重构的可能范围等内容。考虑到天基网络的空间分布所带来的多尺度特性，网络结构取决于网络规模、网络对地/对空覆盖、工作频段等多方面的指标要求。天基网络架构重点发展的技术有：

1）异构网络互联融合优化设计技术。受空间网络节点距离较大、载体高速移动、空间环境复杂等因素的影响，天基网络环境有传播时延较长、误码率较高、可能出现链路中断等特点，与地面网络环境有较大区别。网络环境差异化带来天基网络和地面网络的架构的不同，需要利用异构网络互联融合的技术解决。

2）网络功能虚拟化技术。当前卫星网络通常使用静态和预定的配置，网络的更新和重新配置不灵活，导致新服务和应用的建立与配置耗时长且投资高。此外，网络协议和卫星服务在当前卫星网络中是由特定的供应商提供的，因此不同卫星系统之间缺乏统一的标准，相互作用十分困难。网络功能虚拟化将路由功能与分组转发设备分离，并通过使用开放的南向接口在集中式网络控制器上实现，可以提高网络的可扩展性和服务的灵活性。

9.1.2　协议体系

为了建立一体化、网络化的天基互联网，需要研究天基互联网协议体系，参考各类分层网络协议体系设计方法，提出网络的各种接口定义和协议规范，为天基互联网建设制定标准化的接口，实现天基互联网的可实现性与良好的扩展性。对天基互联网协议体系进行设计时，常用到的技术有：

1）CCSDS/DTN、IP结合的新型网络协议体系设计技术。IP协议利用对数据包的网络层编址为上层提供了可独立于底层数据链路技术的统一平台，在解决异构互联的问题方面有很大优势。但是由于存在空间通信环境传输时延大、信道误码率高、突发噪声强、多普勒频移大以及链路断续的问题，地面网络的 TCP/IP 协议无法正常工作。CCSDS 在原 IP 协议体系基础上进行了修改扩充，实现了空间网络高效可靠的传输，而 DTN 则为处理断续连接和大时延特征的网络互联问题提供了协议技术支持。

2）网络安全协议体系设计技术。与地面信息系统安全策略不同，天基互联网安全策略的首要目标是以最小防护代价最大限度地满足使命任务特征，追求资源约束、任务执行效率与安全性三者之间的平衡。要求策略的设计与配置在保证安全的前提下，简单、高效，消除冗余与冲突；策略的部署在无确定边界条件下，涉及平台、系统、节点、链路的深度防御策略部署。

3）网络管理协议体系设计技术。天基互联网管理对象复杂，用户需求多样，网络服务要求高，存在网络动态性，管理内涵丰富，除基础的网络管理内容外，需要扩展网络资源调度、服务能力保障、数据分发、卫星监控、任务状态切换、入网权限管理等一系列与航天任务密切相关的工作。

9.2 融合组网技术

9.2.1 组网技术

组网技术可实现“网络节点间逻辑链路构建，以及端到端业务通信”，是实现天基互联网异构互联的基础。为使信息在天基互联网的异构网络间多跳传输，组网技术必须具备高效、灵活、可扩展、智能化等特点。

天基互联网组网技术主要包括接入与资源复用技术、星载交换技术、空间路由技术等核心内容。

（1）接入与资源复用技术

资源描述了一个给定系统进行信号处理所能使用的时间、频率和空间。为了获得高效的网络，一个非常重要的问题是，如何规划系统用户之间的资源分配，进行多维资源复用，从而避免时间/频率/空间资源的浪费，并使用户能以有效的方式共享资源。对于卫星转发器，需要解决的问题是如何有效地将转发器的固定的通信资源分配给大量的用户，这些用户之间以各种比特速率和占空比相互传递数字信息。资源复用方式可分为多址接入方式、信道分配方式和频率复用方式三种。提高多址接入能力、按需进行信道资源分配、提升频谱利用效率，是组网技术必须考虑的核心问题。

（2）星载交换技术

交换的概念是伴随电话系统诞生的，随着因特网日新月异的迅猛发展，新技术层出不穷。从传统的电路交换演变到了以 ATM 和 IP 为核心的分组交换技术以及光交换技术。随着通信技术的不断发展，星载交换技术在各种需求的牵引之下得到了迅速的发展，包括微波交换、信道化交换、基带交换、ATM 交换等多种方式。为了实现更加灵活的交换、以及未来天基互联网组网功能，将对新型星载交换技术提出应用需求。

（3）空间路由技术

天基互联网的最终目标是实现网络间节点的互联、互通、互操作。为了实现不同异构网络之间的连接，网络层的工作是最核心的。这项工作包括了多层卫星动态组网、网络路由协议设计等内容。首先，在路由方面，由于网络的拓扑构形会发生变化，路由选择不一定单跳就是最优的路由策略，有可能通过增加一跳使得实现同样的传输耗费的功率更小，这是一个网络功率的控制和优化问题，也是网络层设计的一个难点。其次，当网络发生故障时，故障模式和相应的网络应对策略需要进行详细的分析和研究，否则网络就无法成为完整的自适应网络，这也是网络层研究应涉及的其中一个重点内容。此外，由于新卫星的加入、退出或更新、系统任务需求变化等网络变化，以及节点间无线通信的范围限制，导致网络的连接关系变化，这时网络的配置将有可能是一个最优化的过程。这意味着网络节点需要重路由，除了节省功率，还需要对网络的路由、功率等进行联合优化，进而实现全网络的性能最优。

9.2.2　与地面融合的卫星通信标准体系

在星地无线通信环境中，存在链路损耗大、传播时延长、频率资源受限、超大小区半径、星上与终端功率受限等不同于地面无线传播环境的特点。地面 5G 演进空口体制，包括基本波形、同步及参考信号、上行用户随机接入以及用户数据及控制信息传输等，均针对地面无线传播环境的特点设计，难以直接应用于星地用户链路。为了解决这一问题，需要实现星地融合的空口体制，具体的技术内容包括：

1）同步与广播信息传输。下行同步和广播信息解调过程，确定基站定时、频率及配置信息，是用户接入网络的必要步骤。围绕 LEO 星地传播环境中用户链路既存在大多普勒频偏，又存在晶振误差引起的载波频偏的特性，需要明确 5G 演进空口的下行同步及广播信道设计在大动态星地环境中的适用性问题，并进一步探索与 5G 演进空口体制融合的卫星下行定时与频偏同步机制。

2）上行用户随机接入。不同于地面通信环境，星地链路传播时间长且覆盖范围大。典型情况下，GEO 卫星单波束覆盖 200～1000 km，LEO 卫星单波束覆盖 100～500 km，小区边缘与中心用户的传播时延差达到毫秒甚至更高的量级。需要明确 5G 演进空口上行随机接入机制在长时延、广覆盖的星地环境中的适用性问题，并进一步探索与 5G 演进空口体制融合的上行用户随机接入机制，完成相关算法设计。

3）波形设计。地面 5G 演进空口体制采用 OFDM 作为基本波形，其发送信号包络具有较高的峰均比，若直接应用于链路损耗较大及功率受限的星地传输，上下行链路均存在功率效率下降问题。可以在 OFDM 基本波形框架下，实现兼容 5G 演进空口体制的低峰均比发送信号设计，并进一步形成适用于星地链路的基于新型低峰均比波形技术的完整收发方案。

在星地用户链路通信中，GEO 或 LEO 卫星侧通常会配置多波束天线或大规模相控天线阵列，使星地无线信道的空间分辨率得到显著提升。能否利用星地无线信道的空间稀疏特性，实现大量用户共享空间无线资源，是提升系统频谱和功率效率的关键所在。为了解决这一个问题，需要实现星地宽带多用户传输技术，具体技术内容包括：

1）星地无线信道建模与统计表征。用户链路星地无线信道在大尺度路径损耗、空间稀疏性、多径特性以及多普勒特性等方面与地面无线信道有着显著不同。可以采用基于射线追踪的物理信道建模方法及实测星地信道数据，归纳出典型卫星通信（GEO、LEO）场景下以及各种频点（Q/V，Ka，L 等）星地无线传播信道的物理模型，综合考虑多径特性、多普勒特性以及空间稀疏特性，探明统一的跨频段星地链路无线信道模型与统计表征。

2）信道信息获取与参考信号设计。信道信息获取是实施信号传输和检测的基础。由于卫星侧配置天线和覆盖范围内的终端用户数均比较多，大量估计信道参数导致巨大的参考信号开销和实现复杂度。可基于星地链路无线信道统计模型，利用空间方向和统计信道状态信息的内在联系，开展地理位置信息辅助的统计信道状态信息获取研究，以支撑利用空间方向特性的动态多波束多用户上下行传输。进而，围绕上述目标，融合 5G 演进空口体制进行参考信号设计。

3）动态多波束多用户上下行传输。传统配置多波束天线的卫星通信系统利用固定多波束方式提供广域覆盖和多用户通信，通常以多色复用方式消除相邻波束间干扰。大规模相控天线阵列的配置，可以实现动态多波束多用户传输，即动态生成不同波束以指向不同用户，从而提高系统的空分能力，改善频谱和功率效率。针对下行传输，分别围绕单星和多星两类场景，利用用户空间方向特性，兼顾功率效率的条件下，实现和速率最大化等准则下的各用户最优动态发送波束方向和功率分配方法。针对上行传输，考虑信道信息非理想条件，需要利用星地无线信道空间稀疏特性，实现低复杂度多用户联合接收方法，形成容量逼近完整传输技术方案。

4）空时频用户调度。在固定或动态多波束星地传输中，需要从待调度用户中选择一组用户在同一时频资源的不同波束上进行空分传输，不同组的用户通过不同时频资源进行传输。由于所涉及的波束资源调配问题为组合优化问题，且通常规模较大，可以利用星地链路无线信道稀疏性等特征，实现基于智能演化计算及机器学习等手段的低复杂度快速波束资源调配算法。

9.3 通信资源管理技术

9.3.1 卫星通信资源管理概念与内涵

卫星通信资源管理是通过对系统有限的资源如带宽、发射功率、接入权限、信令开销等进行分配、调度、优化，实现既定的系统级与用户级目标的过程。重点解决两方面问题：一是在网络中有不同需求业务流的情况下，优化带宽利用率和服务质量（QoS）——高效的带宽利用率和 QoS 保障是两个对立的目标；二是当用户申请资源或资源请求发生变化时，使资源请求得到最大限度满足的同时，在所有用户之间维持一定程度的公平性。

卫星通信资源管理主要面临以下约束条件：

1）有限的频率资源：传统高通量通信卫星转发器的接收/发射频率以及带宽配置情况在整个寿命期限内都固定，大多采用静态、均匀分配方案。然而，一旦不同波束之间用户需求发生大规模调整、同一波束内用户需求严重不均衡，都会造成频谱资源不能合理分配的情况，导致资源“忙闲不均”，影响卫星资源利用率和用户服务质量。

2）有限的功率资源：传统通信卫星波束间、转发器间功率分配采用固定的等功率分配方式，这与实际中不断变化的业务需求不相匹配，未能充分地利用本来就十分有限的星上功率资源。另一方面，随着高通量卫星不断向 Ka 甚至更高频段拓展，大气效应对于链路损耗的影响增大，依靠功率调节手段对抗信号衰减，保证服务连续性也十分重要。

随着灵活载荷的逐渐应用，通过卫星通信资源管理技术，星上资源实现动态分配，从而优化资源利用率和保证用户通信质量。当用户申请资源或资源请求发生变化时，资源管控能使资源请求得到最大限度满足的同时，在所有用户之间维持一定程度的公平性。

9.3.2　高通量卫星资源管理方法

由香农定理可知，卫星通信系统的容量为 $C=B\times\eta=B\times\log_2(1+C/N)$，其中 B 为系统总带宽，η 为频谱利用效率。要实现对卫星系统资源的管控，需要同时调节系统频率带宽和系统频谱利用效率。其中带宽与频率资源和频率计划有关系，系统的总带宽=所选频段能够获取的带宽×频率复用次数，而频谱利用效率=调制阶数×编码方式/滚降系数，最高阶的调制编码方式主要由系统的 C/N 决定。对于卫星的下行链路来说，功率控制可以通过增加卫星的载波发射功率，补偿降雨衰减，同时可以提高载噪比，进而提高系统容量，以满足用户的通信容量需求，图 9-1 为单个波束的容量和带宽、功率的关系。

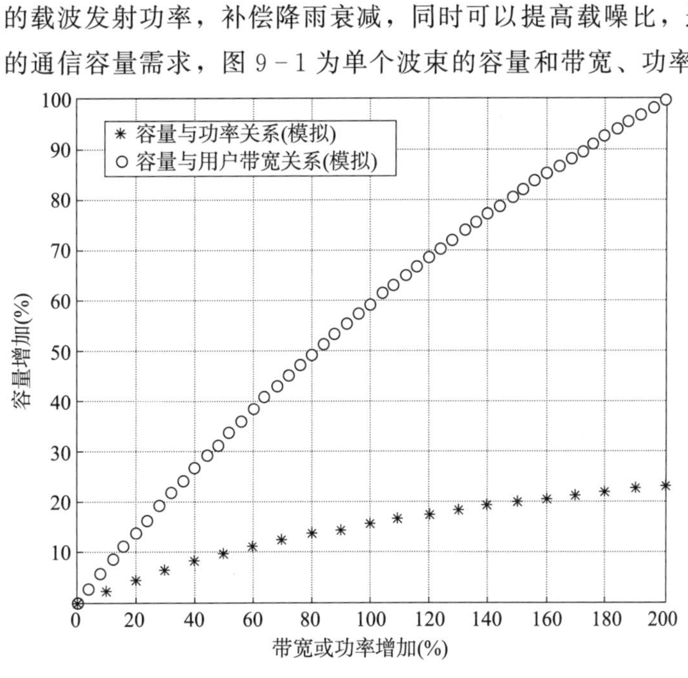

图 9-1　单个波束的容量和带宽、功率的关系

图 9－1 为根据香农公式画出的单个波束容量随其带宽、功率变化的趋势。由图可知，当功率保持不变时，随着带宽的增加，波束的容量显著增加；当带宽保持不变时，随着功率的增加，波束容量增加，但波束容量的增量逐渐降低。

对于高通量多波束卫星通信系统，频率、带宽、功率的调整可能会恶化同频波束间干扰，降低系统 C/I。所以，在资源分配时，需要综合考虑波束 C/I 的整体性能，提高整体系统吞吐量，通过同频波束资源统一调度和实时分配，以及波束形成网络降低特定波束的旁瓣，从而降低波束间干扰，满足用户的通信容量和通信质量需求。

图 9－2 为资源管控的具体流程。

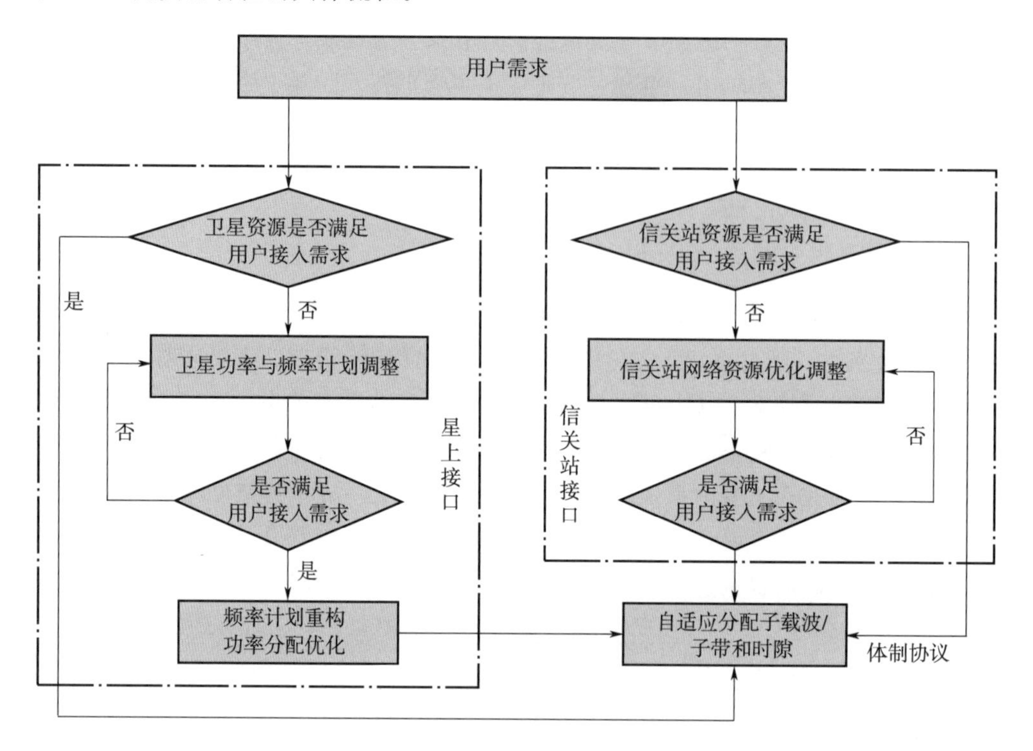

图 9－2　资源管控流程图

第一步，根据用户特性进行资源需求建模，得到每个用户以及每个波束的容量资源需求；第二步，通过调整每一路多端口放大器输出功率，调整每个波束的容量，当容量可以满足每个波束的容量需求时，此时不需要调整带宽资源，输出功率分配方案，进行 C/I 优化算法；第三步，当容量无法满足每个波束的容量需求时，在功率分配方案的基础上进行带宽资源调整，如果可以满足每个波束的容量需求，输出功率和带宽分配方案，如果不能满足，则调整其余波束带宽，释放功率资源进行调整，输出功率和带宽分配方案；第四步，根据带宽分配方案进行频谱自适应调整，输出频率计划；第五步，根据计划进行 C/I 优化算法，流程结束。

9.3.3　功率、频带资源联合调整范例

图 9-3（a）为功率调整示意图，通过同一个多端口放大器的信号波束有 4 个，当一路转发器波束组中有容量需求变化时，通过调整功率分配增加部分波束的容量，以满足用户通信需求；图 9-3（b）为带宽调整示意图，当调整功率无法满足通信需求时，在功率调整的基础上调整带宽，需求大的波束带宽增加，需求小的波束带宽减小；图 9-3（c）为频率自适应调整示意图，当波束组内带宽调整完后与相邻波束存在同频干扰时，需要对频率规划进行自适应调整，以降低相邻波束间同频干扰，提升系统 C/I 性能。

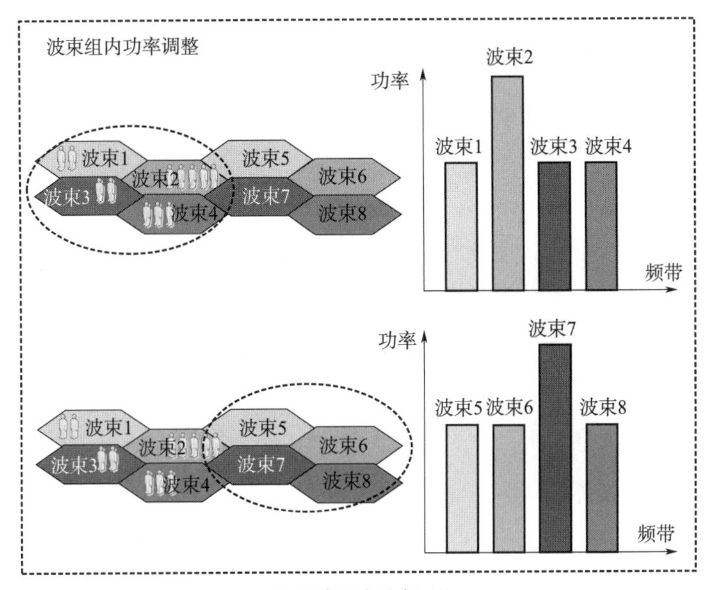

(a) 波束组内功率调整

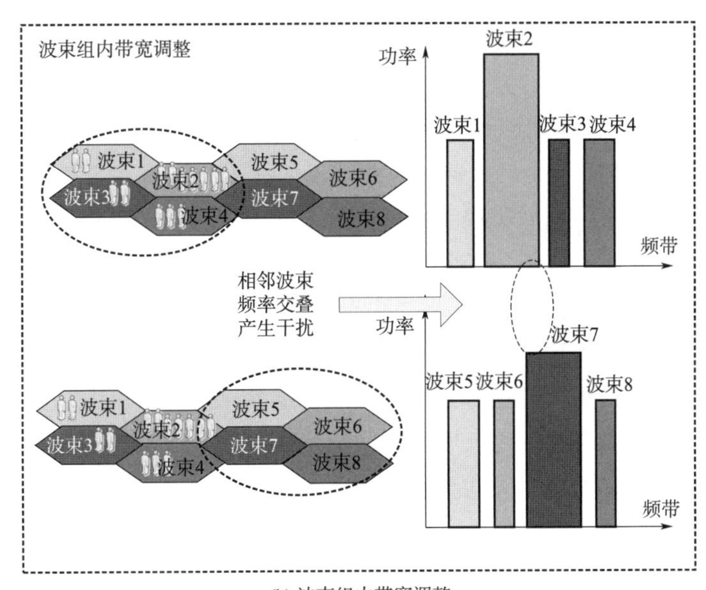

(b) 波束组内带宽调整

图 9-3　资源管控功率、带宽、频率调整示意图

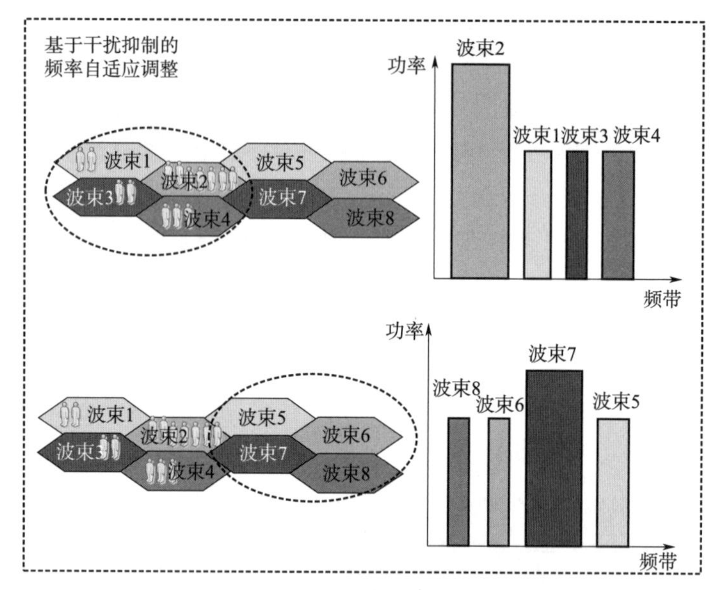

(c) 基于干扰抑制的频率自适应调整

图 9-3 资源管控功率、带宽、频率调整示意图（续）

9.4 有效载荷技术

9.4.1 天线与转发器技术

9.4.1.1 高增益天线技术

大口径、高增益已成为未来宽带通信卫星天线的主要发展趋势。星载可展开反射面天线由于其具有运载过程中收拢、在轨使用时展开的特性，在目前运载能力的限制下能够满足大口径天线在轨工作的目的，从而带来更高收益和更强指向性，是目前使用频率最高的天线类型。经过多年的研究，已由单一形式发展为多种类型，用于满足不同需求。如图 9-4 所示，根据其结构形式，主要包括固体反射面天线（固面天线）和网状可展开天线（网状天线）两种类型，网状天线又可划分为伞状天线（径向肋天线）和环形天线（周边桁架式天线）。

（1）固体反射面天线

由于高通量通信卫星使用 Ka 频段以及采用点波束和频率复用技术，其要求天线具有较大的口径、很高的型面精度、非常高的空间热稳定性，同时要求天线具有精细的在轨指向调整性能。为了提升高通量卫星天线的型面精度，国际上通常选用固面天线，同时为了提高天线的空间热稳定性及减轻天线重量，固面天线需要选用比刚度和比强度较高、热膨胀系数较小的碳纤维材料。

由于受卫星发射时运载火箭内部空间的限制，较大口径的固面天线都设计为可展开式天线，即在卫星发射时天线收拢起来固定在卫星上，卫星入轨后通过转动机构驱动天线展

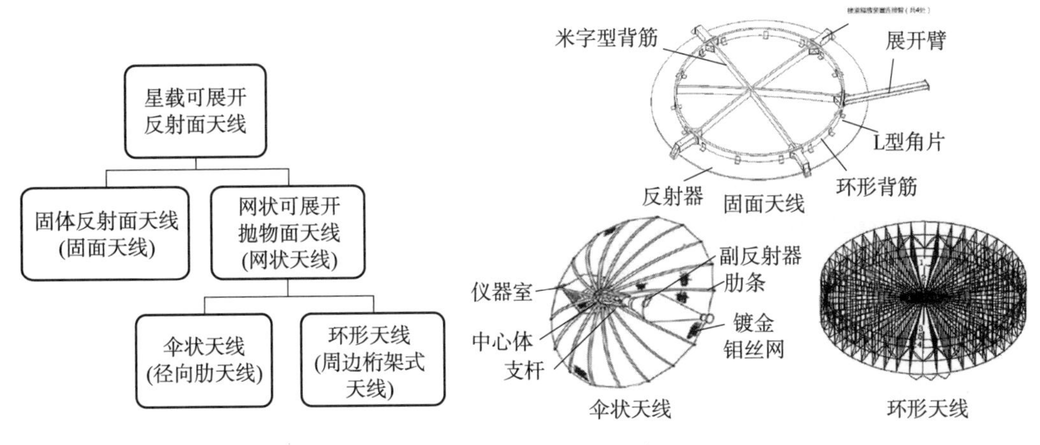

图 9-4　高增益天线分类

开形成使用状态，转动机构既作为天线的展开机构使用又作为天线在轨指向精度调整机构使用；同时为了更大限度的利用火箭内部空间及增加卫星的天线数目，在卫星发射时把若干副天线重叠在一起固定在卫星上，在轨展开形成不同的天线使用，用于增加卫星的通信容量。

固体反射面天线一般为碳纤维复合材料蜂窝夹层结构，具有高刚性特性、型面精度相对较高等优点，具体可分为型面整体展开式天线及分块式展开天线。目前，国内外的高通量卫星主要采用型面整体展开天线，其反射面尺寸完全受限于运载包络，收拢体积大，难以实现大口径。

(2) 网状星载可展开抛物面天线

网状天线的主要特征为金属网构成，整体为多柔体系统，较刚性天线质量轻，收纳比高，质量不与天线口径的增加呈线性关系，易于实现大口径。网状天线研制的关键技术为反射器的结构设计，一方面要求其具有可收拢、可展开功能和很高的展开可靠性，收拢体积尽量小，总质量尽可能轻，以满足卫星平台承载能力的指标要求；另一方面要求其展开状态具有一定的刚度和较小的热变形，以保证在轨时反射器型面要求而不会使天线电性能恶化太多。根据金属丝网支撑结构的不同，网状星载可展开抛物面天线可分为伞状天线和环形天线等。

(a) 伞状天线

伞状天线主要由径向管状刚性肋、中心体、柔性反射网组成，其中柔性反射网由肋支撑，收拢时支撑肋收拢，在轨后支撑肋展开带动柔性反射网展开到工作状态。为了提高反射面精度，又不显著增加天线重量，反射网网面可采用辅助牵引面法或辅助法来成形。天线的展开和收拢由电机驱动机构完成。

伞状天线的优点是结构简单，展开可靠性高，但展收比小，天线收拢高度大致与天线半径相等，因此在一般情况下天线口径不能过大。虽然可以通过将肋条做成折叠式（双折叠或三折叠）缩小天线收拢体积，但增加了结构的复杂性，降低了展开可靠性。

(b) 环形天线

环形天线，也称周边桁架式天线，指柔性反射面通过环形桁架支撑成形的可展开天线，是美国 TRW Astro Aerospace 公司于 1990 年开始研制的。天线收拢时周边桁架处于收拢状态，入轨后周边桁架开始展开，带动反射面展开至工作状态。环形天线结构适合 6～150 m 口径空间可展开天线，主要由可展开的周边桁架、金属反射网面、柔性张力索网以及展开动力机构四部分构成。这种形式的天线结构具有柔性大、空间热稳定性好和压缩比大的特点，并且这种结构内在的拓扑性能可使反射面很容易以蜂窝结构的形式扩展得很大。

每个索网辐射单元均由上弦拉索、下弦拉索和纵向调整索组成。索网辐射单元沿径向辐射均匀分布在中央圆筒周围，纵向调整索将每对上下弦拉索联系起来，形成所需曲线；再由上下外圈周向索将所有索网辐射单元连接起来，构架展开单元垂直均匀分布在索网周边，将上下弦拉索张开，最终形成天线的抛物面外形。

可展开周边桁架由结构完全相同的平行四边形单元组成，其完成收放运动的原理是利用周边平行四边形桁架中对角杆可伸缩的结构特点，每个单元由 2 根横杆、2 根竖杆和 1 根伸缩式斜杆构成。两相邻单元的 3 支杆关节内安装了同步啮合齿轮，5 支杆关节内安装了滑轮。两个完全相同、由三角形单元构成的曲面柔性张力索网分别连接在周边桁架的前、后两端，且方向相反。环形桁架展开单元是可展开折叠结构的基本组成部分，其基本要求是：在展开时有一定的自由度，展开后锁定成一个稳定结构。每组构架展开单元均由矩形框架和对角杆组成，并在对角增加外伸三角杆来提高构架的刚度，在矩形框架的四个顶点处均有一根外伸倾斜杆与索相连。收拢时，外伸斜杆被折叠至与矩形框架的竖直边重合的位置。由此，可提高结构的收缩比。

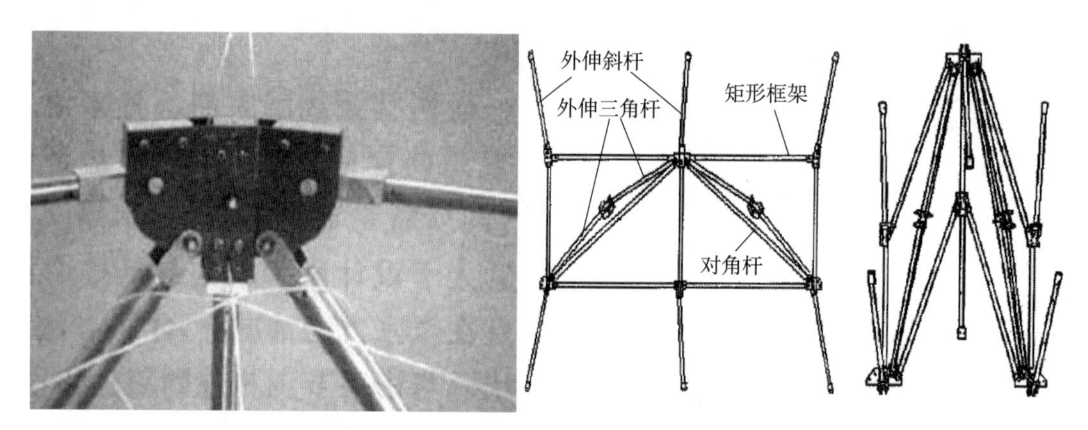

图 9-5　(a) 可展桁架上的锁网连接构造 (b) 两个桁架单元的展开示意图

柔性张力索网用延伸率低、热膨胀系数小的材料制成。射频反射网悬挂在前网背面，前、后网之间连接了拉索（拉簧），按照设计参数调节拉索，即可使射频反射网网面形成所需的型面。周边桁架的展开和收拢是通过收卷和放松一根穿行于整个桁架伸缩式斜杆的绳索完成的，绳索的动力源为两套马达驱动机构。展开分两个阶段，即绳索储能释放阶段和马达驱动阶段，例如，AstroAerospace 公司的 12 m 系列周边桁架天线第一阶段可展开到天线直径的 40%，第二阶段则展开到天线直径的 100%。

当天线口径和工作频率一定时，反射器型面精度是影响天线增益的主要因素。天线工作频率越高，对型面精度要求也就越高。因此，为了实现天线的高增益，反射器必须具有非常高的型面精度。针对型面误差，目前通常采用优化结构设计、改善加工工艺、增加结构刚度和地面预补偿等被动措施予以尽可能减少，而一旦卫星发射上天，传统优化设计等被动措施难以保证反射器在轨型面精度，主动控制技术正成为解决这一问题的重要选择，技术途径包括作动器技术、型面变形测量技术和型面主动控制方法三方面。

9.4.1.2　灵活天线技术

灵活天线技术主要用于实现灵活的波束覆盖能力。灵活天线既可以是无源天线，也可以是有源天线。可以采用机械可重构模式，也可以采用电控重构模式。

(1) 无源反射面天线

天线指向调节是控制覆盖位置灵活性的重要途径，但传统的通信卫星对应宽波束或赋球波束，天线指向调节主要用于校正实际覆盖区域与设计目标的吻合度，因此调节机构的幅度限制较大，波束位置可在小范围移动。针对高机动性用户（如军事侦察无人机等）的需求，一些卫星设计有可移动点波束，波束位置可以在卫星的视场范围内任意移动。目前，利用机械或电调机构调整波束位置的技术已经相对成熟。

(2) 有源阵列天线

依靠阵列天线配合波束形成器，可以实现更大灵活度波束形状和数量调节，有源阵列天线主要负责波束的产生和放大，波束成形器则主要通过控制辐射单元的幅度、相位与开关来改变波束。目前国外集中关注两类天线，包括阵列馈电反射面天线（AFR）和直接辐射阵列天线（DRA）。

(a) 阵列馈电反射面天线

阵列馈电反射面天线（AFR）主要依赖位于反射器焦平面的前置/偏置馈源阵列来形成单个宽波束或多个点波束，其灵活性实现是通过与馈源阵列对应的波束形成网络来控制和改变波束形状与数量。在阵列馈电反射面天线中，馈源的排列方式对天线电性能的影响非常重要。由于除了位于焦点处的馈源，其他馈源都相对于焦点有一个大小和方向各不相同的横向偏移量，使天线方向图发生偏转，因此，在应用方面，对于单波束的情况，可以利用多个横向偏焦馈源来获得符合特殊要求的天线方向图，从而改变波束的形状。

此类天线用于灵活覆盖的优势在于：1）天线中所用的可变功分器（VPD）和可变相移器（VPS）等控制元件在通信卫星中已得到成熟应用，该方案风险相对较低；2）相比传统模式下只能通过增加冗余天线来满足需求，灵活的在轨波束赋形能力，可以大幅节省星上空间。

但此类天线在应用中也有一定弊端：1）与传统天线配置模式相比，高功率波束成形网络存在不可忽略的损耗，因此需要更大的功率才能达到相同的 EIRP，这也导致了效率上的折损；2）虽然理论上有可能实现收发共用，但实际中，因为波束成形网络在与馈源、

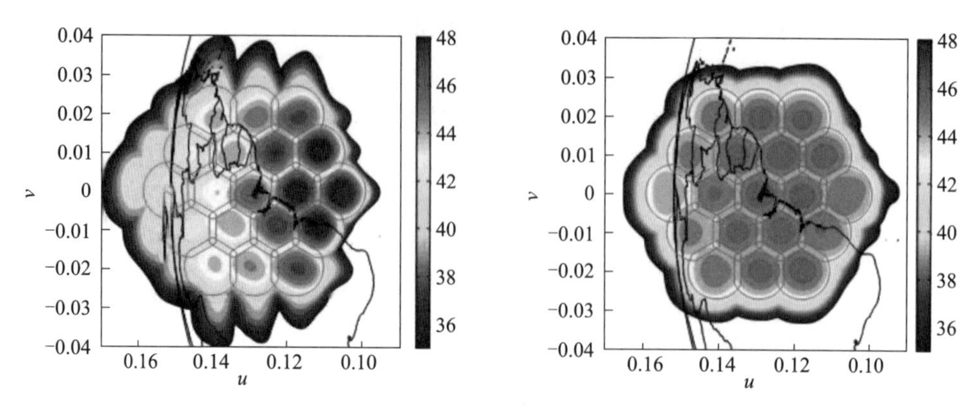

图 9-6 指向失误情况下传统固定多波束覆盖（左）与灵活多波束校正覆盖（右）情况

双工器封装时的复杂度较大，导致绝大多数天线必须采用收发分置。

(b) 直接辐射阵列天线

直接辐射阵列天线（DRA）无需反射器，利用天线辐射元阵列和波束形成网络直接形成点波束和赋形波束，通过移相器改变相位、功率分配网络改变幅度后控制波束形状，形成连续或非连续性的覆盖。对于多波束情况，主要存在两种波束形成和调节机制，一是每个波束对应 1 个/多个阵元，具备相互独立的波束形成和指向控制网络，这种情况下天线的重量和复杂程度正比于需要同时产生的波束数量，当需要同时产生的波束数较多时，就不太实用；二是所有波束共享一个公共的天线辐射元阵列，通过巴特勒矩阵在空间产生多个波束。此方法的好处是体积小、质量轻且相对简单，但波束指向控制不太灵活。

总体而言，直接辐射阵列天线用于灵活覆盖的优势在于：1）可靠性高，所有的辐射元都可用于形成所有波束，在某个射频通道失效或者器件老化导致波束指向不准的情况下，重新校准、纠错能力较好；2）抗干扰能力强，可精密控制天线辐射方向图，可以实现低副瓣、自适应调零等功能，抑制各种上行有意敌对和无意干扰；3）具有空间功率合成能力，天线每个辐射单元对应 1 个功放，多个辐射单元功放在空间合成的总功率比单个发射机的功率大得多，可以实现更高的 EIRP 值。

此类天线的主要弊端包括以下几个方面：1）结构复杂、造价昂贵。微波组件如发射/接收（T/R）组件、移相器、微波网络数量众多；2）功耗和热耗较大，由于天线中射频通道数量较多，卫星应用不同于地面系统应用，需要卫星提供较大的质量及功率资源。

(c) 波束成形网络

如前所述，波束成形网络是实现有源阵列天线灵活性的核心，目前主要存在模拟和数字两种波束形成方案。对单波束情况下，两者优劣并不明显。但对多波束应用中，数字波束成形技术更利于未来构建通用化、标准化的灵活载荷架构，此外可形成的波束数量理论无上限，主要受馈源/辐射元阵列的数量约束，从这个角度来说，数字波束形成网络是卫星提供超高吞吐量的关键所在。而模拟波束成形技术所能形成的波束数量相对有限（一般小于 32 个），但技术实现难度较低，可以依靠跳波束技术实现容量的倍增，如典型的 32 个瞬时波束在 8 倍跳变下，可以最终覆盖多达 256 个不同的潜在区域。两者优劣具体如表 9-1 所示。

表 9－1　数字/模拟波束形成网络性能特点对比

参数	模拟波束形成网络	数字波束形成网络
波束数量	典型少于 32 个	可多达数百个
支持频率复用情况	由于波束数量少，频率空分复用少，但可通过时分复用方式，如跳波束技术加以弥补	在天线阵元数量足够大、指向足够精确的情况下，频率复用可做得很高
单个波束带宽	多至数 GHz，可以支持宽带广域波束覆盖	受限于处理器端口频率带宽，一般约 500 MHz，未来可能增长至 1 GHz
输入部分处理器端口数	少，典型情况下每个波束端口对应 1 个转发器端口	较多，与波束数量基本对应，典型情况下处理器端口与天线阵元匹配
波束指向与干扰管理	支持	支持
波束跳变能力	支持	支持
效率更高场景	波束数＞阵元数	波束数＜阵元数
未来应用前景	近期，适用少量波束	长期发展方向，但需要星上处理设备硬件等性能的同步升级

这里提到的跳波束技术事实上也是在一定程度上提高波束覆盖灵活性的方法。目前的多点波束卫星通信系统在载荷设计时各波束的频率复用、射频功率都为固定分配方式，由于各波束覆盖区内的业务需求并不相同，因此这种固定的载荷设计缺乏足够的灵活性来优化分配卫星资源，造成卫星性能受限。跳波束通信技术是一种从时域上对卫星资源进行优化配置的技术，该技术通过将整段带宽以时隙为单位分配给各个波束，可以灵活地根据各波束不同的业务需求进行时隙配比的调整，从而提升星上资源的利用效率，如图 9－7 所示。

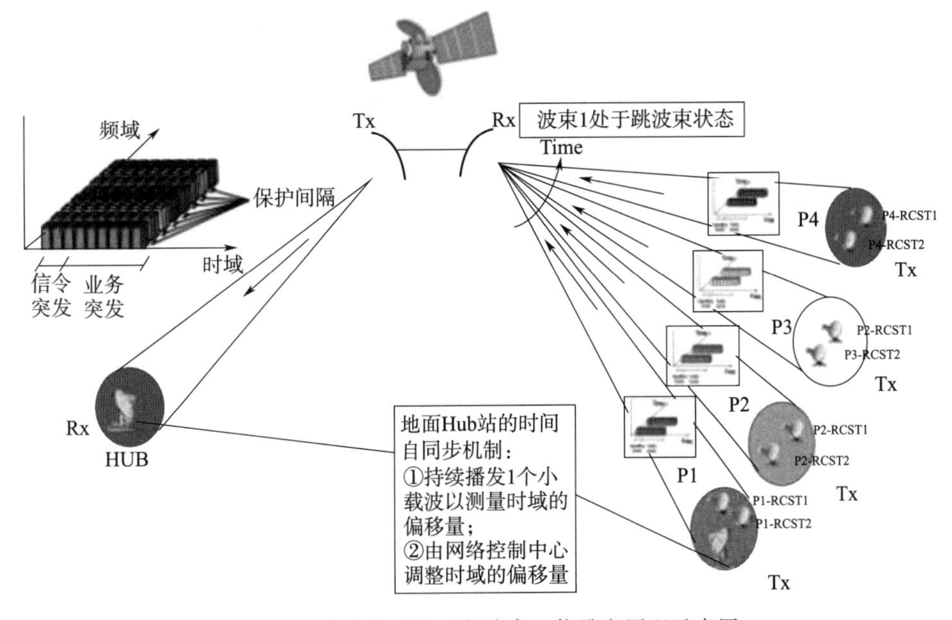

图 9－7　多波束系统下行波束 4 倍跳变原理示意图

目前，国外采用跳波束技术的典型通信卫星为美国的防护系列军事通信卫星 AEHF

和 MilStar 系统，AEHF 系统可以实现在超过 100 个极窄覆盖区之间快速跳变，能够实现很好的空域信号干扰躲避能力。

9.4.2 星上处理交换技术

9.4.2.1 DTP 技术

数字透明处理器（Digital Transparent Processor，简称 DTP），也称作宽带柔性处理器，是一类广泛应用的星上处理载荷设备。数字透明处理技术最早由美军在其宽带全球通信卫星（WGS）上采用，随后也应用于法、日、以等国的个别军事/政府民用卫星上，近年来在灵活高通量卫星中得到了大规模使用，例如 SES - 17 卫星和 Konnect - VHTS 卫星，数字透明处理技术是一种具有星上处理能力的半透明转发技术，使用该技术的转发器也叫半再生式转发器。DTP 由可变增益的上下变频通道、A/D 采集、D/A 转换、数字信道化、数字信道合成、子带增益调整以及子带交换等主要模块组成，图 9 - 8 为 DTP 设计框图。

其最大的特点在于利用星上信道化滤波技术直接对射频或中频信号进行数字采样，支持星上任意频段、任意带宽之间信息交互及灵活的跨波束交互，兼具传统透明转发器和再生式转发器的优点，既具有灵活可靠的特点，又可以支持较小粒度的交换，还规避了物理层信号体制的约束，增加了系统容量，满足可变带宽业务、网络拓扑灵活调整的需求，是未来星载转发器处理技术的重要发展方向之一。

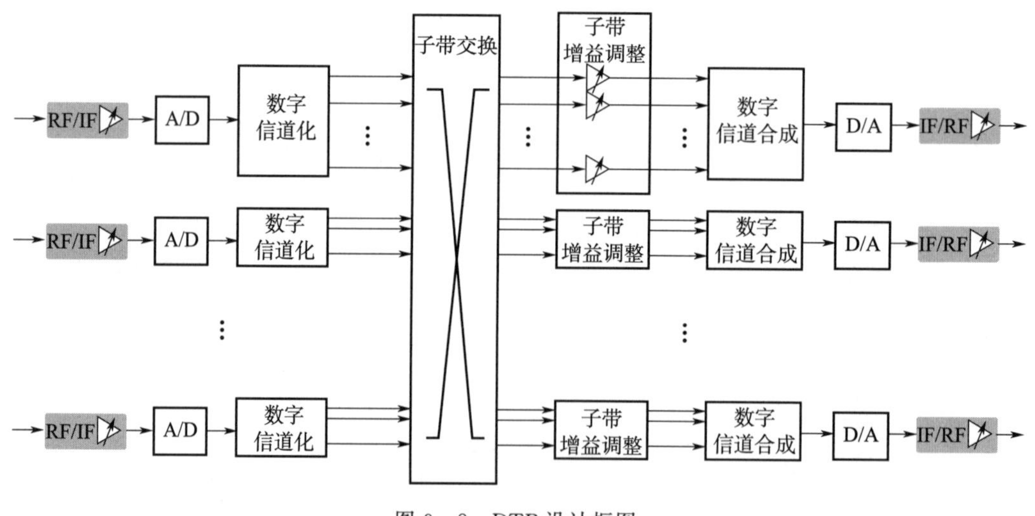

图 9 - 8　DTP 设计框图

将一个宽带信号分路为多个窄带信号，称为子带，DTP 柔性转发是对不同频率的子带信息进行交换的过程。DTP 可在轨支持子带在任意波束和频带之间灵活交换，支持组播、广播和信号交换功能。图 9 - 9 为宽带柔性转发中子带交换结构。

若子带交换单元对 M 个宽带信号进行交换，每个宽带信号划分为 N 个子带，则子带交换单元的规模为 $MN \times MN$ ，交换端口数量 MN 。由于子带交换单元的复杂度与交换

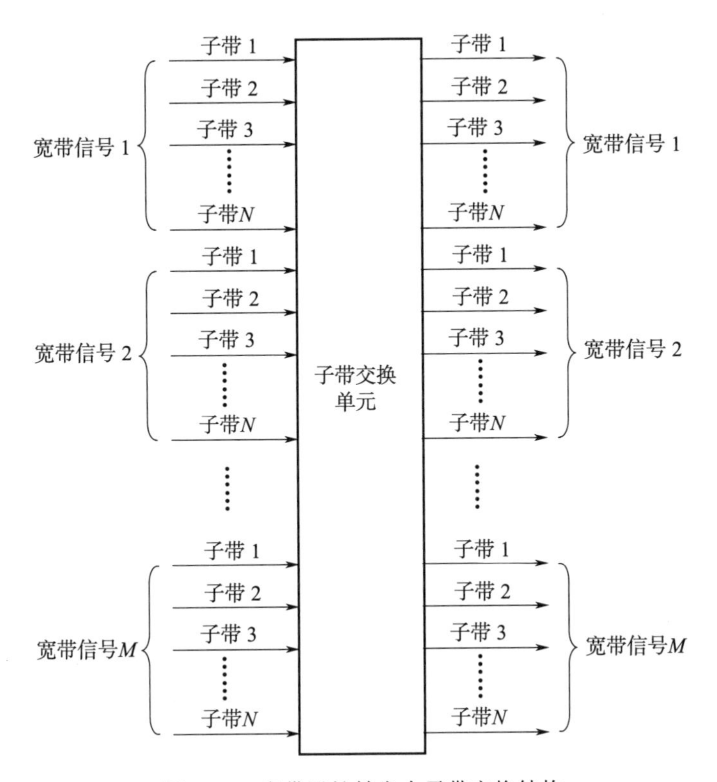

图 9 - 9　宽带柔性转发中子带交换结构

端口数量的平方成正比，而 MN 通常为几百到几千之间，因此在实现上需要尽量减少交换单元的端口数。

在子带交换前 \ 后引入子带复用 \ 解复用模块，利用时分复用将属于同一个宽带信号的子带信息汇聚成高速数据流进入子带交换单元，则子带交换单元的端口数为 M ，而 M 通常不大于 16，显著降低了子带交换单元的实现难度。图 9 - 10 为引入时分复用后的子带交换结构。

引入时分复用机制之后，子带交换单元既需要处理时分交换，又需要处理空分交换，将子带交换单元中的时分交换称为 T 级，将空分交换称为 S 级，因此子带交换单元需要至少包含 1 个 T 级和 1 个 S 级。根据 T 级和 S 级连接方式的不同，子带交换单元有两种实现方式，分别是 T - S - T 和 S - T。图 9 - 11 为子带交换单元的 T - S - T 实现模式，图 9 - 12 为子带交换单元的 S - T 实现模式。

通过 T - S - T 交换结构和 S - T 交换结构对比可以发现，两种交换结构均可以实现信道化交换功能，其中 T - S - T 交换结构的交换容量与业务吞吐量相等，在性能扩展性方面具有优势，S - T 交换结构的交换容量需要在业务吞吐量的 1.6 倍以上，进一步提升信道化交换容量所付出的代价更大。

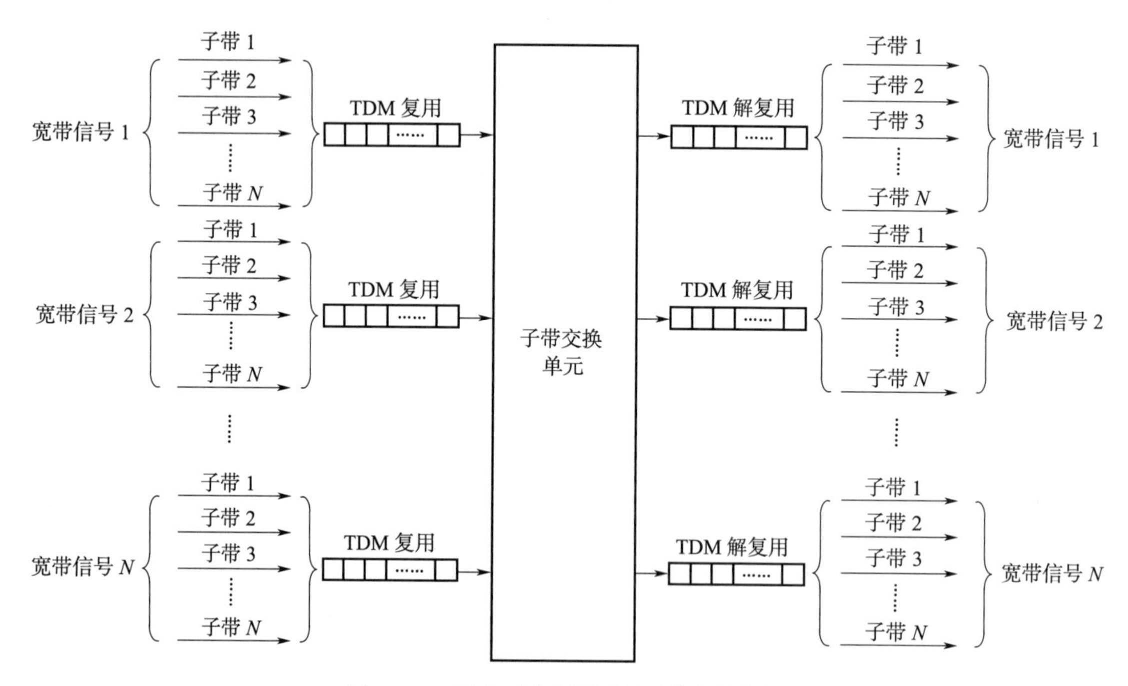

图 9-10　引入时分复用后的子带交换结构

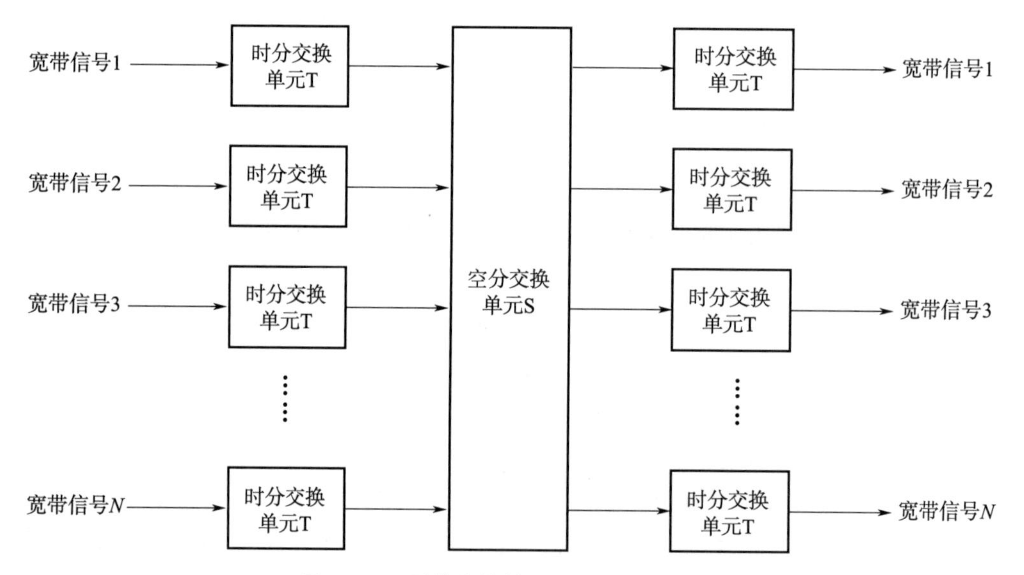

图 9-11　子带交换单元的 T-S-T 实现

9.4.2.2　星载云计算与边缘计算技术

（1）云计算

云计算技术在近年来得到迅猛发展，改变了传统的服务模式和信息格局。随着卫星通信系统的不断建设，卫星数量越来越多，接收机获取到的卫星数据量也就越来越大，多源数据的汇集能力、海量数据的存储能力和大规模数据的计算能力需求也不断地出现。因

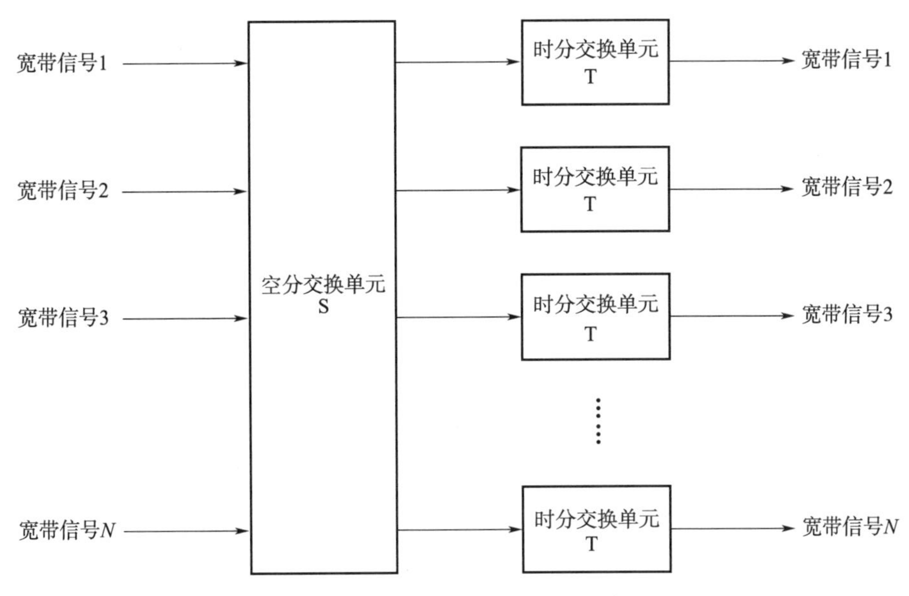

图 9-12　子带交换单元的 S-T 实现

此，采用云计算技术，可以整合、共享、存储、处理和管理卫星数据资源。通过云端，传统的行业卫星中心将减少硬件投入和维护成本，可以将更多的精力投入到行业应用中，从而提升数据的科学效益和社会效益。同时，作为云端的运行机构，将精力集中在基础管理层和访问层的服务开发中，集中力量提升数据存储能力和网络交换能力。

（2）边缘计算体系

将计算技术投入太空能够更快地处理来自其他卫星的图像信息，在轨计算处理将减少带宽需求，并且可以将处理后的图像直接更快地提供给最终用户。传统卫星网络架构主要包括卫星接入网、卫星核心网以及控制和管理系统。

1）卫星接入网是卫星网关、基站和卫星终端连接形成的网络，它们之间可以采用不同的网络拓扑结构（如星型、网格型、混合型等）进行连接。

2）卫星核心网是由互相连接的卫星网关以及通过入网点（Point of Presence ，PoP）与不同的运营商、公司和互联网服务提供商连接的网络节点；卫星核心网主要是由光纤网络互相连接，具有基于 IP/MPLS 协议的交换和路由设备节点。

3）控制和管理系统包括网络控制中心（NCC）和网络管理中心（NMC），NCC 和 NMC 为卫星网络提供实时控制和管理功能。

表 9-2 描述了各组成部分的功能，并且描述了该功能是否可以采用 NFV 技术进行虚拟化以及是否可以将该功能部署在 MEC 中。

表 9-2　卫星网络组成与 MEC 部署

卫星网络组成	功能	是否可以进行虚拟化	是否可以部署在 MEC 中
卫星终端		否	否

续表

卫星网络组成	功能	是否可以进行虚拟化	是否可以部署在 MEC 中
卫星网关	自适应编码调制	否	否
	登录注册	否	是
	网关 QoS 框架	否	是
	同步	否	否
	鉴权	否	是
基站	转发	否	否
	缓存	是	是
	数据处理	是	是
网络管理中心和网络控制中心	差错管理	否	是
	移动性管理	否	是
	计费管理	否	是
	性能管理	否	是
	安全管理	否	是
	会话管理	否	是
	性能增强	是	是
	VPN	是	是
	负载均衡	是	是

MEC 是一个开放的架构和平台，可以灵活地部署在不同的位置以满足不同的服务和需求。MEC 可以部署在无线接入侧的基站中，承担缓存、任务卸载等对时延、计算要求较高的功能；MEC 也可以部署在网络边缘，承担计费、监听、鉴权等功能；MEC 还可以部署在卫星网关中，承担注册、QoS 框架等功能。图 9－13 给出了融合 MEC 的星地协同网络体系图。

融合 MEC 的星地协同网络架构由以下几个部分组成。

1）卫星网络。卫星网络主要由低轨卫星网络组成，与移动蜂窝系统中的 eNode B 不同，低轨卫星的能量供应和计算能力非常有限，因此，在小规模的低轨卫星网络中，可能无法处理高能耗或计算密集型的计算任务。这里需要注意的是，卫星网络中并不只包括低轨卫星，例如，O3b 网络运行的中轨卫星星座可为数据传输提供中继服务，但由于没有利用到相关的功能，因此在本架构中不做考虑。

2）地面网络。地面网络主要包括地面站和地面骨干网。

①地面站

在星地协同网络中，有地面网关站和地面终端站 2 种类型的地面站。地面网关站应该配备强大的定向天线，并且能够支持大量用户，如蜂窝网络或区域 IP 网络。相反，地面终端站的天线没有那么强大，它只为一小部分用户（如家庭或学校）传输数据。

②地面骨干网

地面骨干网主要包括 MEC 平台、数据中心、SDN 控制器以及用于网络接入和路由的

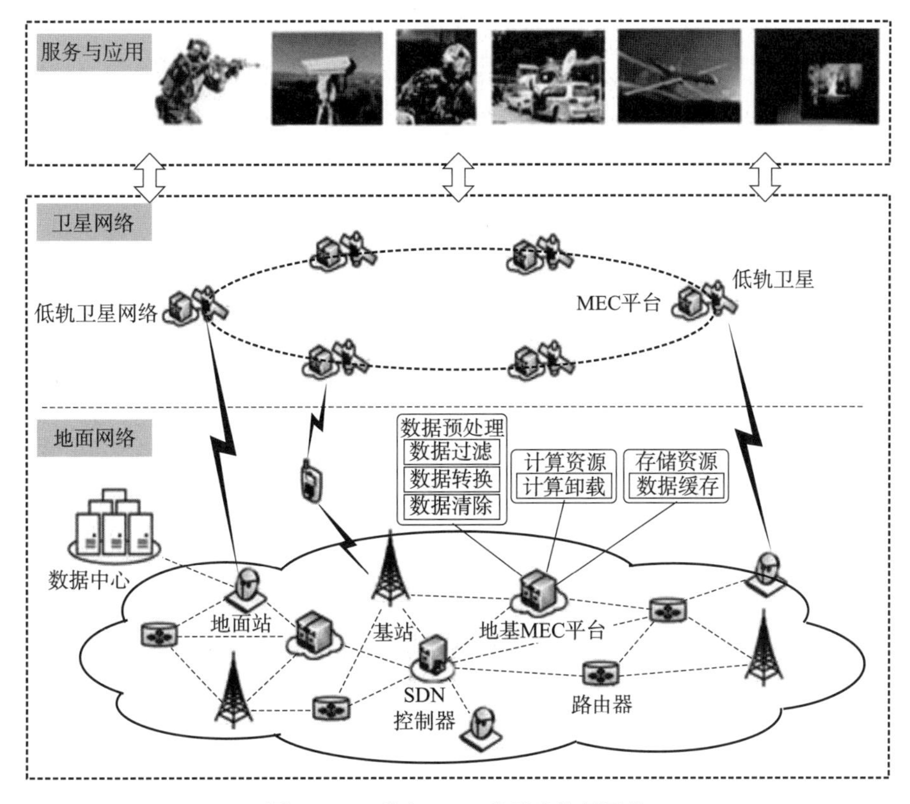

图 9-13　融合 MEC 的星地协同网络

各种设备。地面骨干网通过蜂窝网络与用户设备通信，通过雷达接收卫星计算任务。数据中心具有较丰富的计算和存储资源，可以处理网络中各种用户设备生成的计算任务。SDN 控制器负责网络的路由转发及流量控制，提供网络的统一管理与编排功能。一个星地协同网络的广域地面区域的总流量以地面骨干网为单位进行聚合。需要注意的是，一个星地协同网络可能在地面上有几个地面骨干网。

3）用户设备。用户设备指星地协同网络中的移动设备，例如智能手机、AR/VR 设备和智能车辆等。这些设备的计算能力有限，因此它们生成的计算任务可能需要卸载到星地协同网络来进行处理。

根据使用人群密度的不同，融合 MEC 的星地协同网络架构的应用场景主要分为密集型用户场景和稀疏型用户场景。在密集型用户场景下，对于移动用户，4G/5G 服务可以通过部署蜂窝塔和 eNode B 来构建地面蜂窝网络，计算任务可以就近卸载到基站侧的 MEC 平台进行处理，不需要通过蜂窝网络传输至数据中心进行处理。在稀疏用户场景下，用户可能分布在高空平台、飞机、孤岛、农村等区域。在这些情况下，地面蜂窝移动网络无法覆盖，并且用户终端的通信、计算、缓存和存储容量都非常有限。因此，这些用户终端可以通过卫星进行通信，直接将其计算任务卸载到卫星上，或者通过卫星中继将其计算任务卸载到地面数据中心进行任务处理。

在提出的架构中，典型的任务处理流程如下。用户生成计算任务，首先判断本地的计算资源是否能满足其需求，如果本地计算资源无法满足用户需求，则根据所处环境决定将其卸载到卫星网络中的边缘计算节点还是地面网络的边缘计算节点。当相应的边缘计算节点接收到计算任务时，如果处于繁忙状态，则将计算任务发送到数据中心进行处理；否则，它将根据自己的计算能力决定是否与周围的边缘计算节点合作来处理计算任务，这取决于边缘计算网络的协同任务调度策略。当任务处理完成后，将结果返回到用户设备或数据中心取决于任务的类型。

总的来说，整个网络架构通过将计算资源部署到更靠近用户的星地协同网络，大大缩短了服务响应时间，并且边缘计算节点之间的协作进一步加快了任务处理速度，提高了用户服务体验。

9.5　本章小结

卫星通信系统作为信息时代的战略性基础设施，具有战略地位高、投入资金多、建设周期长、领域涉及广、技术难度大等特点，其关键技术发展具有分阶段跨越、螺旋上升的特点。本章主要介绍了卫星通信系统中的系统架构技术、融合组网技术、通信资源管理技术和有效载荷技术，梳理出各技术方向的技术发展重点，并针对部分关键领域，提出技术实现的思路。

从技术层面，传输手段采用空间激光通信替代或辅助微波通信已经成为发展趋势；具有信道化处理、星上再生和信息存储交换等多种处理能力成为卫星节点的基本能力需求；网络动态资源管理等网络相关技术都将获得广泛关注。从标准层面，在现有 CCSDS 以及地面 IP 标准的发展基础上，未来天基网络组网传输标准将进一步以层次化网络体系为基础，面向天基网络特殊应用环境以及随着星载处理能力的不断发展，推动标准的体系化、全面化和规范化。

第 10 章　未来发展趋势与展望

10.1　天地深度融合互联

10.1.1　卫星通信与 6G 融合

当前，全球新一轮科技革命和产业变革加速发展，6G 作为新一代信息通信技术演进升级的重要方向，是实现万物互联的关键信息基础设施、经济社会数字化转型的重要驱动力量。加快 6G 发展，深化 6G 与经济社会各领域的融合应用，将对政治、经济、文化、社会等各领域发展带来全方位、深层次影响，将进一步重构全球创新版图、重塑全球经济结构。世界主要国家都把 5G 作为经济发展、技术创新的重点，将 6G 作为谋求竞争新优势的战略方向。卫星与 6G 的融合将充分发挥各自优势，为用户提供更全面、优质的服务，主要体现在：在地面 6G 网络无法覆盖的偏远地区、飞机上或者远洋舰艇上，卫星可以提供经济可靠的网络服务，将网络延伸到地面网络无法到达的地方。卫星也可以为物联网设备以及飞机、轮船、火车、汽车等移动载体用户提供连续不间断的网络连接，从而大大增强 6G 系统的服务能力。目前，全球范围内移动通信覆盖的陆地范围大约 30%，无法覆盖诸如沙漠、戈壁、海洋、偏远山区和两极等区域，通过卫星通信，6G 空天地一体网络可以实现全球全域立体覆盖和随时随地的超广域宽带接入能力，在广覆盖、公共安全等方面有广阔的应用场景。

空天地一体网络架构是 6G 的核心方向之一，被 ITU 列为七大关键网络需求之一。未来的空天地一体化网络关注的是星地的融合，典型的一体化网络将由天基网络、空基网络和传统的地基网络 3 个部分组成，整体结构如图 10 - 1 所示。其中，天基网络由各种轨道卫星构成，主要有高轨卫星、中低轨卫星星座。空基网络由飞行器构成，主要有 HAPS（高空通信平台）/HIBS（高空基站）、民航客机、低空无人机等通信平台。地基网络包括两部分：非地面网络的地面段主要有卫星地面信关站、卫星终端、HAPS 信关站等，地面蜂窝移动系统包括地面网关、数据与处理中心等。

可以发现，空天地一体化的网络将统一规划不同轨道的卫星系统，临近空间和民航飞机等航空器可以与卫星和地面通信系统进行通信，非地面系统与地面网络将深度融合，采用统一的空口技术和核心网架构，并与 MEC（移动边缘计算）网络切片结合，减少高空通信时延，可实现多层次覆盖，提供多重业务类型。

其关键技术介绍如下。

（1）大规模高动态拓扑变化的低轨路由技术

路由技术是天地融合网络的基础传输保证技术。由于低轨卫星互联网星座具有移动速

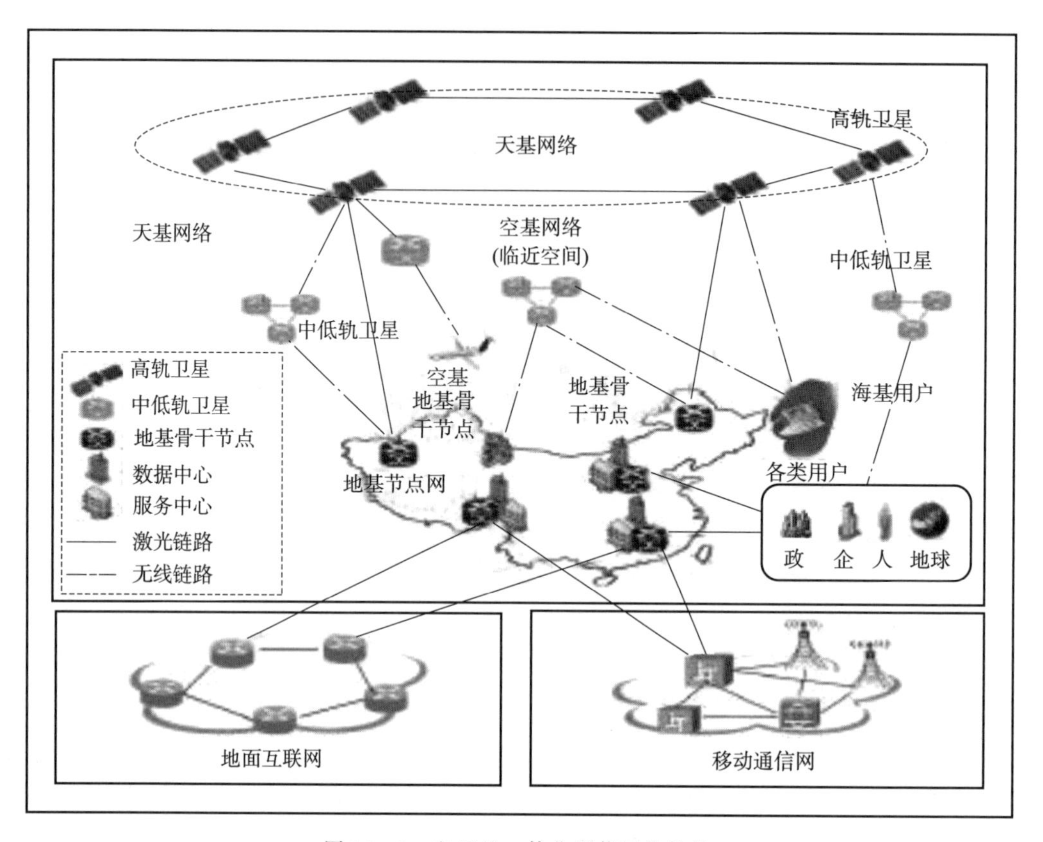

图 10-1 空天地一体化通信网络结构

度快、拓扑变化快、卫星节点多等特点，导致卫星网络的路由生成和收敛、端到端传输、数据落地等问题都变得尤为复杂。针对以上问题，路由技术拟包含目的节点寻址路由、标签交换路由和对地路由可达等关键技术点。

（2）面向差异化服务的网络负载均衡技术

低轨互联网星座网络存在普遍的非均匀分布特点。首先，受限于全球人口密度和终端呼叫强度分布，业务产生分布在全球范围内差异化；其次，基于不同的业务流向模型，业务的到达分布是非均匀的；此外，各个传输业务的流量大小和颗粒度均不相同。以上几方面导致网络中很容易出现部分节点和链路负载过大，另外的节点和链路负载很小的情况发生，从而造成网络吞吐量下降。

（3）星载快速路由重定向技术

终端与卫星之间、卫星与信关站之间高速的相对运动使得其连接关系呈现断续连通、使得整网的网络拓扑始终处在频繁的变化中，极易导致当前数据传输路径的失效，从而引发数据包绕路、甚至丢失等问题。如何在高动态的承载网中保障路由重定向的正确性、高效性，是空间承载网络移动性管理解决的技术难点。

（4）切片化业务承载技术

在空间卫星网络中，承载着多种类型用户的多样化业务，这些业务的服务质量要求、业务的优先级都不尽相同。同时，空间卫星网络中，网络的整体能力是有限的，在有限的能力范围内，为不同的用户、业务提供不同等级的服务质量保证，对于发挥卫星网络价值具备重要的意义。而空间卫星网络中卫星节点的动态性、资源的受限特征，极大地增加了解决该问题的难度。

(5) 软件定义的网络测量、控制与管理技术

6G卫星互联网星座拓扑结构动态快速变化，在缺乏统一网络管控与测量的情况下，会导致以下问题：网络故障不易查找、诊断和修复问题；网络流量负载不均导致的网络拥塞、资源分配不合理问题；网络规模增长后传统网络架构无法扩展适配业务需求的问题。因此，需要攻克网络管控与测量技术，采用基于SDN测控管一体化的技术来解决网络管理、网络测量以及网络控制问题。其中网络管理技术实现对卫星网络资源的配置、监控、分析。网络控制技术实现对卫星通信网络的网络路由、网络流量等的调度与控制。网络测量技术实现对网络参数信息的精准测量与采集，来支撑网络管理与控制。

10.1.2　卫星物联网

随着地面物联网应用逐渐发展成熟，在一些大范围、跨地域、恶劣环境等数据采集、传输领域，由于空间和环境的限制，地面物联网也难以满足需求，例如，对海洋、森林、矿产等资源的持续监视和管理、对于海外跨洋物流和出油管道等监控管理等。利用卫星广域覆盖的优势，通过天基物联网载荷和终端设备，将全球范围内的陆、海、空、天各类传感设备连接，实现物联信息的跨地域、跨网系传输，是解决目前地面网络短板的有效途径。

通过空间物联网卫星节点和地面配套设施建设，将全球范围内的传感设备网络化连接，构建精准感知、实时传输、智能应用的天基物联网系统，促进天地物联网无缝融合，形成人与人、人与物、物与物之间无所不在的信息交换，真正实现泛在连接和万物互联。

建立天地一体的物联网基础设施。在地面局域网、广域网通信系统和专用网基础之上，发展天基物联网络，形成天地一体的物联网基础设施，提供全球范围内的万物互联能力，支持超大规模用户的智能化管理、定位、识别、监控与跟踪，满足环境监测、航空运输、海洋物流、公共安全等数据采集与处理需求。

促进空间遥感、通信、导航融合，推动天基网络创新发展。通过天基物联网专用复合载荷卫星研制、发射与应用，推动空间遥感、通信、导航融合发展，突破天基物联网体系架构、感知、网络、应用、标准等关键技术，形成一系列产品和标准，带动元器件和单机研制水平进步，推动航天智能制造与应用，为天基网络技术创新、体系转型、军民融合提供支撑。

其关键技术介绍如下。

(1) 天基物联网体系架构技术

地面物联网体系架构在学术界有诸多不同观点。从理论上说，物联网概念模型已经无法采用传统的分层模型进行描述，有专家提出采用物品、网络、应用三维模型建立物联网

概念模型，构成由信息物品、自主网络、智能应用为构件的物联网概念模型。从天基物联网来说，其体系架构同样也应包括感知层、网络层以及应用层。但是与地面网络不同，天基物联网的传感节点不仅存在于陆、海、空等各个地表场景，也包括了各类空间遥感卫星；网络层也面临着遥感、通信、导航等对星座设计的差异化需求与统筹设计；应用层需要结合天基信息获取特点，以及地面大数据、云计算等技术发展，构建数据智能化处理中心，将天基信息服务融入全球物联网中。

（2）天基物联网协议标准规范技术

标准规范是天基物联网构建的保障，各个行业和领域的物联网应用是一个多设备、多网络、多应用、互联互融的超大网络，为实现信息的互联互通和全网共享，所有的接口、协议、标识、信息交互及运行机制等，都必须有统一的标准规范作指引。一方面，具备空间信息网络与物联网实现互联互通、信息共享的网络接口、协议标准；另一方面，具备支撑天基物联网络运行并提供服务数据的本行业或领域内的数据、信息、传感器及其管理标准。

（3）天基物联网网络和通信技术

天基物联网的网络层需要实现近域和远程的跨域信息传输，具体传输链路可能包括星簇、星座以及卫星编队，在全球组网传输中还需获得天基骨干网的网络互联与信息传输支持，涉及相应的组网、网关和传输技术。

（4）天基物联网数据挖掘与融合

从天基物联网的感知层到应用层，各种信息的种类和数量都成倍增加，需要分析的数据量也成级数增加，同时还涉及到各种异构网络或多个系统之间数据的融合问题，如何从海量的数据中及时挖掘出隐藏信息和有效数据的问题，给数据处理带来了巨大的挑战，因此怎样合理、有效的整合、挖掘和智能处理海量的数据也是天基物联网面临的难题。

10.1.3 全元数据融合服务

面向国外已经逐步形成多方面高中低轨协同发展架构的发展趋势，同时结合我国国情，分析发展需求，研究高低轨协同的空间物联网是最紧迫的需求，要站在更高层次构建空间网络，形成天地互联、连接万物、全业务承载的新型接入＋骨干网络。包含了UHF、L、S、Ku、Ka乃至更高频段，满足军民应用需求，服务深度融入世界，渗透到政、军、商各领域；与航空、海事、金融、能源等世界级基础设施结合，培育具有持久生命力的生态环境。

基于高中低轨卫星协同的空间物联网将通过天基综合节点网、空基接入节点网以及地基获取节点网的建设，实现空、天、地、海大范围内人与人、物与物、人与物的“全面感知、泛在互联、智能处理”，为各类物联终端提供安全可靠、自主可控、随需而至的信息获取与广播服务、智能自主管理和操作、广域信息采集与数据融合，形成“引领需求、管理信息、设计服务”三位一体的信息服务体系。

10.2　网络智能自主运行

“网络智能自主运行”是指仅通过很少，甚至不需要人工的干预，就能够进行网络自主配置、网络实时监控、网络性能优化以及网络安全维护等工作。网络智能自主运行的核心是协调天地一体化信息网络各类资源，按照用户需求提供业务服务，充分发挥综合能力，快速响应各类需求。按照“天星地网”“天网地网”“天地一网”的分阶段逐步实施的总体思路，逐步实现天地多级、灵活动态、支持大规模网络的开放服务的运行管理体系架构，具备智能感知和自主决策的天地一体运行管理控制系统。网络智能自主运行体系架构如图 10－2 所示。

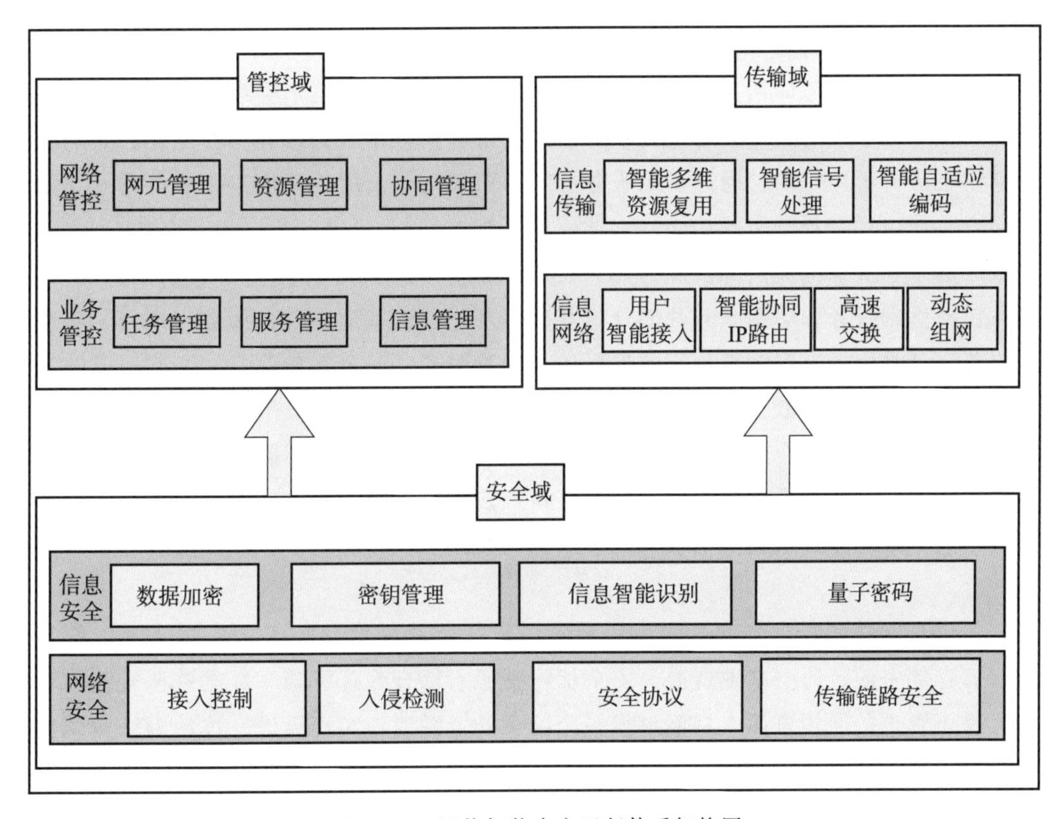

图 10－2　网络智能自主运行体系架构图

网络智能自主运行体系主要包括传输域、管控域和安全域。三个域能力相互支撑，部分技术交叉共用。传输域主要包括信息传输和信息网络两部分，通过智能多维资源复用、智能信号处理、智能协同路由和组网协议等技术，为天地一体化信息网络与终端用户之间提供高质量数据传输和智能化接入服务。管控域是天地一体化信息网络智能运行的核心，是保障网络信息体系稳定运行的关键。按照能力划分，主要包括网络管控和业务管控两部分。通过对网元、资源、协同、任务、服务、信息的管理，使网络中的资源得到更加有效利用，协调、保持网络系统的高效运行。安全域是网络安全、可靠运行的必需保障，该层一方面通过信息加密手段保障传输信息安全；另一方面通过安全协议和必要的接入控制手段保障网络运行安全。

10.3 网络智能化云服务

“网络智能化云服务”是实现天地一体的网络资源统一管理和天基信息融合共享的“核心”，是实现信息互联互通、智能灵活应用，并提供定制化服务的“关键”。网络智能化云服务体系架构由应用层、服务层、资源层组成，用户只需发出请求服务，网络就可以自主的进行相应的配置。网络智能化云服务以网络互联为基础支撑，构建资源分散、功能集中、服务定制、业务智能的服务体系，以解决天地一体化大数据高性能并行计算、分布式并行存储、弹性异构服务集成、按需资源分配等问题。

网络智能化云服务体系主要包括应用层、服务层和资源层三个层级。

应用层立足于当前需求，通过云服务接口汇聚各类应用服务，提供智能化、定制化服务。应用层运行于用户端，通过调用服务层的云服务接口，用户可快速获取各种子类服务进而结合具体应用情景，实现功能强大的应用系统。

服务层基于资源池提供的资源为用户提供云服务，是网络智能化云服务体系的核心，云服务包括基础服务和功能服务两部分。基础服务涵盖云基础服务和标准与规范，实现了通信服务、计算服务、存储服务、数据服务、运维服务、安全服务等各类基础服务的统一管理和全局调度，并将数据按照统一标准规范管理。功能服务涵盖融合处理和数据服务共享，实现了多源信息融合的高效处理、分发与信息共享服务。功能服务是基于基础服务之上的程序服务。服务层通过统一的云服务接口，按需提供应用服务。服务层实现了应用层和资源层的高效衔接，通过将各类服务的按需调配，真正发挥天地一体化信息云服务的效能。

资源层是网络智能化云服务体系的基础，通过资源虚拟化技术将感知资源、网络资源、计算存储资源、时空基准资源、安全保密资源、综合管理资源、数据资源转化为可伸缩的、易于管理的通用资源。从而形成一个巨大的资源池，实现天地一体的网络资源虚拟统一管理，为服务层提供支撑。

10.4 本章小结

本章重点介绍了未来天地深度融合互联的主要发展方向和网络发展形态，面向未来，空间互联网和地面互联网将不再独立发展，两者通过技术演进，将有机构成一个系统优化、功能完备的天地一体网络，为陆、海、空、天各类用户提供全球覆盖、异构互联、随遇接入、综合应用等信息服务，是未来空间技术发展的重要方向。无论技术如何发展，其根本需求和宗旨都是为了更好地满足更多用户更高的需求。就像地面移动通信网络一样，在走过了以应用为主推动系统发展的阶段后，未来卫星通信网络也将迈向应用与技术双向驱动的路线。一方面，5G/6G 等新技术将为卫星网络扩展更丰富的应用场景，另一方面物物互联、天地深度融合、陆海空天多域互联等新需求也反过来驱动先进卫星通信技术和网络技术的发展。在我国迈向航天强国和科技强国的过程中，卫星通信网络必将发挥更为重要的作用。

参考文献

[1] 27th Ka and Broadband Communications Conference 39th International Communications Satellite Systems Conference，Airbus Flexible Payload Perspective，2022.

[2] Geng X，Ma Y，Cai W，et al. Evaluation of models for multi - step forecasting of hand，foot and mouth disease using multi - input multi - output：A case study of Chengdu，China [J]. PLOS Neglected Tropical Diseases，2023，17 (9)：e0011587.

[3] Enrica Calà，Marco Baldelli，Alfredo Catalani，and et al.，Development of a Ka - Band Non - Regular Multibeam Coverage Antenna，2023.

[4] Zanyang Dong，Longteng Yi，Pengfei Qin，and et al.，Quantification and Analysis of Carrier - to - Interference Ratio in High - throughput Satellite Systems，2023.

[5] 申志伟，卫星互联网：构建天地一体化网络新时代，2021.

[6] 崔高峰，星地融合的卫星通信技术，2022.

[7] 阮晓刚，高通量卫星技术与应用，2023.

[8] 张洪太，王敏，崔万照，卫星通信技术，2018.

[9] Tian Zhou，Ziqing Ma，Qingsong Wen，Xue Wang，Liang Sun，and Rong Jin. FEDformer：Frequency enhanced decomposed transformer for long - term series forecasting. In Proc. 39th International Conference on Machine Learning，2022.

[10] Shizhan Liu，Hang Yu，Cong Liao，Jianguo Li，Weiyao Lin，Alex X Liu，and Schahram Dustdar. Pyraformer：Low - complexity pyramidal attention for long - range time series modeling and forecasting. In International Conference on Learning Representations，2022.

[11] Glyn Thomas，Steve Laws，Simon Rose，and et al.，Airbus Flexible Payload Perspective，2022.

[12] Haythem Chaker，Houcine Chougrani，Wallace A. Martins，and et al.，Matching Traffic Demand in GEO Multibeam Satellites：The Joint Use of Dynamic Beamforming and Precoding Under Practical Constraints，2022.

[13] F. G. Ortiz - Gomez，L. Lei，E. Lagunas，R. Martínez，D. Tarchi，J. Querol，M. A. Salas - Natera，S. Chatzinotas. Machine Learning for Radio Resource Management in Multibeam GEO Satellite Systems [J]. Electronics，2022 (11)：992.

[14] Liujie Lei，Jixiang Wan，and Qi Gong，Multibeam Antennas With Reflector for High Throughput Satellite Applications，2021.

[15] Daniel Martinez - de - Rioja，Eduardo Martinez - de - Rioja，Yolanda Rodriguez - Vaqueiro，and et al，，TransmitReceive Parabolic Reflectarray to Generate Two Beams per Feed for Multispot Satellite Antennas in Ka - Band，2021.

[16] Piero Angeletti，and Juan Lizarraga Cubillos，Traffic Balancing Multibeam Antennas for Communication Satellites，2021.

[17] F. G. Ortiz - Gomez，D. Tarchi，R. Martínez，A. Vanelli - Coralli，M. A. Salas - Natera，S.

Landeros - Ayala, Cooperative Multi - Agent Deep Reinforcement Learning for Resource Management in Full Flexible VHTS Systems, IEEE Trans. Cogn. Commun. Netw., 2021 (8): 335 - 349.

[18] F. G. Ortiz - Gomez, D. Tarchi, R. Martínez, A. Vanelli - Coralli, M. A. Salas - Natera, S. Landeros - Ayala. Convolutional Neural Networks for Flexible Payload Management in VHTS Systems [J]. IEEE System Journal, 2021, 15 (3): 4675 - 4686.

[19] E. Sakai, Y. Inasawa, M. Kusano, Current Development of Ka - band Degital Beam Forming Technology for the High Throughput Satellite Communication System [C]. Ka & Broadband Communication s, Navigation & Earth Observation Conference, 2021.

[20] Hector Fenech, High - ThroughputSatellites, 2021.

[21] X. Hu, X. Liao, Z. Liu, S. Liu, X. Ding, M. Helaoui, W. Wang, F. M. Ghannouchi, Multi - Agent Deep Reinforcement Learning - Based Flexible Satellite Payload for Mobile Terminals. IEEE Trans. Veh. Technol. 2020 (69): 9849 - 9865.

[22] Sheetz, M., "SpaceX Is Manufacturing 120 Starlink Internet Satellites per Month," CNBC Website, 10 August 2020, https://www.cnbc.com/2020/08/10/spacex - starlink - satellte - production - now - 120 - per - month.html.

[23] 续欣，刘爱军，汤凯，潘小飞，王向东，等．卫星通信网络．电子工业出版社，2020.

[24] 丹尼尔·米诺利，卫星通信系统与技术创新，2019.

[25] 甄宵宇，雷永，王雪，等．现代商用卫星通信系统，中国工信出版集团，2019.

[26] Y. Guan, F. Geng, J. H. Saleh. Review of High Throughput Satellites: Market Disruptions, Affordability - Throughput Map, and the Cost Per Bit/Second Decision Tree [J]. IEEE Aerospace and Electronic Systems Magazine, 2019, 34 (5): 64 - 80.

[27] 庞立新，李杰，冯建元．高通量通信卫星发展综述与思考．无线电通信技术，2020，46 (4): 371 - 376.

[28] Fenech, H., et al., "Satellite Antennas and Digital Payloads for Future Communication Satellites," Special Issue on Recent Advances on Satellite Antennas for Communication, Navigation, and Scientific Mission Payloads, IEEE Antennas and Propagation Magazine, Volume 61, Number 5, October 2019, pp. 20 - 28.

[29] 赵亚军，郁光辉，徐汉青．6G 移动通信网络：愿景、挑战与关键技术，中国科学：信息科学年第 49 卷第 8 期：963 - 987，2019.

[30] 张平，牛凯，田辉，聂高峰，秦晓琦，戚琦，张娇．6G 移动通信技术展望，通信学报，2019.

[31] 陈亮，余少华．6G 移动通信发展趋势初探．光通信研究，2019.

[32] 尤肖虎，尹浩，邬贺铨．6G 与广域物联网，物联网学报，2020.

[33] Y. Vasavada, R. Gopal, C. Ravishankar, G. Zakaria, N. BenAmmar. Architectures for Next Generation High Throughput Satellite Systems [J]. International Journal of Satellite Communications and Networking, 2016, 34 (4): 523 - 546.

[34] G. Cocco, T. D. Cola, M. Angelone, Z. Katona, S. Erl. Radio Resource Management Optimization of Flexible Satellite Payloads for DVB - S2 Systems [J]. IEEE Transactions on Broadcasting, 2018, 64 (2): 266 - 280.

[35] P. Noel, Mission and Resource Optimization for Advanced Telecommunication Payloads. Thales

Alenia Space，2018 (1)：1 - 8.

[36] E. G. Llani，A. P. Honold，A COTS Flexible Payload Control System for Flexible Payload and High - Throughput Satellite [C]. 2016 SpaceOps Conference，2016，Daejeon，Korea.

[37] G. Morelli，A. Mainguet，M. Eustace. Automated Operations of Large GEO Telecom Satellites with Digital Transparent Processors (DTP)：Challenges and Lessons Learned [C]. 2018 SpaceOps Conference，2018，Marseille，France.

[38] M. J. Miller，C. N. Pateros，Flexible Capacity Satellite Communication Systems [P]，US 2013/0070666 A1，ViaSat，Inc.，2013.

[39] H. Fenech，S. Amos，A. Hirsch，V. Soumpholphakd，VHTS Systems：Requirements and Evolution，2017 11th European Conference on Antennas and Propagation.

[40] 董景龙国外航天军民融合发展研究及对我国的启示，2017.

[41] 李德仁．论互联网＋空天信息服务．成都：第五届中国卫星导航与位置服务年会，2016.

[42] 尹浩 军民融合建设国家空间信息网络，2017.

[43] 李心蕊，高利春，饶建兵，孙艺．天基互联网军民融合发展策略与政策需求探讨，2017.

[44] Fenech，H.，et al.，"VHTS systems：Requirements and Evolution，" 11th European Conference on Antennas and Propagation (EUCAP)，Paris，2017，pp. 2409 - 2412，doi：10.23919/EuCAP. 2017. 7928175.

[45] TCP Selective Acknowledgment Aptions，RFC 2018

[46] 王晓杰，罗健欣，郑成辉，倪桂强．基于任务等级的卫星资源分配算法研究．计算机时代，2016 年.

[47] 朱立东，物廷勇，卓永宁．卫星通信导论（第 4 版）．北京：电子工业出版社，2015.

[48] 于洪喜，通信卫星有效载荷技术的发展．空间电子技术，2015 (3)：1 - 3.

[49] 陆洲．天地一体化信息网络总体架构设想．卫星通信学术年会，2016.

[50] 闵士权编著．卫星通信系统工程设计与应用．北京：电子工业出版社，2015.

[51] LILIAN DEL CONSUELO HERNANDEZ RUIZ GAYTAN1，(Member，IEEE)，ZHENNI PAN2，(Member，IEEE)，JIANG LIU3，(Member，IEEE)，AND SHIGERU SHIMAMOTO2，(Member，IEEE). Dynamic Scheduling for High Throughput Satellites Employing Priority Code Scheme，2015.

[52] 钱曦，闫钊，等．我国卫星通信发展历程规划初探．国家太空，2015 (9)：61 - 63.

[53] Muhammad Muhammad，Matteo Berioli，Tomaso de Cola，A Simulation Study of Network - Coding - Enhanced PEP for TCP Flows in GEO Satellite Networks，Communications (ICC)，2014IEEE International Conference on，June 2014.

[54] 续欣，刘爱军，汤凯译．卫星网络中的资源管理优化与跨层设计，国防工业出版社，2013.

[55] 卢勇，赵有健，孙富春，李洪波，倪国旗．卫星网络路由技术．软件学报，2014 (5)：1085 - 1100.

[56] 中国卫星通信广播电视用户协会．纪念中国首颗通信卫星发射成功三十周年文集 [C]. 北京，2014.

[57] 王丽娜，王兵，周贤伟，等．卫星通信系统．北京：国防工业出版社，2006.

[58] 汪春霆，等．卫星通信系统．北京：国防工业出版社，2012.

[59] 陈豪，胡光锐，邱乐德，单红梅，等．卫星通信与数字信号处理．上海：交通大学出版社，2011.

[60] 王晓梅，张铮，冉崇森，关于宽带卫星网络安全问题的思考．电信科学，2002，12.

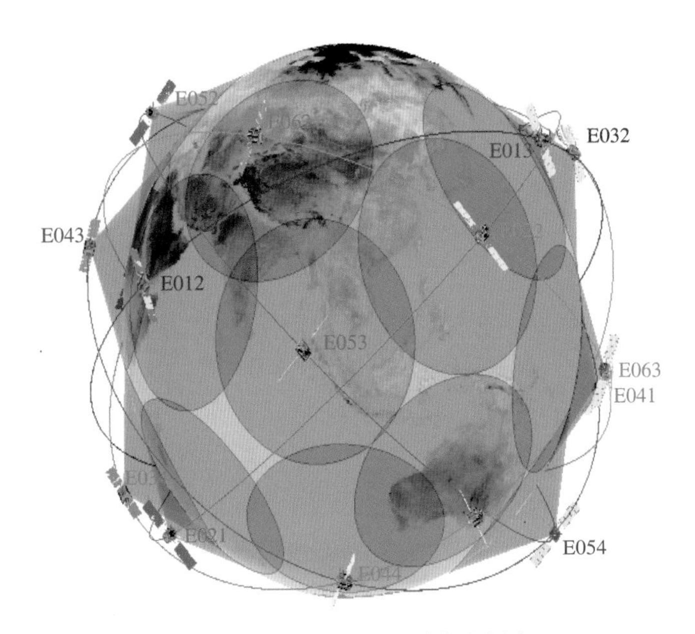

图 2 - 12　LEO 卫星对地覆盖示意图（P20）

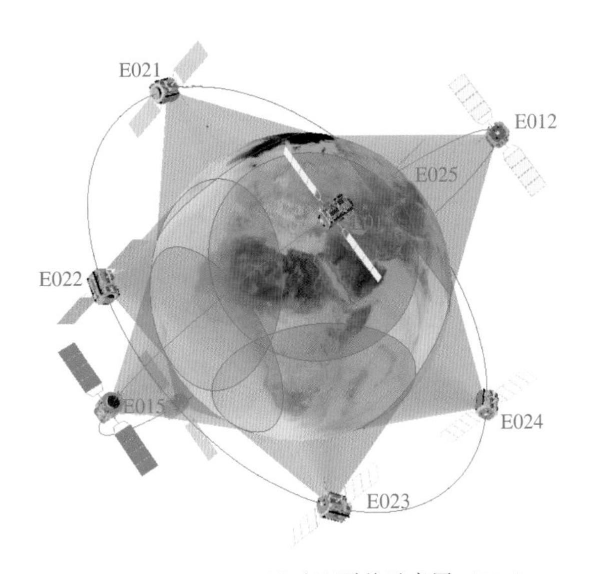

图 2 - 13　MEO 卫星对地覆盖示意图（P20）

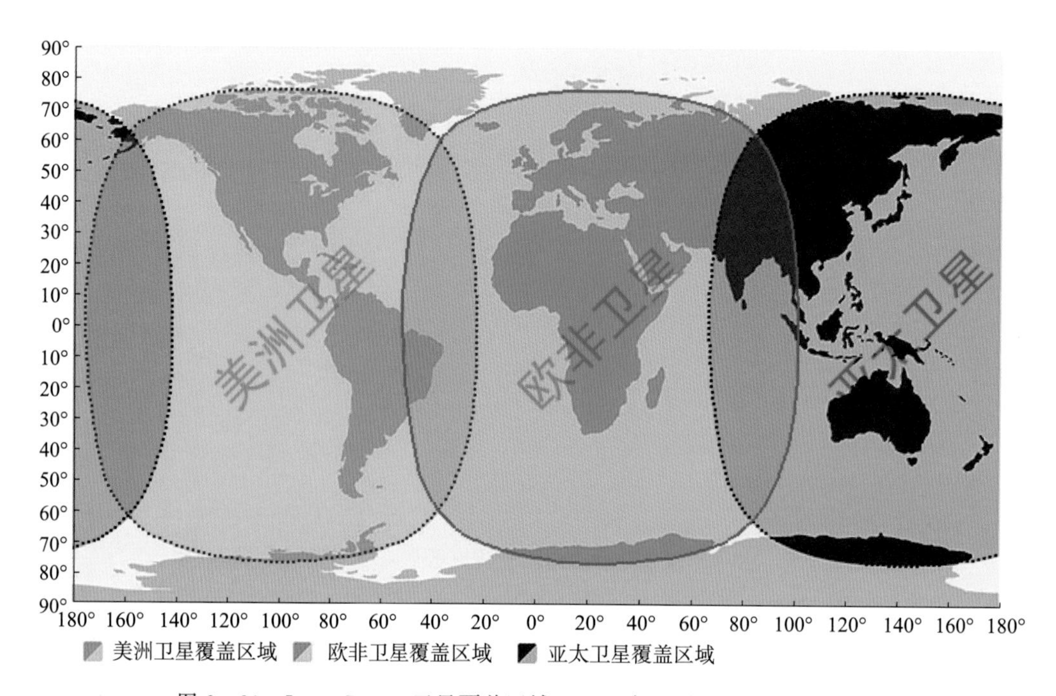

图 2-21　InmarSat-4 卫星覆盖区域（2009 年 2 月 24 日以后）（P30）